电线电缆技术丛书

通信电缆设计与制造

肖　飚　倪艳荣　主编

机械工业出版社

本书基于通信电缆的基础理论，全面而系统地探讨了通信电缆的结构类型、结构设计、关键的生产工艺以及实用的测试方法。此外，本书还深入地剖析了通信电缆回路间的相互干扰特性，详尽地阐述了外界电磁场对电缆的影响机制，并据此提出了有效的防护措施，旨在确保通信系统的稳定性与可靠性。本书将理论与实践深度融合，不仅知识覆盖面广，而且重点突出，实用性强，既可为高等院校相关专业的老师和学生提供参考，也可为电线电缆制造行业的工程技术人员、管理人员提供宝贵的参考。

图书在版编目（CIP）数据

通信电缆设计与制造／肖飚，倪艳荣主编. -- 北京：机械工业出版社，2025. 6. --（电线电缆技术丛书）.
ISBN 978-7-111-78499-9

Ⅰ．TM248

中国国家版本馆 CIP 数据核字第 202511K05Q 号

机械工业出版社（北京市百万庄大街 22 号　邮政编码 100037）
策划编辑：杨　琼　　　　　　责任编辑：杨　琼　赵玲丽
责任校对：贾海霞　张　薇　　封面设计：陈　沛
责任印制：单爱军
北京华宇信诺印刷有限公司印刷
2025 年 7 月第 1 版第 1 次印刷
184mm×260mm·13.25 印张·328 千字
标准书号：ISBN 978-7-111-78499-9
定价：59.00 元

电话服务　　　　　　　　　　　　网络服务
客服电话：010-88361066　　　机　工　官　网：www.cmpbook.com
　　　　　010-88379833　　　机　工　官　博：weibo.com/cmp1952
　　　　　010-68326294　　　金　书　网：www.golden-book.com
封底无防伪标均为盗版　　　机工教育服务网：www.cmpedu.com

前　　言

"光进铜退"旨在推动通信网络的深刻变革，标志着从传统的"窄带+铜缆"架构向"宽带+光纤"新时代的迈进。随着"光进铜退"的深入实施，现代有线通信网络的核心部分，包括骨干网、中继网乃至用户接入网，均逐步实现了以光纤光缆为主要传输媒介的升级。尽管如此，铜芯电缆凭借其卓越的机械强度、稳定的传输性能以及制造成本的优势，在多个领域仍占有不可或缺的地位。例如，同轴电缆广泛应用于移动通信基站、广播电视、雷达、测量仪器系统内部信号传输；电子线（即电器设备连接线）作为连接器件、组件、机柜与系统的桥梁，在家用电器、电子数码产品等领域发挥着至关重要的作用；而数据电缆（亦称数字电缆），作为传输语音、图像、数据等网络信号的关键载体，不仅满足了住宅、商业、工业等领域的网络布线需求，还广泛应用于综合布线系统、工业以太网、安防监控和数据中心等多个高科技领域。

本书的第一主编肖飚拥有30余年从事电缆制造的工作经历，深耕于通信电缆的设计与制造领域，积累了丰富的实践经验。共同第一主编倪艳荣则具有20余年的电缆专业教学经验，理论知识扎实，实践经验丰富。本书是他们多年实践与理论教学的总结。

本书立足于通信电缆的基础理论，系统而深入地探讨了通信电缆的结构类型、结构设计、关键的生产工艺以及实用的测试方法。此外，本书还深入剖析了通信电缆回路间的相互干扰特性，详尽地阐述了外界电磁场对电缆的影响机制，并提供了有效的防护措施，以确保通信系统的稳定与可靠。本书既具有广泛的知识覆盖面，又突出了重点和实用性，可供高等院校相关专业师生使用，也可供电线电缆制造行业的工程技术人员、管理人员参考。

本书是在《通信电缆结构设计》一书原有基础上，通过校企深度合作精心编写而成。河南工学院的郭静负责第1章的修订，张静编写了第2章，倪艳荣编写了第3章与第4章，贾茹宾编写了第5章，张雅君编写了第6章。成都福斯汽车电线有限公司的肖飚编写了第7章与第9章，河南工学院的蒋炜华编写了第8章。在此过程中，我们得到了百亨科技（深圳）有限公司赵枫琪、孙彦丽等电缆行业资深技术人员的鼎力支持，他们提供了宝贵的资料与见解。同时，河南工学院的田丰、王卫东、张开拓等多位教育界的同仁也慷慨相助，为我们提供了丰富的学术资料与指导。另外，我们还参考了参考文献中的大量有价值的信息。在此，我们向所有参与和支持本书编写工作的人士及参考文献的作者们表示最诚挚的感谢！

然而，鉴于编者学识有限，书中难免存在不足之处。我们诚挚地邀请广大读者提出宝贵意见与建议，以便我们不断地改进与完善。

编　者
2025 年 1 月

目　　录

第1章 电气通信概述

1.1 通信概述

1.1.1 电气通信的基本概念

通信是指人与人、人与自然或人造物体（如计算机、电子设备等）之间通过某种行为或媒介进行的信息（话音、文字、图像、数据等）交流与传递。

在古代，人们通过驿站、飞鸽传书、烽火报警、符号、肢体语言、眼神、触碰等传输速率慢、可靠性低的非电方式进行信息传递。1837年，美国人摩尔斯发明有线电报机，从此人类开辟了以"电"为信息载体的电气通信方式。随着科学技术的飞速发展，相继出现无线电报、固定电话、电视、移动电话、互联网等多种电气通信方式。由于这类利用"电"来传递信息的方式具有迅速、准确、可靠等特点，且几乎不受时间、地点、空间、距离的限制，因而得到了飞速发展和广泛应用。目前，由于电气通信在人们的日常生活、工作中占据着十分重要的地位，导致"电气通信"与"通信"两个概念的外延逐渐模糊，多数时候"通信"已成为"电气通信"的代名词。在本书的后续章节，除非特别说明，"通信"均指"电气通信"。

现代电气通信，既可以采用无线传输，又可以采用有线通信线路来传输。两种传输方式各有其优缺点。无线通信建设较快，维护简单，在经济上比较有利，但易受到干扰，特别是要受到大气条件的影响，使用稳定性差，保密性差。在无线通信中，还有无线中继通信（或称为微波接力通信），它能提供较多的通信路数，并可满足长距离通信的要求，因此无线通信发展较快。有线通信方式在长距离传输中稳定、可靠、保密性强，同时又可获得大量的通信路数，但有线通信线路设备初建时费用高，而且建设时间较长。

用于现代有线通信的传输线种类繁多，按其传输性质可分为以下两种类型：

1. 横电磁波（TEM波）传输线

TEM波传输线是指能够高效地传输TEM波或准TEM波的传输回路，其主要特点是其横向尺寸远小于工作波长。TEM波是一种特殊的电磁波，其电场和磁场都垂直于传输线的轴线且两者相互垂直。TEM波无色散，即电磁波的传播速度与频率无关，这使得TEM波传输线在工作频带内具有稳定的传输特性，其工作频率可从直流到吉赫兹（GHz）级别。

常见的TEM波传输线包括平行双导线、同轴线、带状线和微带线等，这些传输线各有特点，适用于不同的应用场景：

1) 平行双导线：由两根平行的圆柱形导体组成，适用于工作波长大于米或分米的情况，随着工作频率的升高，其衰减增加，并且易受外界信号的干扰。这类传输线常见有架空明线和对称通信电缆。架空明线是在电杆上架设的一对或多对导线，其中一对导线构成一个通信回路。由于其电磁场是开放式的，极易受外界干扰和产生相互干扰，频率越高干扰越严重，导致其只适用于传输低频信号。对称通信电缆回路则是由两根参数相同的绝缘线芯绞合在一起，在其外常常包覆金属屏蔽套。由于线对绞合交叉效应和屏蔽层的屏蔽效应，回路间的干扰防卫度有所提高，传输频率可达吉赫兹（GHz）。

2）同轴线：是由金属圆管（称为外导体）内配置另一圆形导体（称为内导体），用绝缘介质使两者相互绝缘并保持轴心重合的线对。同轴线外导体通常接地，电场被限制在内外导体之间，因此传输损耗较小，且几乎不受外界信号的干扰。工作频带比平行双导线宽，可用于波长大于厘米的波段，在10GHz以下的频率中都有应用。

3）带状线和微带线：这两种传输线属于平面传输线，具有体积小、质量轻、价格低、可靠性高等优点。然而它们的衰减相对较大，功率容量较小，主要应用于小功率系统。带状线由矩形截面中心导体带和上下两块接地导体板组成，而微带线则是在介质基片的一面制作导体带，另一面制作接地导体平板。

2. 波导

波导是一种用于传输电磁波的物理结构，它能够在其中限制并引导电磁波沿着特定的方向传播。波导通常由金属或非金属材料制成，具有封闭的管状或槽状形状。波导的尺寸和形状会根据其所传输的电磁波频率（或波长）进行设计，以确保电磁波在其中的相位一致性，从而减少能量泄漏和反射。波导的特点是其横向尺寸通常大于电磁波波长，只能传输 TE 波（横电波）或 TM 波（横磁波）。

波导除了用作传输线将电磁波从一个地方传输到另一个地方外，还可以用于波长控制、相控阵雷达等。

波导的种类很多，按所用材质的不同可分为金属波导和介质波导；按横截面形状不同可分为圆波导、矩形波导、椭圆波导等，每种波导都有其特定的应用场景和优势。长途通信用波导其传输衰减随频率的升高而下降，传输频率可达 10^{11} Hz 以上。

由于光是频率极高的电磁波，因此通信系统中用的光纤也是一种波导。它由横截面呈圆形的玻璃或塑料纤维制成，其中心区域折射率高，外部包裹着一层折射率较低的包层，利用光的全内反射现象，将光限制在光纤的纤芯内部，使其沿着光纤的长度传播。光纤可以传输的电磁波频率非常高，远远超过传统电缆或波导的传输带宽。其次，光纤还具有传输损耗低、抗干扰能力强、质量轻等显著优势，目前已经广泛应用于通信网络、计算机网络、医疗设备、工业控制等领域。随着技术的发展，光纤的应用范围还在不断扩展，在许多应用场景下已基本取代了传统的通信电缆。

为满足全球信息化发展需求，通信一直向着长距离、大容量、高速率发展。因此现代通信系统不仅要有良好的通信设备，还要有高质量的通信传输介质，这就要求通信线路的设计与制造应满足以下几点要求：

1）在宽频带内线路的衰减应尽可能小；

2）传输参数稳定；

3）回路对相互干扰及外界干扰的防卫度高；

4）由线路产生的失真要小；

5）整个通信体制要经济。

1.1.2 通信发展史

世界通信始于有线电报，发展于电话、电视及当前的网络多媒体通信。其发展历程如下：

1837 年，有线电报在英国和美国诞生。

1844 年，摩尔斯利用摩尔斯电码发出人类第一份长途电报。

1850 年，英国在英吉利海峡敷设了海底电缆。

1866 年，横渡大西洋的海底电缆敷设成功，实现越洋电报通信。

1876 年，美国贝尔发明有线电话机。

1896 年，马可尼发明无线电报。

1906 年，费森登完成无线电广播实验，调幅（Amplitude Modulation，AM）无线电广播诞生。

1915 年，德国人 K. W. 瓦格纳和美国人 G. A. 坎贝尔各自发明了滤波器，载波电话诞生。

1925 年，英国工程师约翰·洛吉·贝尔德发明了电视机，电视广播诞生。

1933 年，美国无线电工程师埃德温·霍华德·阿姆斯特朗发明了调频（Frequency Modulation，FM）无线电广播。

1937 年，里弗斯提出脉冲编码调制（Pulse Code Modulation，PCM），为数字通信奠定基础。

1946 年，贝尔电话公司启动车载无线电话服务，移动通信开始迅猛发展。

1957 年，苏联发射世界第一颗人造地球卫星，卫星通信迅猛发展。

1969 年，互联网正式诞生。

1978 年，美国贝尔试验室成功研制了基于模拟技术的移动电话系统，建立蜂窝状移动通信网，1G 移动通信诞生。

1989 年，蒂姆·伯纳斯·李发明了万维网，环球信息网（World Wide Web，WWW）服务成为互联网重要的服务之一。随后数字通信便如火如荼地发展起来了。目前，数据通信已成为了主流。

1991 年，基于数字技术的商用 2G 移动通信网络（2nd Generation，2G）在芬兰诞生，通信速率达 150kbit/s。

2000 年，商用 3G（3rd Generation，3G）移动通信网络在日本诞生，通信速率为 1~6Mbit/s。

2009 年，商用 4G（4th Generation，4G）移动通信网络在斯堪的纳维亚诞生，通信速率为 10~100Mbit/s。

2019 年，商用 5G（5th Generation，5G）移动通信网络在包含中国在内的多个国家诞生，通信速率达 600~1000Mbit/s。

1.2　通信系统的组成与分类

1.2.1　通信系统的基本组成

通信系统是用以完成信息传输过程的技术系统的总称，基本构成模型如图 1-1 所示。其基本组成包括信源、发送设备、信道、噪声源、接收设备和信宿等部分。其中：

信源是产生原始电信号的设备（如传声器、摄像机等），其功能是将各种信息转换为原始电信号。根据信息类型的不同，信源可分为模拟信源和数字信源两种类型。

发送设备用于对待发送的电信号进行处理，使信号的特性与信道的特性相匹配，具备抗信道干扰的能力，并且具有足够的功率，以满足远距离传输的需要。

图 1-1　通信系统基本构成模型

信道是指以传输媒介为基础的信号传输通路。根据其传输媒介的不同，可分为有线信道和无线信道两大类。其中，有线信道以导线（架空明线、双绞线、同轴电缆、波导、光导纤维等）为传输媒质，信号沿导线进行传输，信号的能量集中在导线附近，传输效率高，但是部署不够灵活。无线信道是对无线通信中发送端和接收端之间通路的一种形象比喻，对于无线电波而言，它从发送端传送到接收端，其间并没有一个有形的连接，它的传播路径也可能不只一条，我们为了形象地描述发送端与接收端之间的工作，可以想象两者之间有一个看不见的通道衔接，把这条衔接通道称为无线信道，无线信道也就是常说的无线的"频段"。无线信道具有部署灵活、可移动、高可靠性、可扩展性强和成本低廉等优点，目前广泛地用于通信的接入段。

噪声源是指存在于通信系统中的各种噪声。这些噪声可能来自外部环境，如电磁干扰、雷电等，也可能来自系统内部，如热噪声等。

接收设备用于将接收到的电信号进行处理，将其恢复出与信源端相同的原始电信号。

信宿（也称受信者或接收端）是指将复原的原始电信号还原成相应的消息，如扬声器将电信号还原成声音。

1.2.2　通信系统分类

在使用过程中，根据不同的划分依据，通信系统可分为以下类别：

按传输媒介不同可分为有线通信系统和无线通信系统。在有线通信系统中，传输媒介为金属导体或光导纤维，如通信电缆、光缆。无线通信系统的传输媒介则为大气、空间、水或岩、土等。

按通信业务不同可分为电话、电视、数据通信系统等。按通信信号特征可分为模拟通信系统和数字通信系统。在模拟通信系统中，所传输的信号在时间上是连续变化的。由于导体回路中存在阻抗，信号直接传输的距离不能太远，解决的方法是通过载波来传输模拟信号。把模拟信号调制在载波上传输，则可比直接传输远得多。在接收设备端，通过解调器将信号从载波上取出。模拟通信的优点是直观且容易实现，但保密性差，抗干扰能力弱。由于模拟通信在信道传输的信号频谱比较窄，因此可通过多路复用提高信道的利用率。

早期通信以模拟通信为主。随着数字电子技术和计算机的发展，通信系统逐渐由模拟通信转向了如图 1-2 所示的在传输时间上、电压幅值上离散的数字通信系统。所传输的数字信号一方面来源于计算机等一类可直接产生数字信号的信源，另一类是模拟信号的数字转换。模拟信号的数字转换需要经过抽样、量化和编码三个过程。

与模拟通信相比，数字通信具有抗干扰能力强、差错可控性强、保密性强、易于实现多路通信、便于设备集成化、小型化等优点。

抗干扰能力强。数字通信系统中传输的信号幅度是离散的，以二进制为例，信号的取值只有两个，这样接收端只需判别两种状态。信号在传输过程中受到噪声的干扰，必然会使波形失真，接收端对其进行抽样判决，以辨别是两种状态中的哪一个。只要噪声的大小不足以影响判决的正确性，就能正确接收（再生）。而在模拟通信中，传输的信号幅度是连续变化的，一旦叠加上噪声，即使噪声很小，也很难消除它，其原理如图 1-3 所示。

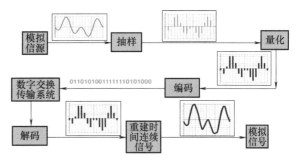

图 1-2　数字通信系统原理

差错可控性强。数字信号在传输过程中出现的错误（差错），可通过纠错编码技术来控制，以提高传输的可靠性。

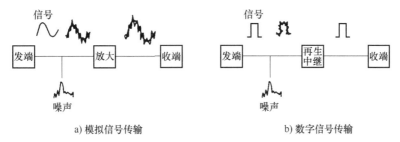

a) 模拟信号传输　　　　　　　　b) 数字信号传输

图 1-3　模拟信号与数字信号抗干扰性

保密性强。数字信号与模拟信号相比，更容易加密和解密。

易于实现多路通信。数字信号易于采用时分复用实现多路通信，数字信号本身可以很容易用离散时间信号表示，在两个离散时间之间可以插入多路离散时间信号，以实现时分多路复用。

便于设备集成化、小型化。数字通信系统中大部分电路是由数字电路来实现的，微电子技术的发展可使数字通信便于用大规模和超大规模集成电路来实现。

由于数字通信具有上述优点，在近三十年来得到了飞速发展，现已成为通信的主流。需要指出的是，数字通信的许多优点都是用比模拟通信占据更宽的系统频带为代价来换取的。以电话为例，一路模拟电话通常只需要占 4kHz 带宽，而一路接近同样话音质量的数字电话占用 20～60kHz 带宽。正因如此，数字通信要求传输介质具有更高的带宽。

按信道复用方式不同可分为频分复用、码分复用和时分复用等。

频分复用是将用于传输信道的总带宽划分成若干个子频带（或称子信道），每一个子信道传输一路信号，所有子信道传输的信号以并行的方式工作。为保证各子信道中所传输的信号互不干扰，在各子信道之间设立隔离带。因此，总频率宽度大于各个子信道频率之和。

码分复用是指靠不同的编码来区分各路原始信号的一种复用方式，它是一种共享信道的方法。每个用户可在同一时间使用同样的频带进行通信，但使用的是基于码型分割信道的方法，即每个用户分配一个地址码，各个码型互不重叠，通信各方之间不会相互干扰，且抗干扰能力强。码分多路复用技术主要用于无线通信系统，特别是移动通信系统。

时分复用是将提供给整个信道传输信息的时间划分成若干在时间轴上互不重叠的时间片（简称时隙），将这些时隙分配给每一个信号源使用，达到多路传输的目的。

按信号的不同传输方向可分为单工、半双工、全双工。其中单工方式是指通信信道是单向信道，信号仅沿一个方向传输，发送方只能发送不能接收，接收方只能接收而不能发送，任何时候都不能改变信号的传输方向。半双工通信则是指信号可以沿两个方向传送，但同一时刻一个信道只允许单向传送，即两个方向的传输只能交替进行。需通过开关装置进行传输方向的切换。这种通信方式适合于会话式通信，如公安系统使用的"对讲机"、军队用的"步话机"、计算机网络系统中终端与终端之间的会话式通信。全双工通信则是信号可同时沿相反的两个方向传输，相当于两个相反方向的单工通信方式的组合。

　　数字通信中，按照数据传输方式不同，数字通信可分为并行和串行传输。根据实际需要有时将传输的数据逐个传输，有时则是多个数据同时传输，前者称为串行传输，后者称为并行传输。串行传输成本低、速度慢，适合长距离传输。并行传输成本较高、速度快，但需要更多的线路和接口，适合短距离传输。需要提及的是，在并行传输中，为避免出现数据帧的错误，对并行传输信道间的传输时延差有严格的规定。目前，通信电缆多用于短距离传输，因此，我们在设计与制造通信电缆时，需要考虑其线对间时延差符合传输的要求。

1.2.3　通信网

　　通信最基本的形式是在点与点之间建立通信系统，但实用性不强。在实际使用中，需将许多的通信系统（传输系统）通过交换系统按一定拓扑结构组合在一起形成一个网络，实现网络上任意两个终端用户具备相互通信能力。现代通信网络按其业务范围可分为电话网、数据网、移动通信网、有线电视网等。图 1-4 为电话网的基本形式，图 1-5 为现代电话网。

　　通信网由用户终端设备、交换设备和传输设备组成。交换设备间的传输设备称为中继线路（简称中继线），用户终端设备至交换设备的传输设备称为用户路线（简称用户线）。

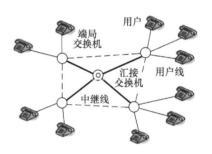

图 1-4　电话网基本形式

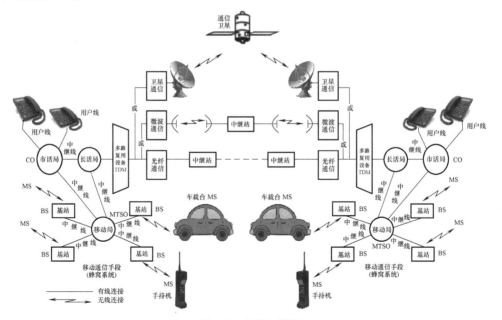

图 1-5　现代电话网

1.3　通信电缆的发展史

1.3.1　世界通信电缆的发展

电报机的发明极大地推动了电报电缆的研发与应用。在 19 世纪初，欧美物理学界涌现出一批杰出的科学家，如丹麦的奥斯特、英国的法拉第、德国的欧姆以及美国的亨利等，他们不断地发现和创立了现代电学与电磁学的许多基础理论，为后续的电力与信息传输技术奠定了坚实的基础。

1833 年，高斯和韦伯成功地研制出第一部电磁指针电报机，该电报机在 1km 长的线路上进行了为期 6 年的实验。

1835 年，美国的莫尔斯发明了有线电报机，这一发明进一步地促进了通信电缆的发展。

1844 年，美国建设了从华盛顿至巴尔的摩的以大地作为回路的单根导线电报线路，标志着电报通信的实用化进程。

1850 年，英法之间敷设了世界上第一条海底电报电缆线路，即英吉利海峡电报线，实现了跨海电报通信。

1876~1878 年，美国的贝尔发明了有线电话机，在纽约与波士顿之间开通了首条用电报线传送语音的线路。然而，由于电话噪声过大，该线路最初并无法使用，这促使人们着手改进通信线路并进行新的技术开发。

1883 年，采用两根架空导线作为回路的线路出现，显著降低了电话通信的噪声。随着电话的迅速发展，城市上空的电话线日益密集，为了解决电话线路拥挤影响市容的问题，人们开始研发埋于地下的电缆。同年，最早使用的连接布鲁克林和波士顿的地下电缆采用了油渍丝包技术。

1889 年，美国 WE 公司开始大批量生产纸带绕包绝缘铅包市内通信电缆。

1891 年，英法海峡敷设了最早的海底话缆。

1896 年，市内电话开始使用电缆管道进行敷设。

1898 年，英国在伦敦与伯明翰之间敷设了一条长达 46km 的 19 个四线组成的长途通信电缆，该电缆一直使用至 1938 年，后被改为载波通信。

1900 年前后，哥伦比亚大学的普平教授提出了"电缆加感"理论，即通过人工加感来减小线缆的衰减。人工加感有两种方式：均匀加感和集中加感。均匀加感是在电缆导电线芯上包上一层磁性材料，以增大回路的电感，但因其生产工艺复杂且应用范围受限，并未得到广泛应用。集中加感则是在线路上相隔一定距离接入一个电感线圈来达到加感的目的，这种方式可使通信距离达到 140km。然而，人工加感线路也存在一些缺点，主要是电感线圈的接入相当于一只低通滤波器，或因线圈附加损耗的增加，使传输频率受到限制。

1910 年，四线组（星绞）通信电缆诞生，这种结构的电缆可开通幻路通信。幻路是这样构成的，一个实路的两根导线作为幻路的去线，另一个实路的两根导线作为幻路的回线，图 1-6 即为幻路的通信示意图。

更长的通信距离是在增音机发明的基础上实现的。增音机实质上就是一个放大器，将已经衰减到很微弱的信号进行放大。

采用增音机后，一方面能满足实际所需要的通信距离 L，只要沿线路设立适当数量的增音机就可以满足要求，如图 1-7 所示。另一方面降低了线路的费用。采用增音机后线路的费用将包括两部分，电缆的费用和增音机的费用。对一定长度的线路来说，电缆的费用随增音站间距离的增加而增加，增音机的费用随增音站间距离的增加而减少，如图 1-8 所示。从理论和实践上证明，采用增音机后，当电缆导电线芯的直径从 2～3mm 降低到 0.9～1.4mm 时，整个线路的费用将为最低。

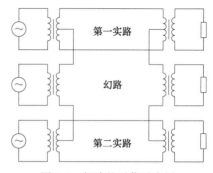

图 1-6　幻路的通信示意图

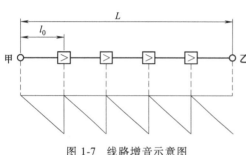

图 1-7　线路增音示意图

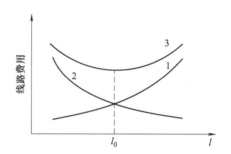

图 1-8　线路费用与增音站之间距离的关系

1—电缆的费用　2—增音机的费用　3—线路的费用

载波通信（信道复用）的发明极大地推动了通信电缆的发展。载波通信，即在一对导线上通过频率分割实现多对用户同时通话且互不干扰的技术，不仅增加了通话路数，还有效地降低了每个话路的成本。为了满足生产发展对通信路数的需求，载波通信路数的增加势在必行，这进而要求电缆具备更宽的频带传输能力，成为当时通信电缆发展的主要方向。此外，电视和雷达等宽频带新技术的快速发展，也进一步加剧了对电缆频带加宽的需求，以提高线路利用率和通信容量。

20 世纪 30 年代，新型不对称式电缆——同轴电缆应运而生。同轴电缆的主要优势在于其宽广的传输频带，以及在高频时对回路间相互干扰和外来干扰的高防卫度。在大通路情况下，该传输系统整体表现出较高的经济性。

1936 年，德国成功地制造出用于电视传输的宽带同轴电缆。

1939 年，德国和美国相继开发了聚乙烯材料，并广泛应用于各种通信电缆中。

1941 年，美国建成了首条同轴电缆线路，初期开通 480 路电话，随后逐步扩展到 3600 路、10800 路及 13200 路。

1949 年，美国成功地研制出公用天线电视（Community Antenna Television，CATV）电缆。

1950 年，全塑（polyethylene，PE）皱纹铝带综合护层电话电缆在美国问世。

1956 年，英、美、加三国合作敷设了第一条跨越大西洋的对称式电话电缆，全长4300km。

1959 年，美、法、加三国合作敷设了第二条大西洋同轴式海底通信电缆。至 1976 年，共敷设 6 条。此后，在大西洋及各个海域陆续敷设了大量的海底通信电缆，使世界各地区、各国之间信息传输全部畅通。

架空明线、对称通信电缆和同轴电缆均属于传输电磁波的双线传输线，在特定频率范围内得到广泛应用。然而，当需要传输更高频率电磁波（千兆赫以上）时，这些传输线已无法满足需求，于是波导这种新型传输线应运而生。波导不仅适用于无线电系统，也可用于长途通信。例如，在圆形波导管中传输 H_{01} 型波时，其衰减频率特性极佳，即随频率升高，衰减反而下降，这对于长途通信极为有利。然而，由于其加工技术精密度高，波导在有线通信领域并未得到广泛应用。

随着超导现象的发现及深冷技术的发展，一些国家开始对超导同轴通信电缆进行研究和实验。超导通信电缆具有低衰减、高屏蔽性及大功率等优良特性。然而，由于制冷技术与设备的限制，建设长距离的超导通信电缆线路并不经济。因此，低温同轴电缆曾作为国外较长距离低衰减宽带通信的一种补充手段，其工作温度通常在液氢（200K）温度下，以降低制冷要求和线路成本。

20 世纪 60 年代，随着激光技术的产生和发展，国外开始了对光通信的研究。光导纤维通信是一种利用光波进行通信的方法，通过将激光器发出并经调制的激光送入细如发丝的透明玻璃丝中，实现信息的传输。

1976 年，美国在亚特兰大成功进行了 44.736Mbit/s 传输 10km 的光纤通信系统现场试验，标志着光纤通信迈出了实用化的第一步。随后，长途通信电缆迅速被光纤光缆所取代。

1988 年，第一条横跨大西洋的海底通信光缆敷设成功。

1990 年，3 类缆（传输带宽 16MHz）开始用于以太网，随后 4 类缆（传输带宽 20MHz）、5 类缆（传输带宽 100MHz）直至 8 类缆（传输带宽 2000MHz）相继问世。

1.3.2　我国通信电缆的发展

19 世纪 70 年代，电气通信技术传入中国。

1949 年以前，长途线路主要采用架空明线，开通单路或三路载波通信；市内线路则少量使用进口的铅包纸绝缘电缆。1949 年，我国成功自主研发出纸绝缘铅套市内通信电缆。

20 世纪 50 年代中期，我国电缆生产技术取得显著进步，能够生产最大对数达 1200 对的纸绝缘市内通信电缆，以及 37 组以下星绞低频长途对称电缆和 7 组以下高频长途对称电缆。

1962 年，北京与石家庄之间开通了由我国设计制造的 60 路载波高频长途对称电缆。

20 世纪 60 年代末，开始建设京津四管中同轴铝护套电缆 1800 路试验段。

1976 年，我国成功开通了自己设计制造的 1800 路京沪中同轴电缆线路。

20 世纪 70 年代末，成功地开发出性能完全符合 G.623 建议中 60MHz（10800 路）规定的同轴电缆。

1983 年，在 1800 路京沪杭干线的湖州至杭州段上，增音段距离从 6km 缩短至 3km，实现了 24MHz（4380 路）载波的传输。同时，聚乙烯垫片/聚苯乙烯绝缘铝护套小同轴电缆也开发成功，可开通 300/390 路载波系统，并迅速在全国省内干线上得到推广。

1984 年，原邮电部成都电缆厂首次从美国引进全塑市话电缆生产线、关键原料、测量设备和相关技术，成功地试制出 10~3600 对全塑市内通信电缆。

1997 年起，我国开始大量生产 5 类以上级别的应用于计算机网络的数据通信电缆。

在光纤通信方面，我国于 1978 年开始研制光纤（多模）光缆，并首先在上海、武汉和北京三条市内局间中继线路上得到应用。

1983 年，我国拉制出第一批单模光纤（G.652 光纤），虽然质量与国外品牌光纤相比存在一定差距，但为后续发展奠定了基础。

20 世纪 80 年代末，我国与荷兰飞利浦合资建立武汉长飞光纤公司，采用等离子体激活化学气相沉积（Plasma-activated Chemical Vapour Deposition，PCVD）法生产光纤，使光纤质量接近国外品牌水平。

在"九五"计划期间，全国建成了八纵、八横的光缆长途干线，并采用了带有掺铒光纤放大器的波分复用技术，显著增加了干线的带宽容量。

20 世纪 90 年代初，光缆开始应用于本地网。

1993 年，我国成功开通了首条国际海底光缆——中日海底光缆。

20 世纪 90 年代末，光缆开始进入接入网（即用户线网）。

进入 21 世纪，通信电缆仍沿着宽带化、细径化的方向发展。目前，电子产品内部使用的同轴电缆最小尺寸已降至 0.3mm 以下，而车载用以太网线的最高传输带宽已超过 8GHz。通信光缆则向着低损耗、抗弯曲、大芯数方向发展。为通信技术的未来发展提供了更广阔的空间。

第2章 通信电缆的电气特性

2.1 电磁波在均匀电缆线路中的传输

在均匀电缆线路中，电阻（有效电阻）和电感在导线上是沿其长度均匀分布的，而电容和绝缘电导则是在导线之间沿其长度均匀分布的。当电磁波沿着均匀电缆线路传输时，导线间的电压和导线中的电流的振幅和相位都必然沿其长度连续不断地变化。

在这种情况下，想直接得出电压和电流之间的关系和它们沿电缆长度而变化的确切关系是比较困难的。为了研究一定长度电缆上电压、电流的变化规律，并确定电压和电流之间的关系，可先研究无限短电缆段上电压和电流的变化，列出均匀电缆线路上的电压和电流微分方程，从而解出表征电磁波沿均匀电缆回路传输时的传输方程。

2.1.1 均匀传输线的等效电路

将一定长度的传输线看作是由无数条无限短长度的电缆段组成，每一条无限短长度的电缆都可以看作为一个集中参数电路，如图 2-1 所示。

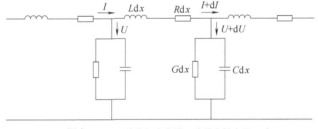

图中 R —— 单位长度电缆回路的有效电阻(Ω/km)；
　　L —— 单位长度电缆回路的电感(H/km)；
　　C —— 单位长度电缆回路的电容(F/km)；
　　G —— 单位长度电缆回路的绝缘电导(S/km)；
　　$\mathrm{d}x$ —— 无限短电缆段的长度。

图 2-1　均匀传输线的等效回路

在这里，上述的 R、L、C、G 称为电缆线路的一次传输参数。这些参数与传输电磁波的电压和电流的大小无关，而与电缆的结构、尺寸、材料及传输电流的频率有关。在同轴电缆中，由于两根导线不同，因此 R、L 在两根导线上的分布也不同。

2.1.2 均匀传输线的基本传输方程

为了研究无限小长度 $\mathrm{d}x$ 电缆段上电压和电流的变化规律，以及电压和电流的关系，可利用图 2-1 所示的均匀电缆的等效回路来求得。当所加电压和电流为正弦波时，在 $\mathrm{d}x$ 段内电阻、电感、电容、绝缘电导分别为 $R\mathrm{d}x$、$L\mathrm{d}x$、$C\mathrm{d}x$、$G\mathrm{d}x$。在 $\mathrm{d}x$ 小段起点处，设电压为

U，电流为 I；则在 $\mathrm{d}x$ 小段终点处，电压为 $U+\mathrm{d}U$，电流为 $I+\mathrm{d}I$。

根据基尔霍夫第一、二定律，可列以下方程：

$$\left.\begin{array}{l}U-(U+\mathrm{d}U)=I(R+\mathrm{j}\omega L)\,\mathrm{d}x\\I-(I+\mathrm{d}I)=(U+\mathrm{d}U)(G+\mathrm{j}\omega C)\,\mathrm{d}x\end{array}\right\}\qquad(2\text{-}1)$$

对式（2-1）进行整理，并忽略 $(G+\mathrm{j}\omega C)\,\mathrm{d}x\mathrm{d}U$，可以得到下列微分方程：

$$\left.\begin{array}{l}-\dfrac{\mathrm{d}U}{\mathrm{d}x}=(R+\mathrm{j}\omega L)I\\-\dfrac{\mathrm{d}I}{\mathrm{d}x}=(G+\mathrm{j}\omega C)U\end{array}\right\}\qquad(2\text{-}2)$$

式（2-2）左边的微分方程取负号表明电压和电流随传输长度 x 的增加而减小。

如果将式（2-2）对 x 求偏微分，并将式（2-2）中 $\dfrac{\mathrm{d}U}{\mathrm{d}x}$ 和 $\dfrac{\mathrm{d}I}{\mathrm{d}x}$ 的值代入可得

$$\left.\begin{array}{l}\dfrac{\mathrm{d}^2U}{\mathrm{d}x^2}=(R+\mathrm{j}\omega L)(G+\mathrm{j}\omega C)U\\\dfrac{\mathrm{d}^2I}{\mathrm{d}x^2}=(R+\mathrm{j}\omega L)(G+\mathrm{j}\omega C)I\end{array}\right\}\qquad(2\text{-}3)$$

令 $\gamma=\sqrt{(R+\mathrm{j}\omega L)(G+\mathrm{j}\omega C)}$，则式（2-3）可写成

$$\left.\begin{array}{l}\dfrac{\mathrm{d}^2U}{\mathrm{d}x^2}-\gamma^2U=0\\\dfrac{\mathrm{d}^2I}{\mathrm{d}x^2}-\gamma^2I=0\end{array}\right\}\qquad(2\text{-}4)$$

在微分方程（2-4）中，U 的通解为

$$U=A_1\mathrm{e}^{-\gamma x}+A_2\mathrm{e}^{\gamma x}\qquad(2\text{-}5)$$

由式（2-2）中第一式可得

$$I=-\dfrac{1}{R+\mathrm{j}\omega L}\dfrac{\mathrm{d}U}{\mathrm{d}x}=\dfrac{\gamma}{R+\mathrm{j}\omega L}(A_1\mathrm{e}^{-\gamma x}-A_2\mathrm{e}^{\gamma x})$$

令 $Z_C=\sqrt{\dfrac{R+\mathrm{j}\omega L}{G+\mathrm{j}\omega C}}$，则

$$I=\dfrac{1}{Z_C}(A_1\mathrm{e}^{-\gamma x}-A_2\mathrm{e}^{\gamma x})\qquad(2\text{-}6)$$

如果已知电缆始端（即 $x=0$ 处）的电压为 U_0 和电流为 I_0，代入式（2-5）及式（2-6），可确定出积分常数 A_1 和 A_2。

$$U_0=A_1+A_2$$

$$I_0=\dfrac{1}{Z_C}(A_1-A_2)$$

解上式可得

$$A_1=\dfrac{U_0+I_0Z_C}{2},\quad A_2=\dfrac{U_0-I_0Z_C}{2}$$

将 A_1 及 A_2 代入式（2-5）及式（2-6），可获得用始端电压和电流来表征通信线路沿线电压和电流分布的公式：

$$\left.\begin{aligned} U &= \frac{U_0+I_0Z_C}{2}e^{-\gamma x}+\frac{U_0-I_0Z_C}{2}e^{\gamma x} \\ I &= \frac{U_0+I_0Z_C}{2Z_C}e^{-\gamma x}-\frac{U_0-I_0Z_C}{2Z_C}e^{\gamma x} \end{aligned}\right\} \tag{2-7}$$

如果电缆线路长度为 l，则其终端的电压和电流值可通过式（2-7）变为

$$\left.\begin{aligned} U_l &= \frac{U_0+I_0Z_C}{2}e^{-\gamma l}+\frac{U_0-I_0Z_C}{2}e^{\gamma l} \\ I_l &= \frac{U_0+I_0Z_C}{2Z_C}e^{-\gamma l}-\frac{U_0-I_0Z_C}{2Z_C}e^{\gamma l} \end{aligned}\right\} \tag{2-8}$$

式（2-8）也可用双曲函数表示

$$\left.\begin{aligned} U_l &= U_0\,\mathrm{ch}\gamma l-I_0Z_C\,\mathrm{sh}\gamma l \\ I_l &= I_0\,\mathrm{ch}\gamma l-\frac{U_0}{Z_C}\mathrm{sh}\gamma l \end{aligned}\right\} \tag{2-9}$$

式（2-7）及式（2-8）中的 x、l 是从线路始端算起的。

若已知线路终端电压 U_l 和电流 I_l，且线路长度是从终端算起的，则始端的电压 U_0 和电流 I_0 可由下式求取。

$$\left.\begin{aligned} U_0 &= \frac{U_l+I_lZ_C}{2}e^{\gamma l}+\frac{U_l-I_lZ_C}{2}e^{-\gamma l} \\ I_0 &= \frac{U_l+I_lZ_C}{2Z_C}e^{\gamma l}-\frac{U_l-I_lZ_C}{2Z_C}e^{-\gamma l} \end{aligned}\right\} \tag{2-10}$$

式（2-10）也可以用双曲函数表示：

$$\left.\begin{aligned} U_0 &= U_l\,\mathrm{ch}\gamma l+I_lZ_C\,\mathrm{sh}\gamma l \\ I_0 &= I_l\,\mathrm{ch}\gamma l+\frac{U_l}{Z_C}\mathrm{sh}\gamma l \end{aligned}\right\} \tag{2-11}$$

式（2-8）、式（2-10）称为均匀传输线路的基本方程。

式（2-6）~式（2-11）中的 $Z_C=\sqrt{\dfrac{R+j\omega L}{G+j\omega C}}$ 称为特性阻抗，$\gamma=\sqrt{(R+j\omega L)(G+j\omega C)}$ 称为传播常数。Z_C 和 γ 与传输线的一次传输参数（R、L、C、G）有关，是用以表征传输线路特性的参数，称为传输线的二次传输参数。

正如声波和光波传输时具有反射作用一样，电磁波在不均匀线路（如电缆线路本身不均匀或线路的终端不匹配）上传输时，也会发生能量的反射。从式（2-7）可以看出，在 x 点（即线路上任意点）的电压和电流都是两个分量之和，其中一个分量随 x 增加而减小，另一个分量却随 x 增加而增加。很明显，具有负 γ 值的一项就是入射的电压波或电流波，而具有正 γ 值的另一项就是反射的电压波或电流波。在这种情况下，如用 U_{in}、U_{rel}、I_{in}、I_{rel} 分别表示入射及反射电压波及电流波，则式（2-7）变为

$$\left.\begin{array}{l} U = U_{\text{in}} + U_{\text{rel}} \\ I = I_{\text{in}} - I_{\text{rel}} \end{array}\right\} \tag{2-12}$$

如果取比例 $\dfrac{U_{\text{in}}}{I_{\text{in}}}$ 和 $\dfrac{U_{\text{rel}}}{I_{\text{rel}}}$ 就不难发现

$$\frac{U_{\text{in}}}{I_{\text{in}}} = \frac{\dfrac{U_0 + I_0 Z_C}{2}}{\dfrac{U_0 + I_0 Z_C}{2Z_C}} = Z_C$$

$$\frac{U_{\text{rel}}}{I_{\text{rel}}} = \frac{\dfrac{U_0 - I_0 Z_C}{2}}{\dfrac{U_0 - I_0 Z_C}{2Z_C}} = Z_C$$

由此可知，入射电压波与入射电流波之比或反射电压波与反射电流波之比都是常数，并且都等于阻抗 Z_C，也就是说，不论入射波还是反射波，在其传播中，在传输线的每一点上所遇到的都是数值为 Z_C 的阻抗，因而 Z_C 称为特性阻抗。

从式中可以看出，γ 这一数值表征电磁波沿线路传输时幅值和相位的变化程度，故称为传播常数，γ 只与传输线路的一次参数及信号频率有关。

2.1.3　终端负载阻抗匹配的均匀线路

根据对传输方程的分析得知，在一般情况下线路中除具有入射的电压波和电流波外，还有反射的电压波和电流波。

在通信技术中，要求在线路中不应存在终端产生的反射波。如果存在反射波就说明能量没有全部被负载吸收，而有部分返回线路引起能量损耗的增加。同时，反射波的存在还能引起信号的失真，并使回路间干扰加剧。

在式（2-10）中后一项是反射波。为消除反射波，必须满足 $U_l = I_l Z_C$ 这一条件，而在线路终端 $\dfrac{U_l}{I_l} = Z_H$（Z_H 为负载阻抗），即要满足 $Z_C = Z_H$。

就是说，当终端的负载阻抗 Z_H 与线路的特性阻抗 Z_C 相等时，反射波就等于零，能量全部被负载吸收，这样的线路称为匹配线路。当传输线终端连接等于特性阻抗 Z_C 的匹配负载时，终端无反射，线上只有入射波，这种情况下，线上的波即称为行波。

当电磁波沿匹配线路传输时，可将终端匹配条件下得传输方程式（2-8）、式（2-10）改写为

$$\left.\begin{array}{l} U_0 = U_l e^{\gamma l} \\ I_0 = I_l e^{\gamma l} \end{array}\right\} \tag{2-13}$$

或

$$\left.\begin{array}{l} U_l = U_0 e^{-\gamma l} \\ I_l = I_0 e^{-\gamma l} \end{array}\right\} \tag{2-14}$$

这时回路上的电压和电流沿线路全长度按指数规律变化，线路任一点的阻抗均等于特性阻抗。

2.2　电缆线路的二次传输参数

2.2.1　特性阻抗及传播常数的物理意义

特性阻抗是电磁波沿均匀线路传播而没有反射时所遇到的阻抗，亦即线路终端匹配时均匀线路内任意一点的电压波（U）和电流波（I）的比值。各种均匀通信线路都有固有的特性阻抗，其值仅与线路的一次参数和传输电流频率有关，与线路长度无关，也与传输的电压和电流的大小及负载阻抗无关。其数值计算公式为

$$Z_C = \sqrt{\frac{R + j\omega L}{G + j\omega C}}$$

传播常数 γ 表示电磁波沿均匀匹配线路传输时，单位长度回路内幅值减小及相位滞后的数量。传播常数 γ 是一个复数值，其表示式如下：

$$\gamma = \alpha + j\beta = \sqrt{(R + j\omega L)(G + j\omega C)} \tag{2-15}$$

传播常数的实部 α 称为传输线的衰减常数，α 表示电磁波在均匀电缆上每公里的衰减值，单位为 Np/km 或 dB/km；传播常数的虚部 β 称为传输线的相移常数，β 表示电磁波的相位在均匀电缆上每公里的变化值，单位为 rad/km。

在通信技术、电声学等领域，衰减值通常以对数表示。以自然对数表示的衰减，单位是奈培（Np）；以常用对数表示的衰减，单位是分贝（dB）。下面以常用对数为例，表述其计算。

$$\alpha l = 10 \lg \frac{P_0}{P_l} \text{或} \quad \alpha l = 20 \lg \left| \frac{U_0}{U_l} \right| = 20 \lg \left| \frac{I_0}{I_l} \right| \tag{2-16}$$

根据对数换底计算，奈培和分贝有下列关系：1Np = 8.686dB，1dB = 0.115Np。

电流沿均匀电缆线路在振幅和相位上的变化如图 2-2 所示。由图可知，电流矢量幅值沿线路按指数规律（$e^{-\alpha l}$）逐渐减小，而相位与电缆长度成正比例变化。电流的。电压沿均匀电缆线路在振幅和相位上的变化规律也相似。

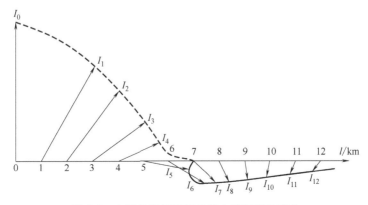

图 2-2　电流的振幅和相位沿电缆长度的变化

2.2.2 特性阻抗的计算公式

一旦导电线芯的材料、绝缘形式以及结构尺寸得以确定，特性阻抗 Z_C 便仅受频率变化的影响。这种 Z_C 与频率之间的关联性称为特性阻抗的频率特性。

特性阻抗 Z_C 与一次传输参数及频率的关系可按下式计算：

$$Z_C = |Z_C| \mathrm{e}^{\mathrm{j}\varphi_C} = \sqrt{\frac{R+\mathrm{j}\omega L}{G+\mathrm{j}\omega C}} = \sqrt[4]{\frac{R^2+\omega^2 L^2}{G^2+\omega^2 C^2}} \, \mathrm{e}^{\mathrm{j}\frac{\varphi_1-\varphi_2}{2}}$$

因此

$$|Z_C| = \sqrt[4]{\frac{R^2+\omega^2 L^2}{G^2+\omega^2 C^2}} \tag{2-17}$$

$$\varphi_C = \frac{\varphi_1-\varphi_2}{2} \tag{2-18}$$

$$\varphi_1 = \arctan\frac{\omega L}{R} \tag{2-19}$$

$$\varphi_2 = \arctan\frac{\omega C}{G} \tag{2-20}$$

在某些频率范围内，特性阻抗的计算可采用下列简化公式：

1. 在直流时 （$f = 0\mathrm{Hz}$）

$$\left.\begin{aligned} Z_C = |Z_C| &= \sqrt{\frac{R}{G}} \\ \varphi_C &= 0 \end{aligned}\right\} \tag{2-21}$$

2. 在音频时 （$f \leqslant 800\mathrm{Hz}$）

因频率较低，电缆回路中感抗较小，相对于回路有效电阻可以忽略；同时因绝缘电导 G 与 ωC 相比较小，也可以不考虑。即 $R \gg \omega L$ 和 $G \ll \omega C$，这时

$$Z_C \approx \sqrt{\frac{R}{\mathrm{j}\omega C}} = \sqrt{\frac{R}{\omega C}} \, \mathrm{e}^{-\mathrm{j}45°}$$

即

$$\left.\begin{aligned} Z_C = |Z_C| &\approx \sqrt{\frac{R}{\omega C}} \\ \varphi_C &= -45° \end{aligned}\right\} \tag{2-22}$$

3. 在高频时 （$f > 30\mathrm{kHz}$）

因频率较高，回路的一次参数间存在下列关系：$\omega L \gg R$、$\omega C \gg G$，则

$$\left.\begin{aligned} Z_C = |Z_C| &\approx \sqrt{\frac{L}{C}} \\ \varphi_C &= 0° \end{aligned}\right\} \tag{2-23}$$

上述三种简化式（2-21）、式（2-22）、式（2-23）均是在特定条件下推导得出的，因此其适用范围受限。在非特定条件下，应依据完全公式进行计算以确保准确性。此外，特性阻

抗与频率之间存在密切关系，这一关系可通过图 2-3 所示的特性阻抗频率特性曲线来直观表示。

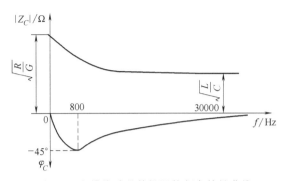

从特性阻抗频率特性曲线可以看出：当频率由零向无限大变化时，特性阻抗 Z_C 的模 $|Z_C|$ 由 $\sqrt{\dfrac{R}{G}}$ 减小到 $\sqrt{\dfrac{L}{C}}$，其相角 φ_C 从零开始依次递减，到频率为 800Hz 附近时接近于 $-45°$，然后再逐渐回升接近于零。

图 2-3　电缆线路的特性阻抗频率特性曲线

在一般电缆回路中，特性阻抗的相角 φ_C 总是负的，而且其绝对值不超过 45°，这说明电容分量占优势，即通信电缆线路的特性阻抗是呈电容性的。电流为直流和在高频时 $\varphi_C \approx 0°$，此时，特性阻抗呈纯电阻性，即电流和电压没有相位差。

2.2.3　传播常数的计算公式

由式（2-15）得知，传播常数 γ 为

$$\gamma = \alpha + \mathrm{j}\beta = \sqrt{(R + \mathrm{j}\omega L)(G + \mathrm{j}\omega C)}$$

将上式右边等号的两边求二次方，得

$$\alpha^2 + \mathrm{j}2\alpha\beta - \beta^2 = (RG - \omega^2 LC) + \mathrm{j}\omega(RC + LG)$$

上式等号两边实部与虚部分别相等，得

$$\alpha^2 - \beta^2 = RG - \omega^2 LC$$

$$2\alpha\beta = \omega(RC + LG)$$

上二式联立，解得

$$\alpha = \sqrt{\frac{1}{2}\left[\sqrt{(R^2 + \omega^2 L^2)(G^2 + \omega^2 C^2)} + (RG - \omega^2 LC)\right]} \tag{2-24}$$

$$\beta = \sqrt{\frac{1}{2}\left[\sqrt{(R^2 + \omega^2 L^2)(G^2 + \omega^2 C^2)} - (RG - \omega^2 LC)\right]} \tag{2-25}$$

式（2-24）及式（2-25）和特性阻抗的计算公式 $Z_C = \sqrt{\dfrac{R + \mathrm{j}\omega L}{G + \mathrm{j}\omega C}}$ 一样，当传输信号频率从零至无穷大时，可以对各种双线回路进行计算，但公式较为复杂。下面讨论在不同频率范围内，衰减常数 α 和相移常数 β 的简化计算公式。

1. 在直流时（$f = 0\text{Hz}$）

$$\gamma = \alpha + \mathrm{j}\beta = \sqrt{RG}$$

因而

$$\alpha = \sqrt{RG}, \quad \beta = 0 \tag{2-26}$$

2. 在音频时 （$f \leqslant 800\text{Hz}$）

在此频率范围内，$R \gg \omega L$，$G \ll \omega C$，可略去 ωL 和 G。则

$$\gamma = \sqrt{jR\omega C} = \sqrt{\omega CR}\, e^{j45°} = \sqrt{\omega CR}\,(\cos 45° + j\sin 45°) = \sqrt{\omega CR}\left(\frac{\sqrt{2}}{2} + j\frac{\sqrt{2}}{2}\right)$$

故

$$\left.\begin{array}{c} \alpha = \sqrt{\dfrac{\omega CR}{2}} \\[4mm] \beta = \sqrt{\dfrac{\omega CR}{2}} \end{array}\right\} \tag{2-27}$$

3. 在高频时 （$f > 30\text{kHz}$）

为了简化公式，可把 γ 全式改写成

$$\gamma = \sqrt{j\omega L\left(1 + \frac{R}{j\omega L}\right) j\omega C\left(1 + \frac{G}{j\omega C}\right)} = j\omega\sqrt{LC}\sqrt{\left(1 + \frac{R}{j\omega L}\right)\left(1 + \frac{G}{j\omega C}\right)} \tag{2-28}$$

因为在高频时，$R \ll \omega L$、$G \ll \omega C$，所以

$$\frac{R}{\omega L} \ll 1, \quad \frac{G}{\omega C} \ll 1$$

根据级数展开

$$(1+x)^{\frac{1}{2}} = 1 + \frac{1}{2}x - \frac{1}{2} \times \frac{1}{4}x^2 + \frac{1}{2} \times \frac{1}{4} \times \frac{3}{6}x^2 - \cdots \quad |x| \leqslant 1$$

把式（2-28）中 $\left(1 + \dfrac{R}{j\omega L}\right)^{\frac{1}{2}}$ 和 $\left(1 + \dfrac{G}{j\omega C}\right)^{\frac{1}{2}}$ 高次项舍去，则

$$\left(1 + \frac{R}{j\omega L}\right)^{\frac{1}{2}} \approx 1 + \frac{R}{2j\omega L}, \quad \left(1 + \frac{G}{j\omega C}\right)^{\frac{1}{2}} \approx 1 + \frac{G}{2j\omega C}$$

将此值代入式（2-28）并整理得

$$\gamma = \alpha + j\beta \approx \frac{R}{2}\sqrt{\frac{C}{L}} + \frac{G}{2}\sqrt{\frac{L}{C}} + j\omega\sqrt{LC} + \frac{RG}{j4\omega\sqrt{LC}}$$

高频时，$RG \ll 4\omega\sqrt{LC}$，所以 $\dfrac{RG}{j4\omega\sqrt{LC}} \approx 0$，又因高频下 $Z_C \approx \sqrt{\dfrac{L}{C}}$，因此得

$$\alpha = \frac{R}{2}\sqrt{\frac{C}{L}} + \frac{G}{2}\sqrt{\frac{L}{C}} \approx \frac{R}{2Z_C} + \frac{GZ_C}{2} \tag{2-29}$$

$$\beta = \omega\sqrt{LC} \tag{2-30}$$

大约从 30kHz 起，按式（2-29）和式（2-30）对通信电缆线路进行计算，就具有足够的准确性。例如，在对称通信电缆中，当频率为 20kHz 时，衰减常数 α 的误差不大于 3%，而相移常数 β 的误差不大于 1%，伴随频率的增高，这些简单公式的误差将下降。

当频率在 800Hz~30kHz 范围内，采用完全公式计算。表 2-1 中列出了二次传输参数在不同频率下的计算公式。

表 2-1　二次传输参数在不同频率下的计算公式

参数符号	频率/Hz			
	0	0～800	800～30000	30000～∞
α	$\sqrt{RG}$	$\sqrt{\dfrac{\omega CR}{2}}$	完全公式	$\dfrac{R}{2}\sqrt{\dfrac{C}{L}}+\dfrac{G}{2}\sqrt{\dfrac{L}{C}}$
β	0	$\sqrt{\dfrac{\omega CR}{2}}$		$\omega\sqrt{LC}$
Z_C	$\sqrt{\dfrac{R}{G}}$	$\sqrt{\dfrac{R}{\omega C}}\,\mathrm{e}^{-\mathrm{j}45°}$		$\sqrt{\dfrac{L}{C}}$

图 2-4 示出通信电缆线路的衰减常数和相移常数与频率的关系曲线。从前面分析及图中曲线可知，在直流时 $\alpha=\sqrt{RG}$，当频率开始增加后，按规律 $\sqrt{\dfrac{\omega CR}{2}}$ 迅速增大，而后增大的速度又缓慢下来。相移常数 β 从零开始（当 $f=0\mathrm{Hz}$ 时）随频率增加，在音频时与衰减常数相等，然后在高频范围内几乎按照公式 $\beta=\omega\sqrt{LC}$ 所确定的直线规律增长。

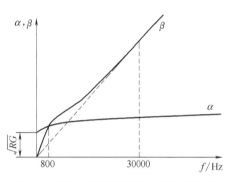

图 2-4　通信电缆线路的衰减常数和相移常数与频率的关系

2.2.4　电磁波沿电缆线路的传播速度

电磁波是以一定的速度在传输线或电缆线路上传播的。因此传输的信号要经过一定的时间才能到达线路的终端。电磁波在线路上传播的速度与线路参数及信号频率有关。

从电工原理中知道，电磁波的传播速度与频率及波长的关系为

$$v=\lambda f \tag{2-31}$$

相移常数 β 表示电磁波传输单位长度上的相移，而交流信号每经过一个波长 λ，其相移为 2π，由此 $\beta\lambda=2\pi$，这时传播速度为

$$v=\frac{2\pi f}{\beta}=\frac{\omega}{\beta} \tag{2-32}$$

由式（2-32）可知，电磁波沿回路的传播速度决定于回路的相移常数 β 和信号频率，下面讨论在不同频率范围内传播速度的简化计算公式。

1. 在直流时（$f=0\mathrm{Hz}$）

在直流情况下，因为 $\omega=0$，$\beta=0$，则式（2-32）为不定式，可用微分来求解，也可采用下述方法来求解：

$$\gamma=\alpha+\mathrm{j}\beta=\sqrt{(R+\mathrm{j}\omega L)(G+\mathrm{j}\omega C)}=\sqrt{RG}\left(1+\frac{\mathrm{j}\omega L}{R}\right)^{\frac{1}{2}}\left(1+\frac{\mathrm{j}\omega C}{G}\right)^{\frac{1}{2}}$$

当 ω 趋近于零时，根据级数展开式可得

$$\left(1+\frac{\mathrm{j}\omega L}{R}\right)^{\frac{1}{2}}\approx1+\frac{\mathrm{j}\omega L}{2R},\ \left(1+\frac{\mathrm{j}\omega C}{G}\right)^{\frac{1}{2}}\approx1+\frac{\mathrm{j}\omega C}{2G}$$

将此二式代入前式可得

$$\gamma = \alpha + j\beta = \sqrt{RG}\left[1 - \frac{\omega^2 LC}{4RG} + j\left(\frac{\omega L}{2R} + \frac{\omega C}{2G}\right)\right]$$

取虚部

$$\beta = \sqrt{RG}\left(\frac{\omega L}{2R} + \frac{\omega C}{2G}\right)$$

将 β 值代入式（2-32）可得

$$v = \frac{\omega}{\beta} = \frac{\omega}{\sqrt{RG}\left(\dfrac{\omega L}{2R} + \dfrac{\omega C}{2G}\right)} = \frac{2}{\sqrt{LC}\left(\sqrt{\dfrac{LG}{RC}} + \sqrt{\dfrac{RC}{LG}}\right)} \qquad (2\text{-}33)$$

2. 在音频时（$f \leqslant 800\text{Hz}$）

由于

$$\beta = \sqrt{\frac{\omega CR}{2}}$$

所以

$$v = \frac{\omega}{\beta} = \sqrt{\frac{2\omega}{RC}} \qquad (2\text{-}34)$$

3. 在高频时（$f > 30\text{kHz}$）

由于

$$\beta = \omega\sqrt{LC}$$

所以

$$v = \frac{\omega}{\beta} = \frac{1}{\sqrt{LC}} \qquad (2\text{-}35)$$

在 $800\text{Hz} \sim 30\text{kHz}$ 的范围内，可按式（2-25）求出 β 后再按式（2-32）进行计算。分析上述公式可以发现，随着频率的增高，电磁波沿电缆线路的传播速度将增加。

2.3 均匀电缆线路的输入阻抗

2.3.1 输入阻抗的定义

电缆回路的输入阻抗为线路始段的电压 U_0 和电流 I_0 之比：

$$Z_{\text{in}} = \frac{U_0}{I_0} \qquad (2\text{-}36)$$

将负载阻抗为任意值时的传输方程式（2-11）代入式（2-36）得

$$Z_{\text{in}} = \frac{U_0}{I_0} = \frac{U_l\,\text{ch}\,\gamma l + I_l Z_C\,\text{sh}\,\gamma l}{I_l\,\text{ch}\,\gamma l + \dfrac{U_l}{Z_C}\,\text{sh}\,\gamma l}$$

因为

$$U_l = I_l Z_H$$

所以

$$Z_{in} = Z_C \frac{Z_H \text{ch}\gamma l + Z_C \text{sh}\gamma l}{Z_C \text{ch}\gamma l + Z_H \text{sh}\gamma l} \qquad (2\text{-}37)$$

式（2-37）为输入阻抗的基本公式。由式可知，输入阻抗和特性阻抗 Z_C、传播常数 γ、负载阻抗 Z_H、线路长度 l 及频率 f 等因素有关。

2.3.2　不同负载情况下的输入阻抗值

1. 负载阻抗等于线路特性阻抗

此时 $Z_H = Z_C$，从式（2-37）可得

$$Z_{in} = Z_C \frac{Z_C \text{ch}\gamma l + Z_C \text{sh}\gamma l}{Z_C \text{ch}\gamma l + Z_C \text{sh}\gamma l} = Z_C \qquad (2\text{-}38)$$

也就是输入阻抗等于特性阻抗。

2. 负载阻抗等于零（终端短路）

短路时（$Z_H = 0$）输入阻抗用 Z_0 来表示，由式（2-37）可得

$$Z_0 = Z_C \text{th}\gamma l \qquad (2\text{-}39)$$

3. 负载阻抗等于无穷大（终端开路）

开路时（$Z_H = \infty$）输入阻抗用 Z_∞ 来表示，由式（2-37）可得

$$Z_\infty = Z_C \frac{\text{ch}\gamma l + \dfrac{Z_C}{Z_H} \text{sh}\gamma l}{\text{sh}\gamma l + \dfrac{Z_C}{Z_H} \text{th}\gamma l} = Z_C \frac{\text{ch}\gamma l}{\text{sh}\gamma l} = Z_C \frac{1}{\text{th}\gamma l} \qquad (2\text{-}40)$$

4. 负载阻抗不等于特性阻抗（$Z_H \neq Z_C$）的一般情况

将式（2-37）的分子分母各除以 $Z_C \text{ch}\gamma l$ 可得

$$Z_{in} = Z_C \frac{\dfrac{Z_H}{Z_C} + \text{th}\gamma l}{\dfrac{Z_H}{Z_C} \text{th}\gamma l + 1}$$

令 $\dfrac{Z_H}{Z_C} = \text{th}n$，并根据双曲线函数的变换公式可得到

$$Z_{in} = Z_C \frac{\text{th}n + \text{th}\gamma l}{\text{th}n \cdot \text{th}\gamma l + 1} = Z_C \text{th}(\gamma l + n) \qquad (2\text{-}41)$$

在短路、开路和任意负载下，其输入阻抗公式均为复变函数的双曲正切函数，因此输入阻抗 Z_{in}（包括 Z_0 及 Z_∞）的模和相角都将随线路长度 l 和频率 f 的变化而波动。

2.3.3　长线路的输入阻抗

电缆线路很长时，衰减很大。当线路衰减 $\gamma l \geqslant 13.029\text{dB}$ 时，$\text{e}^{-\gamma l}$ 很小，所以

$$\mathrm{ch}\gamma l = \frac{\mathrm{e}^{\gamma l}+\mathrm{e}^{-\gamma l}}{2} \approx \frac{\mathrm{e}^{\gamma l}}{2}$$

$$\mathrm{sh}\gamma l = \frac{\mathrm{e}^{\gamma l}-\mathrm{e}^{-\gamma l}}{2} \approx \frac{\mathrm{e}^{\gamma l}}{2}$$

故

$$\mathrm{ch}\gamma l \approx \mathrm{sh}\gamma l$$

因此

$$Z_{\mathrm{in}} = Z_C \frac{Z_H \mathrm{ch}\gamma l + Z_C \mathrm{sh}\gamma l}{Z_C \mathrm{ch}\gamma l + Z_H \mathrm{sh}\gamma l} \approx Z_C \tag{2-42}$$

这就是说，当线路较长而衰减较大时，输入阻抗近似等于特性阻抗。这是因为当电磁波沿着较长线路传播时，即使线路终端机线匹配不好，产生了反射波，但由于线路很长，入射波及反射波经受的衰减都很大。这样，当反射波回到始端时已经很小，对线路始端发送的电压和电流的影响也就很小，所以对于很长的电缆线路，不论终端的负载阻抗为何值，输入阻抗都近似等于特性阻抗，如图 2-5 所示。

如果线路不长，情况就不一样了。

当在短线路的始端加上信号时，电磁波沿着线路传输，当负载阻抗和线路特性阻抗不等，便会产生反射波，反射波沿着线路自终端向始端传输，如图 2-6 所示。因为线路较短，反射波衰减不大，于是回到始端的反射波能量就不能忽略了。

图 2-5　线路较长时的输入阻抗　　　　　图 2-6　短线路的输入阻抗

这时若在线路始端进行测量，测得的电压 U_0，应为入射波电压和反射波电压之和，即

$$U_0 = U_{\mathrm{in}} + U_{\mathrm{rel}}$$

同时，测得的电流 I_0 应为入射波电流和反射波电流之差，即

$$I_0 = I_{\mathrm{in}} - I_{\mathrm{rel}}$$

线路的输入阻抗则为

$$Z_{\mathrm{in}} = \frac{U_0}{I_0} = \frac{U_{\mathrm{in}} + U_{\mathrm{rel}}}{I_{\mathrm{in}} - I_{\mathrm{rel}}}$$

从物理概念来说，由于线路具有衰减常数 α 和相移常数 β，当电磁波沿着线路传播时，它的幅度和相角必然会发生变化，因此当反射波在始端与入射波叠加时，线路的输入阻抗必然与线路长度及线路的传播常数有关。当电缆结构固定时，则与线路长度和频率有关。

2.4　非均匀电缆线路的性质

2.4.1　非均匀电缆线路的概念

在实际的线路中，终端所接的负载阻抗往往不等于线路的特性阻抗，而且电缆线路本身也不会完全均匀，严格地说电缆线路都可认为是非均匀线路。

当线路为非均匀线路的情况下，电磁波的传输过程就较为复杂。在电气上不均匀或不匹配处必然会产生反射波，负载所接受的能量比均匀线路时有所减少。由于有反射，线路的输入阻抗不再是特性阻抗。另外由于反射存在，线路的衰减不再是线路本身的固有衰减，而是工作衰减。

2.4.2　非均匀电缆线路阻抗

在前面讨论特性阻抗时，假定电缆是完全均匀的，即沿线各点有相同的特性阻抗，但在实际的电缆制造过程中，电缆导体直径、绝缘外径总是或多或少地存在着波动，加之可能出现的绝缘偏心及绝缘介电常数沿长度的变化，因此在实际的电缆线路上每一点的阻抗都不相等。通常，我们称电缆上任意一个截面上的特性阻抗称为局部特性阻抗 Z_T（也称时域特性阻抗），电缆的 Z_T 是沿线变化的，即使终端匹配，其输入阻抗也不再等于其匹配阻抗之值，而是与频率、电缆长度方向上的位置有关。在实际应用中常常用输入阻抗、有效特性阻抗、拟合特性阻抗等概念来表述非均匀电缆的阻抗。

1. 输入阻抗

输入阻抗 Z_{in} 定义见式（2-36），为电缆始端电压和始端电流之比。对于非均匀线路，由于电缆结构参数不均匀，导致电缆长度方向上与频率波长可比拟的点（段）的局部特性阻抗不同，电磁波产生反射，在电缆始端的电压与电流则为入射波与反射波的矢量迭加，因此 Z_{in} 值与电缆不均匀程度、长度、频率、末端负载有关，但因无法知道被测电缆长度内的不均匀情况，故输入阻抗是无法计算预测的。高频下，线路的输入阻抗 Z_{in} 是许多内部局部特性阻抗 Z_T 的几何迭加。它对于电缆不均匀、频率及长度的变化是很敏感的，很小的频率变化往往会引起 Z_{in} 的很大变化。图 2-7 为输入阻抗随频率变化的典型实例。

2. 有效特性阻抗

由于输入阻抗值与频率、电缆长度均有关系，为了反映不均匀线路情况，国际电工委员会引入"有效特性阻抗"，其定义为

$$Z_e = \sqrt{Z_0 Z_\infty} \tag{2-43}$$

式中　Z_0——电缆终端短路时的输入阻抗；

　　　　Z_∞——电缆终端开路时的输入阻抗。

3. 平均特性阻抗

有效特性阻抗通常用于高频电缆，而低频电缆一般采用平均特性阻抗 Z_m 的概念。平均特性阻抗 Z_m 是沿电缆长度方向的局部特性阻抗 Z_T（可用 TDR 测量）的算术平均值。在低频下，每个不均匀性的长度只占波长的一小部分，在一个半波长的长度内会有很多不均匀点，不均匀性引起的反射在始端的叠加是算术叠加，因此在低频下有效特性阻抗 Z_e 实质上就是沿线分布的许多局部特性阻抗 Z_T 的算术平均值 Z_m。

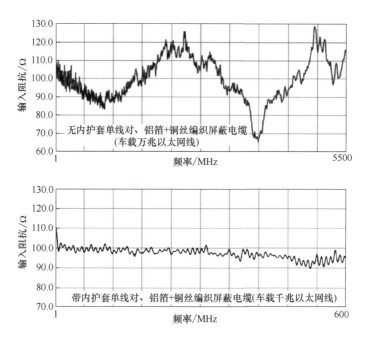

图 2-7　输入阻抗随频率变化的典型实例

4. 拟合特性阻抗[5]

对于高频对称通信电缆来讲，为了描述特性阻抗的整体走势，有时也采用特性阻抗的同类函数去拟合测量出的特性阻抗模值。

$$Z_{\mathrm{f}} = K_0 + \frac{K_1}{f^{\frac{1}{2}}} + \frac{K_2}{f} + \frac{K_3}{f^{\frac{3}{2}}} \tag{2-44}$$

式中　　　　　　Z_{f}——拟合特性阻抗的模值（Ω）；

K_0、K_1、K_2、K_3——最小二乘法拟合系数，由式（2-45）得出；

f——频率（MHz）。

式（2-44）中，第一项为外电感与工作电容引起的特性阻抗分量；第二项为内电感引起的特性阻抗分量；第三、四项为二次效应。如绝缘材料的介电常数随着频率的变化引起电容的变化、屏蔽效应等引起的特性阻抗分量等。K_0、K_1、K_2、K_3 可由式（2-45）计算。

$$\begin{bmatrix} \sum\limits_{i=1}^{N} |Z_{\mathrm{CM}}| \\[2mm] \sum\limits_{i=1}^{N} \dfrac{|Z_{\mathrm{CM}}|}{f_i^{\frac{1}{2}}} \\[2mm] \sum\limits_{i=1}^{N} \dfrac{|Z_{\mathrm{CM}}|}{f_i} \\[2mm] \sum\limits_{i=1}^{N} \dfrac{|Z_{\mathrm{CM}}|}{f_i^{\frac{3}{2}}} \end{bmatrix} = \begin{bmatrix} N & \sum\limits_{i=1}^{N} \dfrac{1}{f_i^{\frac{1}{2}}} & \sum\limits_{i=1}^{N} \dfrac{1}{f_i} & \sum\limits_{i=1}^{N} \dfrac{1}{f_i^{\frac{3}{2}}} \\[2mm] \sum\limits_{i=1}^{N} \dfrac{1}{f_i^{\frac{1}{2}}} & \sum\limits_{i=1}^{N} \dfrac{1}{f_i} & \sum\limits_{i=1}^{N} \dfrac{1}{f_i^{\frac{3}{2}}} & \sum\limits_{i=1}^{N} \dfrac{1}{f_i^{2}} \\[2mm] \sum\limits_{i=1}^{N} \dfrac{1}{f_i} & \sum\limits_{i=1}^{N} \dfrac{1}{f_i^{\frac{3}{2}}} & \sum\limits_{i=1}^{N} \dfrac{1}{f_i^{2}} & \sum\limits_{i=1}^{N} \dfrac{1}{f_i^{\frac{5}{2}}} \\[2mm] \sum\limits_{i=1}^{N} \dfrac{1}{f_i^{\frac{3}{2}}} & \sum\limits_{i=1}^{N} \dfrac{1}{f_i^{2}} & \sum\limits_{i=1}^{N} \dfrac{1}{f_i^{\frac{5}{2}}} & \sum\limits_{i=1}^{N} \dfrac{1}{f_i^{3}} \end{bmatrix} \times \begin{bmatrix} K_0 \\ K_1 \\ K_2 \\ K_3 \end{bmatrix} \tag{2-45}$$

式中　Z_{CM}——测量出的特性阻抗。

2.4.3　反射系数、反射衰减、驻波比（系数）与回波损耗

在非均匀线路中，反射的大小用反射系数来表示。它是反射电压波（或电流）与入射电压波（或电流）之比：

$$\Gamma = \frac{U_{rel}}{U_{in}} = \frac{I_{rel}}{I_{in}} \tag{2-46}$$

反射系数 Γ 的大小决定于反射点前后区段特性阻抗相差的程度。

在式（2-8）中，因传输距离是从线路始段算起的，故两式的前一项均为入射波，而后一项均为反射波。如果负载阻抗为 Z_H，则在负载端的电压 U_l 和电流 I_l 可表示为下列形式。

$$U_l = U_{in} + U_{rel}$$
$$I_l = I_{in} - I_{rel}$$

因为

$$U_l = I_l Z_H, \ Z_C = \frac{U_{in}}{I_{in}} = \frac{U_{rel}}{I_{rel}}$$

所以

$$I_l Z_H = U_{in} + U_{rel} \tag{2-47}$$
$$I_l Z_C = U_{in} - U_{rel} \tag{2-48}$$

式（2-47）与式（2-48）相加可得

$$2U_{in} = I_l(Z_H + Z_C) \tag{2-49}$$

式（2-47）与式（2-48）相减可得

$$2U_{rel} = I_l(Z_H - Z_C) \tag{2-50}$$

式（2-49）与式（2-50）相比可得

$$\frac{U_{rel}}{U_{in}} = \frac{Z_H - Z_C}{Z_H + Z_C}$$

所以反射系数与阻抗的关系为

$$\Gamma = \frac{Z_H - Z_C}{Z_H + Z_C} \tag{2-51}$$

对于沿路任意一点的反射系数可类似地求得

$$\Gamma = \frac{Z_{C2} - Z_{C1}}{Z_{C2} + Z_{C1}} \tag{2-52}$$

式中　Z_{C1}——线路不均匀点前区段的阻抗值；

　　　Z_{C2}——线路不均匀点后区段的阻抗值。

非均匀线路的不均匀程度，还可用反射衰减 b_n 来表示。反射衰减是反射系数倒数绝对值的自然对数值，即

$$b_n = 20\lg\left|\frac{1}{\Gamma}\right| = 20\lg\left|\frac{Z_H + Z_C}{Z_H - Z_C}\right| \quad (dB) \tag{2-53}$$

射频同轴电缆也常采用电缆的输入驻波系数（Voltage Standing Wave Ratio，VSWR）作

为描述内部阻抗不均匀性的指标，驻波系数又叫作驻波比。如果电缆线路上有反射波，它与行波相互作用就会产生驻波，这时线上某些点的电压振幅为最大值 U_{max}，某些点的电压振幅为最小值 U_{min}。最大振幅与最小振幅之比，称为驻波系数，即

$$VSWR = \frac{U_{max}}{U_{min}} \tag{2-54}$$

驻波系数越大，表示线路上反射波成分越大，也即表示线路不均匀性或线路终端失配较大。为控制电缆的不均匀性，要求一定长度的终端匹配的电缆在使用频段上的输入驻波系数 VSWR 不超过某一规定数值。

电缆不均匀性还可用阻抗偏差 ΔZ 表示，阻抗偏差越小，表示线路不均匀性或线路终端失配越小，其值为有效特性阻抗 Z_e 与额定特性阻抗 Z_C 之间的偏差，即

$$\Delta Z = Z_e - Z_C \tag{2-55}$$

阻抗偏差 ΔZ、驻波系数 VSWR 与反射系数 Γ 之间可以相互换算，其公式为

$$VSWR = \frac{1+\Gamma}{1-\Gamma} \tag{2-56}$$

$$\Gamma = \frac{VSWR-1}{VSWR+1} \tag{2-57}$$

回波损耗是描述电缆特性阻抗不均匀性的另外一个指标。定义为

$$RL = -20\lg\left|\frac{Z_e-Z_C}{Z_e+Z_C}\right| = -20\lg|\Gamma| \tag{2-58}$$

式中　Z_{in}——输入阻抗。

习惯上，同轴电缆多用电压驻波比，少数时候也用回波损耗，对称通信电缆则多用回波损耗指标，基本上不用电压驻波比。这两个指标描述了电缆的实际输入阻抗与额定特性阻抗间的偏离程度。

对于高频对称通信电缆，有时也用结构回波损耗表示电缆特性阻抗的不均匀性，其定义为

$$SRL = -20\lg\left|\frac{Z_e-Z_f}{Z_e+Z_f}\right| \tag{2-59}$$

式中　Z_f——拟合特性阻抗。

结构回波损耗反映电缆的输入阻抗与拟合特性阻抗间的偏离程度有关，即与电缆本身的特性阻抗均匀性有关，与输入阻抗是否偏离额定阻抗无关。

2.4.4　周期性的阻抗不均匀

在通信电缆的制造流程中，由于制造工艺存在的缺陷，如绝缘挤出过程中螺杆转速的循环脉动、牵引速度的周期性波动以及挤塑压力的变动等因素共同导致了电缆在长度方向上局部特性阻抗的周期性变化。这种周期性的阻抗不均匀性对信号传输产生了显著的不良影响。即便是轻微的不均匀，也可能因内部谐振效应导致回波损耗曲线上呈现显著的尖峰。值得注

意的是，这些峰值出现的频率点位置与阻抗变化的周期长度直接相关，具体可通过以下公式进行确定：

$$f = \frac{150}{\sqrt{\varepsilon_D} h} \qquad (2\text{-}60)$$

式中　h——周期长度（m）；

　　　ε_D——电缆绝缘等效相对介电常数。

需要提及的是，回波损耗曲线出现尖峰（含周期性尖峰）时，则未必是周期性不均匀阻抗引起。电缆长度上存在个别点阻抗严重失配时，强烈的反射波也可能形成回波尖峰。

2.4.5　随机分布的阻抗不均匀

电缆上存在随机分布的阻抗不均匀时，其回波损耗曲线上不会出现显著的尖峰，而是呈现出噪声般的随机性特点。

2.4.6　线路终端为不同负载时的终端反射系数

1）当负载匹配时，$Z_H = Z_C$、$\varGamma = 0$。这种情况是最有利的，此时电磁波在终端不发生反射现象，所传输的能量除在线路上有损耗外，全部被负载吸收。

2）当终端开路时，$Z_H = \infty$、$\varGamma = 1$。在这种情况下，终端不存在电流，可以认为入射波电流和反射波电流大小相等而相位相反，因而 $I_l = 0$。既然无电流，也就不存在磁场，磁场能量全部转变为电场能量，因此终端电压将增大。负载不吸收能量，相当于能量的全反射。

3）当终端短路时，$Z_H = 0$、$\varGamma = -1$。此时终端不存在电压，可以认为终端处入射波电压和反射波电压大小相等而相位相反，因而 $U_l = 0$。既然无电压，也就不存在电场，电场能量已转变为磁场能量，因此终端电流将增大。负载不吸收能量，也就相当于能量的全反射。

4）当终端为任意负载时，$Z_H \neq Z_C$、$\varGamma$ 介于 $-1 \sim 1$ 之间。此时电磁波在终端处将存在部分反射，一部分能量被反射回来，而另一部分能量则被负载吸收。

当线路中存在反射时，通信质量必将有所降低。因此，在电缆制造、施工和维护中都希望反射系数 $\varGamma$ 越小越好。为保证通信质量，对不同的线路，反射系数 $\varGamma$ 值都有相应规定。

2.4.7　对称线对的不平衡衰减[5][13]

同轴通信电缆的传输模式为共模传输，对称线对则可能工作在如图 2-8a 所示的差模模式（平衡），或如图 2-8b 所示共模模式（不平衡）。在差模模式中，一个导体载去电流，另一个导体载回归电流，在回归通路中（共模）没有电流。在共模模式中，线对的每个导体载一半电流，回归通路承担这两个电流的总和，所有非被测线对和任何屏蔽（如有）充当共模电压的回归通路。

在理想状况下，两种模式是相互独立的，可实际上两种模式互相影响。对称线对在实际应用中通常以差模传输方式工作。此时，当有共模信号耦合到对称线对上时，两根绝缘芯线所获得的干扰信号电压大小相等、方向相同。如果线对的两根绝缘导线是处处对称的，则共模干扰信号达到负载端后其大小虽与起始点相比因线路衰减会导致信号减弱，但在终端处两根线上的电压仍然大小相等、方向相反，在负载上不产生电流。反之，若两根导线的衰减不

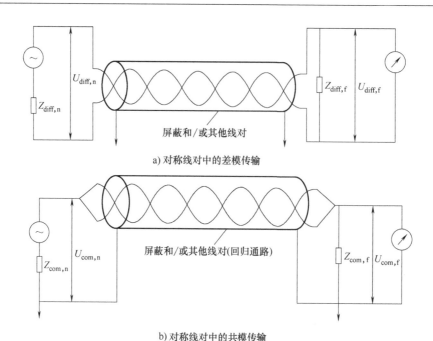

a) 对称线对中的差模传输

b) 对称线对中的共模传输

图 2-8 对称线对中的传输模式

一致，则相同的共模信号传输到负载端后共模信号变得大小不一致，此时便会产生一共模电流，产生通信干扰。

为了更好地理解对称线对中两根导线衰减的平衡性问题，不妨将线对中的导线 A 和导线 B 分别与回归通路分别视为 com_1 和 com_2 回路，则两回路在高频下的衰减见式（2-61）。

$$\left.\begin{aligned}
\alpha_{com1} &= \frac{R_{com1}}{2}\sqrt{\frac{C_{com1}}{L_{com1}}} + \frac{G_{com1}}{2}\sqrt{\frac{L_{com1}}{C_{com1}}} \approx \frac{R_{com1}}{2Z_{com1}} + \frac{G_{com1}Z_{com1}}{2} \\
\alpha_{com2} &= \frac{R_{com2}}{2}\sqrt{\frac{C_{com2}}{L_{com2}}} + \frac{G_{com2}}{2}\sqrt{\frac{L_{com2}}{C_{com2}}} \approx \frac{R_{com2}}{2Z_{com2}} + \frac{G_{com2}Z_{com2}}{2}
\end{aligned}\right\} \quad (2\text{-}61)$$

式中　R_{com1}、R_{com2}——回路 com1 和回路 com2 的有效电阻；

$\quad\quad\;\; L_{com1}$、L_{com2}——回路 com1 和回路 com2 的电感；

$\quad\quad\;\; G_{com1}$、G_{com2}——回路 com1 和回路 com2 的绝缘电导；

$\quad\quad\;\; C_{com1}$、C_{com2}——回路 com1 和回路 com2 的电容；

$\quad\quad\;\; Z_{com1}$、Z_{com2}——回路 com1 和回路 com2 的特性阻抗。

当两个回路的有效电阻、电感、电容和特性阻抗不一致（不对称）时通常会导致两根导线的衰减不平衡（不相等）。线对的不对称分为横向不对称和纵向不对称。横向不对称是由纵向分布的对地电容和绝缘电导不平衡引起的，纵向不对称则是由线对两导体的电感和有效电阻不平衡引起的。在实际中，线对中两根绝缘线芯的导体直径偏差、绝缘外径偏差、对绞的不对称性、绝缘等效相对介电常数与介质损耗角正切值以及这两者乘积的不一致、对回归通路间的电容不平衡等是影响线对衰减不平衡的主要因素。高频下，由于介质损耗占的比重较大，故介质损耗的平衡性对线对衰减的平衡性有较大影响。正因如此，对于高频对称通信电缆来讲，在相同结构下，不同的色谱（不同色母料的介电常数、介质损耗角正切值可能差异大）的线对其衰减不平衡可能存在显著差异。

在对称电缆的制造过程中，首要考量的是尽可能地选用电气性能、力学性能和加工性能优良的绝缘材料与导体材料。随后，借助高精度的导体加工设备（如拉丝机、绞线机等）、绝缘挤出机、对绞设备及屏蔽加工设备（诸如屏蔽带绕包机、编织机等），可以确保电缆截面的均匀性和尺寸的精确性，进而提升回路中两根导线电气性能的对称性。特别地，在制造对绞型电缆时，应根据绝缘芯线的具体结构特征，合理地选择退扭率和对绞节距，以有效减轻绝缘偏心或不圆整所带来的对地电容不对称问题，从而显著改善 LCTL（纵向变换转移损耗）指标。

为了描述对称线对中两根芯线衰减的平衡程度，引入了不平衡衰减这一指标。

不平衡衰减定义为共模功率与差模功率比的对数，其值为

$$\alpha_{u,n \atop u,f} = 20\lg \left| \frac{\sqrt{P_{n,com \atop f,com}}}{\sqrt{P_{diff}}} \right| = 20\lg \left| \frac{U_{n,com \atop f,com}}{U_{diff}} \right| + 10\lg \left| \frac{Z_{diff}}{Z_{com}} \right| \qquad (2\text{-}62)$$

式中　α_u——不平衡衰减（dB）；

　　　P_{diff}——匹配差模功率（W）；

　　　P_{com}——匹配共模功率（W）；

　　　U_{diff}——差模电路电压（V）；

　　　U_{com}——共模电路电压（V）；

　　　Z_{diff}——差模电路的特性阻抗（Ω）；

　　　Z_{com}——共模电路的特性阻抗（Ω）；

　　　n, f——近端和远端的标记。

对称通信电缆的差模阻抗（Z_{diff}，即线对的特性阻抗）是一个设计参数。然而，共模阻抗（Z_{com}，图 2-8b 中两根导线并联后与回归通路间的阻抗）则主要取决于电缆的设计，并受到多种因素的影响，包括绝缘厚度、绝缘介电常数、邻近线对的接近程度和数量，以及是否存在屏蔽。因此，标称阻抗为 100Ω 的电缆，其共模阻抗会随着电缆结构的不同而在 25 ~ 75Ω 之间变化。对于 STP（单对屏蔽对绞线对）电缆，共模阻抗大约为 25Ω；对于 FTP（总屏蔽对绞线对）电缆，它大约为 50Ω；而对于 UTP（非屏蔽对绞线对）电缆，它则大约为 75Ω。

在上述定义的实际测量中，依据信号发生器与接收器同一端或不同端，将不平衡衰减分别称为近端不平衡衰减和远端不平衡衰减，详见表 2-2。

表 2-2　测量电路构成

不平衡衰减		电路构成			
		近端		远端	
		共模电路	差模电路	共模电路	差模电路
近端	TCL	接收器	发生器	—	—
	LCL	发生器	接收器	—	—
远端	TCTL	—	发生器	接收器	—
	LCTL	发生器	—	—	接收器

表中 LCL 称为纵向变换损耗，LCTL 称为纵向变换转移损耗，TCL 称为横向变换损耗，TCTL 称为横向变换转移损耗。利用工作衰减的概念，在网络同一侧端口上的发生器和接收器可以互换，对结果没有任何影响，因此 TCL 的测量和 LCL 的测量完全一样。

但是，LCTL 或 TCTL 的测量本质是两端口测量。只有不平衡的纵向分布均匀并且差模和共模信号的传播速度相同，LCTL 的测量才和 TCTL 的测量一样。在这种情况下，对绞线对符合互易关系、相当于阻抗对称的二端口网络。

2.5　信号失真

在通信过程中，接收端接收到的信号波形与发送端发出的信号波形不一致，这一现象被称为失真或畸变。实际通信中传输的信号往往不是简单的单一正弦信号，而是由多种频率和振幅的正弦波合成的非正弦波形。当使用通信电缆传输信号时，电缆线路的传输参数，如衰减常数 α、相移常数 β、传播速度 v 以及特性阻抗 Z_C，均与频率紧密相关，这是导致信号在传输线路上产生失真的主要因素。此外，通信链路中的非线性元器件也会引发信号的非线性失真。

当前，在数字通信技术中，通过波形重整以及数字校验与纠错技术，信号失真对通信的影响已显著降低，基本可忽略不计。然而，了解信号失真的产生原因仍然至关重要。以下根据失真的性质进行详细说明。

2.5.1　振幅失真

振幅失真主要是由不同频率的信号波在传输过程中衰减不一致所导致的。如图 2-9a 所示，信号由高频正弦波 B 和低频正弦波 A 组成。由于高频波在传输中衰减较大，信号中 B 波的振幅衰减比 A 波更大，从而改变了原始信号中 A 波和 B 波的振幅比，导致接收端接收到的波形发生畸变，如图 2-9b 所示。

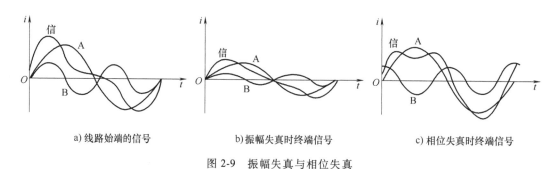

a) 线路始端的信号　　　　b) 振幅失真时终端信号　　　　c) 相位失真时终端信号

图 2-9　振幅失真与相位失真

2.5.2　相位失真

相位失真则是由于不同频率的信号波在传输过程中传播速度不一致所引起。相移常数与频率之间的非线性关系导致电磁波传播速度随频率的增加而加快，因此高频信号波会比低频信号波更早到达线路终端。如图 2-9a 和图 2-9c 所示，高频 B 波传播速度较快，到达终端时间早于 A 波，导致合成波形与发送端波形不同，进而产生相位失真。

2.5.3 由于特性阻抗随其频率变化而引起的失真

实际上，线路特性阻抗并非恒定值，而是随频率变化而变化，这使得线路与通信设备难以在全频带内实现匹配。当信号传输至接收端时，若机线不匹配会发生反射现象，导致信号能量无法全部被负载接收。由于每个传输信号都占据一个频带，且各频率信号波对应的特性阻抗不同，因此在终端产生的反射也不同，进而造成接收端信号失真。

2.5.4 非线性失真

当信号通过包含非线性元件的回路时，对于不同频率和振幅的波，其非线性程度会有所差异，从而导致传输信号形态发生变化，这一现象被称为非线性失真。

2.5.5 外来电磁耦合引起的失真

回路外部的电磁场通过电磁耦合作用，在回路内部诱发产生干扰电信号。这些干扰信号会与回路中原有的信号相互叠加，进而导致信号的畸变。

第3章 对称通信电缆

3.1 对称通信电缆的结构元件

对称通信电缆通常指的是，由2根或4根在材质、结构尺寸以及对地绝缘电阻上均相同的导电线组成，这些导电线相互绝缘并绞合形成一对或两对信号传输回路。在结构上，最简单的对称通信电缆仅包含两根绞合的绝缘芯线。而对于结构更为复杂的对称通信电缆，其传输回路外可能会包覆有内衬层或金属屏蔽层。这些传输回路随后被绞合成缆芯，缆芯外部再包覆一层非金属带材或金属总屏蔽层，最后在总屏蔽层外还会加覆一层保护层。

3.1.1 对称通信电缆的导电线芯

对称通信电缆的导电线芯，作为电磁波传输的媒介，必须首先满足导电性能优良、柔韧性好、足够的机械强度以及高频损耗小的要求。同时，还需兼顾加工、敷设及使用的便捷性。

导电线芯通常采用单根圆线或由多根圆线绞合而成的绞合线。单根圆线因电气性能优越、结构简单、加工便捷且成本低廉而得到广泛应用。然而，在机械性能方面，尤其是当尺寸较大时，其柔软性会受到影响，因此不适用于对柔软性要求极高的场合。相比之下，绞合线则展现出更好的柔软性，能够有效地减少因金属疲劳导致的断线问题，特别适用于受振动和反复弯曲的使用环境。但绞合线的电气性能相对较差，且制造过程复杂，成本较高。

在材质选择上，对称通信电缆的导电线芯一般采用电工用铜线。根据电缆的具体使用场合，还可以选用镀锡铜线、镀银铜线、镀锌铜线、镀镍铜线、铜包铝线、铜包钢线以及铜合金线等。

对于导电线芯的表面要求，应确保圆整、光滑，无裂纹、无毛刺，同时避免表面腐蚀和氧化现象。导体线芯的直径则根据电缆的用途不同而有所差异。目前，导电芯的直径通常在0.075~1.20mm之间，而使用较多的直径则集中在0.4~0.8mm之间。

3.1.2 对称通信电缆的绝缘

为了确保对称通信电缆内各导电线芯之间不产生接触，从而保障电磁波的顺畅传输，导电线芯必须进行绝缘处理。此外，绝缘层还能稳固线芯的相对位置，有效地减少回路间的串音现象。通信电缆所选用的绝缘材料，需具备稳定且优异的电气性能、良好的柔软度以及适度的机械强度，同时还应易于加工。为最大限度地降低电磁波在绝缘体中的损耗，应优先选用那些体积绝缘电阻率高、相对介电常数低、介质损耗角正切值小及耐电强度高的绝缘材料。当前，电缆中常用的几种绝缘材料的电气性能详见表3-1。

表 3-1　几种常用绝缘材料的电气性能

材料	相对介电常数	介电强度 /(kV/mm)	体积电阻率 /Ω·cm	介质损耗角正切值(tanδ)典型值		
				50Hz	10^6Hz	10^9Hz
空气	1	—	∞	0	0	0
聚乙烯	2.3	30~50	10^{17}	0.0003	0.0004	0.0005
泡沫聚乙烯	1.3~1.5	10	10^{17}	—	0.0005	0.0006
聚苯乙烯	2.2	100	10^{16}	0.0002	0.0002	0.0002
氟塑料	2.2	15~30	10^{17}	0.0002	0.0002	0.0002
聚丙烯	2.2	30~50	10^{16}	0.0004	0.0004	0.0004
聚异丁烯	2.3	23	10^{15}	0.0004	0.0006	0.0006
聚氯乙烯[1]	4~6	20~35	10^{12}	0.0400	0.0300	—
聚酰胺[2]	3~4	25	10^{13}	0.0400	—	—
橡胶[3]	3~5	40	10^{14}	0.0080	—	—

①、②、③　由于介质损耗角正切值比较大，这3种材料主要用于低频通信电缆。

　　从电气性能角度来看，空气以其卓越的绝缘特性（具体表现为高体积绝缘电阻率、低相对介电常数以及接近零的介质损耗角正切值）成为通信电缆理论上最理想的绝缘介质。然而，在实际应用中，由于种种限制，通信电缆无法完全依赖空气作为绝缘层，因此通信电缆绝缘设计通常优先选用绝缘介质与空气相结合的组合绝缘方式并尽可能地提高绝缘中空气所占体积的比例，以实现良好的电气性能。此外，绝缘结构还需具备足够的稳定性，以满足实际应用中的机械和环境性能的要求。这两方面需求的平衡是选择绝缘材料和确定绝缘结构型式的基本原则。

　　对称通信电缆中，常见的绝缘结构型式包括实心绝缘、泡沫绝缘、泡沫/实心皮绝缘以及实心皮/泡沫/实心皮绝缘。这些绝缘结构如图 3-1 所示，它们各自具有独特的特点和适用场景。

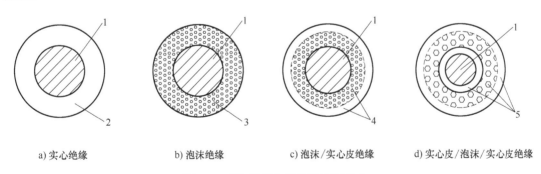

a) 实心绝缘　　　b) 泡沫绝缘　　　c) 泡沫/实心皮绝缘　　　d) 实心皮/泡沫/实心皮绝缘

图 3-1　对称通信电缆绝缘结构型式

1—金属导线　2—实心绝缘层　3—泡沫绝缘层　4—泡沫/实心皮绝缘层　5—实心皮/泡沫/实心皮绝缘层

　　为了便于识别绝缘线芯的顺序，导电线芯的绝缘应具有不同的颜色或识别标志。其中采用颜色区分时，分为单色和色条。其中色条是指将绝缘以基色和纵向分布的一条或两条窄条纹色来区分。识别标志常为色环（在绝缘表面周期性喷涂不同颜色的环纹）或色点（在绝缘表面周期性地喷涂长短点组成的类似摩尔码的标志）。

3.1.3 对称通信电缆的线组

对称通信电缆都是利用双线路做回路，通常将回路的两根绝缘线芯构成线组，这些线组称为通信电缆的元件组。元件组有平行对、对绞组、星绞组和复对绞组，其结构如图 3-2 所示。除平行对外，其他 3 种元件组均由绝缘线芯绞合而成，其绞合的目的在于当电缆弯曲的情况下，减小线芯的相对位移，使结构稳定、圆整，传输参数稳定；减少组间回路之间的电磁耦合，提高回路之间的防干扰能力。另外各线组都有不同的颜色或标志，以便安装敷设时有所区别。

平行对是用绝缘带材和金属塑料复合箔将把两根不同颜色或标志的绝缘线芯和屏蔽接地线平行地绕包固定成线对。主要用于传输带宽在 5GHz 以上的高速数据缆。

对绞组是将两根不同颜色或标志的绝缘线芯绞合成线组，是对称通信电缆最常用的线组结构形式，可用于市内通信电缆、数据电缆、煤矿用通信电缆等。

星绞组是将四根不同颜色或标志的绝缘线芯绞合成四线组。为了结构稳定，中心空隙可安放一根填充芯并在星绞组外面疏绕带色的棉纱或塑料丝。以前星绞组主要用于长途对称通信电缆，目前，由于长途通信电缆全部被光缆所替代，星绞组则用于铁路数字信号缆、车用高速数据（High Speed Data，高速数据）等为数不多的电缆了。

复对绞组是由两个不同节距的对绞组再绞合而成。目前复对绞组应用极少，常被星绞组代替，已基本被淘汰。

为提高线组的机械强度和稳定性，可在普通线组外面再绕包塑料带或丝线，这种线组称为加强组。为进一步减少回路间的干扰，增强其屏蔽性能，在加强组外面或线组外面绕包或纵包一层金属塑料复合箔，有时还会再编织一层金属丝网构成屏蔽线组。

需要说明的是，在对绞组或星绞组的绞合、绕包带材或编织金属丝网过程中易造成线组结构周期性的微小脉动，从而引起高频下线对特性阻抗的周期性波动，形成衰减谐振峰，这是绞合线组很少用于通信带宽在 5GHz 及以上电缆的主要原因。各种线组结构如图 3-2 所示。

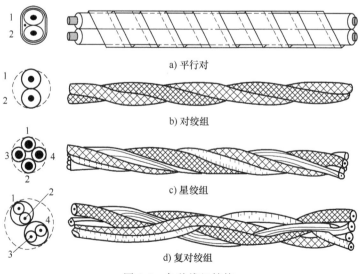

a) 平行对

b) 对绞组

c) 星绞组

d) 复对绞组

图 3-2 各种线组结构

线组在绞合过程时，根据绝缘单线的螺旋上升方向不同可分为左向（S）绞、右向（Z）绞或左右向（SZ）绞 3 种形式。左向绞是最常用的绞合方式。左右向绞是绞合方向周期性改变的一种绞合方式，其主要用于低频电缆。线组各种绞合方向如图 3-3 所示。

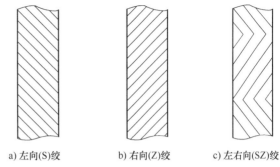

a) 左向(S)绞　　　　b) 右向(Z)绞　　　　c) 左右向(SZ)绞

图 3-3　线组各种绞合方向

在生产过程中，由于绝缘线芯间能够相互嵌入并承受一定的挤压，导致线组在电缆中的实际直径（即有效直径）往往小于理论计算值。为了准确确定有效直径，应综合考虑两个关键因素：一是确保绝缘线芯在电缆中保持稳定的几何尺寸；二是评估绝缘线芯所受的压缩程度。此外，不同绞合形式也会对线组的有效直径产生影响。图 3-4 为计算各种线组有效直径的经验公式。

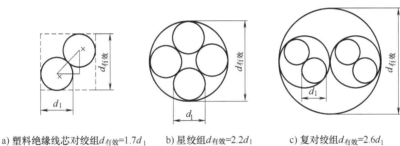

a) 塑料绝缘线芯对绞组$d_{有效}$=1.7d_1　　b) 星绞组$d_{有效}$=2.2d_1　　c) 复对绞组$d_{有效}$=2.6d_1

图 3-4　计算各种线组有效直径的经验公式

3.1.4　对称通信电缆的缆芯

对称通信电缆的缆芯由一定数量的线组按特定排列方式绞合而成。根据线组或结构元件的不同，电缆可分为单一电缆和复合电缆。单一电缆由相同线组绞合而成，例如全塑市话电缆和高速数据电缆；复合电缆则由两种或更多线组或结构元件绞合制成，如 USB3.1 电缆，它包含数据传输线组、供电线组以及其他功能元件（如地线、屏蔽层）。

对称通信电缆缆芯的绞合方式主要分为束绞式、单位式和层绞式 3 种，其中单位式和层绞式的电缆芯结构如图 3-5 所示。

束绞是将多个线组以同一方向和节距绞合成束状，这种方式生产效率高，但线组位置不固定，易产生相互挤压。

层绞式缆芯则是从中心开始，将若干线组有规则地分层绞合而成。为了减少相邻层之间的相互影响，相邻层的绞向相反。尽管层绞式生产方式效率较低，且在层数较多时操作不便，但其结构稳定、质量高，曾广泛应用于长途对称通信电缆的星绞组成缆，现今则主要用于传输高频信号的对称通信电缆。

单位式绞合则是先将若干线组通过束绞或层绞形成一个单位（如全塑市话电缆，其基本单位由 25 个线组构成，超单位由 50 个或 100 个线组构成，子单位由 4 个、5 个、8 个、9 个、12 个或 13 个线组构成），再将多个单位绞合成电缆缆芯。从本质上讲，单位式绞合也是一种束绞方式。缆芯绞合方式如图 3-5 所示。

3.1.5 对称通信电缆的护层

电缆护层在电缆中扮演着多重角色，包括提供机械保护、防止化学腐蚀、防潮防水浸入，以及屏蔽外界电磁干扰。护层的质量和适用性直接关系到电缆的使用寿命和效果，因此正确设计、精心制造和合理地选用电缆护层至关重要。

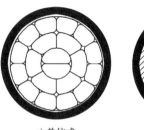

　　　　a) 单位式　　　　　　b) 层绞式

图 3-5　缆芯绞合方式

通信电缆的护层主要有金属套、橡套、塑套和综合护层等几种形式，此外，为了满足特殊需求，还可采用特种护层。

1. 金属套

金属套以其密封性好、不透水、不透潮、机械强度高等特性而著称，同时还具备优良的电磁屏蔽功能。目前，金属套多采用铝带、铜带或钢带卷曲焊接而成，既可制成光面密封管，也可制成皱纹密封管以提高电缆的弯曲性能。当电缆配备外护层时，金属套则作为内护层使用。

2. 橡套和塑套

橡套和塑套是通过在缆芯外直接挤包一层橡胶或塑料形成的。这种护层结构简单、柔软轻便，但存在易透水、防潮性差、寿命短的不足。

3. 综合护层

综合护层种类繁多，主要包括铝-塑综合护层、铝-金属丝编织-塑综合护层、铝-塑黏合综合护层、铝-钢-塑综合护层等。这些护层轻便柔软，防潮性能介于金属套和橡套、塑套之间，属于微透性的半密封性护层。

铝-塑综合护层：在缆芯外纵包或绕包铝带（箔）后挤包塑料套。由于潮气仍能透过外层塑料并沿铝带（箔）接缝缓慢地渗入缆芯，因此其防潮效果有限，主要用于架空或室内敷设电缆。

铝-金属丝编织-塑综合护层：在缆芯外纵包或绕包铝塑复合带（箔）后，用金属丝编织，再在编织层外挤包塑料套。与铝-塑综合护层相比，其屏蔽性能和抗拉性能更优。

铝-塑黏合综合护层：在缆芯外纵包双面贴合聚烯烃的复合铝带，并在重叠处用热风黏合，最后挤包聚乙烯塑料套，利用聚乙烯套挤出时的高温将聚乙烯套与复合铝带黏结在一起，大大提高了防潮性。

铝-钢-塑综合护层：在电缆缆芯外依次纵包铝带和钢带。铝带在内层，可用作屏蔽，对于小直径电缆，铝带不需轧纹，而对于大直径电缆，铝带应轧纹。钢带在外层，用轧辊将其轧成正弦波纹，然后将钢带卷成管状，钢带两边加上焊料，用高频感应加热将钢带焊成密封钢管，在其外涂以沥青混合物，最后挤包聚乙烯外套。

4. 特种护层

特种护层是为适应特殊环境需求而制作的电缆护层。这些护层由特殊结构、材料制成或在常规护层的基础上进行改型而成。例如，在常规的塑套层外再挤包一层尼龙或含有杀灭药剂的塑料外套以防白蚁；在金属套外包覆特殊材料以增强其防蚀、机械保护和屏蔽能力；在电缆护套外缠绕细钢丝并包覆高分子材料以提高电缆的抗拉能力。

3.2　常见的对称通信电缆类型

3.2.1　全塑市话电缆[4]

1. 全塑市话电缆的用途

铜芯聚烯烃绝缘铝塑综合护套市内通信电缆（因其绝缘层、缆芯包带及护套均采用高分子聚合物材料，故常被称为"全塑市话电缆"），主要用于市内、近郊和特定地区（如厂矿）的电话线路中，主要用于传输 150kHz 及以下的模拟信号和 2048kbit/s 及以下的数字信号。在采用 ADSL（非对称数字用户线路）技术时，其传输速率可达 6Mbit/s。

全塑市话电缆主要型式及使用场合见表 3-2，全塑市话电缆典型结构如图 3-6 所示。线对数通常为 5～2400 对。

表 3-2　全塑市话电缆主要型式及使用场合

电缆类型	无外护层电缆		自承式电缆	有外护层电缆			
				单层皱纹钢带纵包		双层钢带绕包	
电缆型式代号	HYA	HYAT	HYAC	HYA53	HYAT53	HYA23	HYAT23
主要使用场合	管道、架空	直埋	架空	直埋、管道	直埋	直埋、管道	直埋
使用条件	电缆工作环境温度一般为 -30～60℃，敷设环境温度一般不低于 -5℃						

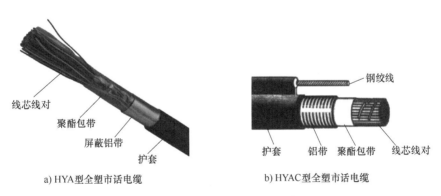

a) HYA型全塑市话电缆　　　　　　　　b) HYAC型全塑市话电缆

图 3-6　全塑市话电缆典型结构

2. 全塑市话电缆的结构

导体通常选用标称直径为 0.40mm、0.50mm、0.60mm、0.70mm、0.80mm、0.90mm 的实心软圆铜线，其中使用较多的规格为 0.40mm 和 0.50mm。

绝缘料选用高密度或中密度聚乙烯，有时也选用聚丙烯。绝缘型式多样，包括实心绝缘、泡沫绝缘、泡沫/实心皮绝缘以及实心皮/泡沫/实心皮绝缘等，其中实心绝缘型式最为常用。绝缘线芯采用颜色识别标识：

a 线：白、红、黑、黄、紫；

b 线：蓝、橙、绿、棕、灰。

线对采用对绞组结构，即由分别称为 a 线和 b 线的两根不同颜色的绝缘芯线均匀地绞合而成。不同颜色的 a 线与 b 线共有 25 个组合，基本单位内线对色谱详见表 3-3。这 25 个线对的绞合节距通常在 45~150mm 之间，且各不相同。

表 3-3 基本单位内线对色谱

线对编号	颜色		线对编号	颜色		线对编号	颜色		线对编号	颜色		线对编号	颜色	
	a 线	b 线		a 线	b 线		a 线	b 线		a 线	b 线		a 线	b 线
1	白	蓝	6	红	蓝	11	黑	蓝	16	黄	蓝	21	紫	蓝
2		橙	7		橙	12		橙	17		橙	22		橙
3		绿	8		绿	13		绿	18		绿	23		绿
4		棕	9		棕	14		棕	19		棕	24		棕
5		灰	10		灰	15		灰	20		灰	25		灰

缆芯由一定数量的子单位、基本单位或超单位绞合而成。

1）基本单位（U 单位）

由表 3-3 所述的 25 个线对绞合而成，线对排列如图 3-7a 所示。为了形成圆形的缆芯结构，充分利用缆内空间，也可将一个基本单位分成 12 对、13 对或更少的线对的"子单位"，子单位内线对编号应连续。为了区分不同的基本单位或子单位，25 对以上的电缆应在每一单位外都绕扎双色非吸湿性绝缘扎带。电缆中线对、基本单位、超单位序号及扎带色谱详见表 3-4。由于基本单位扎带色谱只有 24 种，所以 U 单位的扎带色谱循环周期为 25 对×24 = 600 对，即从 601 对开始，U 单位扎带颜色又变成白蓝。

2）超单位（S 单位或 SD 单位）

50 对超单位（S 单位）由 2 个 U 单位构成，为了形成圆形结构的缆芯，每个 U 单位也可分成 12 对、13 对的两子单位。100 对超单位（SD 单位）由 4 个 U 单位构成。超单位线对排列结构如图 3-7b、图 3-7c 所示。50 对以上且超单位数量超过 1 个时，应在每一超单位外扎单色非吸湿性绝缘扎带，电缆中线对、基本单位、超单位序号及扎带色谱详见表 3-4。

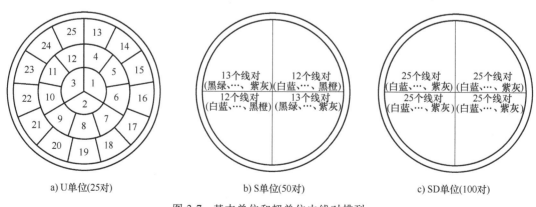

a) U单位(25对)   b) S单位(50对)   c) SD单位(100对)

图 3-7 基本单位和超单位内线对排列

当不同厂家生产相同对数的全塑市话电缆时，其缆芯排列结构可能并不完全一致。这是因为各厂家在成缆过程中考虑的角度和方法存在差异，通常遵循"圆形原则"及"先内后外"等成缆原则。推荐的缆芯结构排列见表 3-5。

表 3-4　电缆中线对、基本单位、超单位序号及扎带色谱

基本单位		超单位扎带色谱											
		白			红			黑			黄		
序号	扎带色谱	超单位序号		线对序号	超单位序号		线对序号	超单位序号		线对序号	超单位序号		线对序号
		100 对	50 对		100 对	50 对		100 对	50 对		100 对	50 对	
1	白蓝	1	1	1~25	7	13	601~625	13	25	1201~1225	19	37	1801~1825
2	白橙			26~50			626~650			1226~1250			1826~1850
3	白绿		2	51~75		14	651~675		26	1251~1275		38	1851~1875
4	白棕			76~100			676~700			1276~1300			1876~1900
5	白灰	2	3	101~125	8	15	701~725	14	27	1301~1325	20	39	1901~1925
6	红蓝			126~150			726~750			1326~1350			1926~1950
7	红橙		4	151~175		16	751~775		28	1351~1375		40	1951~1975
8	红绿			176~200			776~800			1376~1400			1976~2000
9	红棕	3	5	201~225	9	17	801~825	15	29	1401~1425	21	41	2001~2025
10	红灰			226~250			826~850			1426~1450			2026~2050
11	黑蓝		6	251~275		18	851~875		30	1451~1475		42	2051~2075
12	黑橙			276~300			876~900			1476~1500			2076~2100
13	黑绿	4	7	301~325	10	19	901~925	16	31	1501~1525	22	43	2101~2125
14	黑棕			326~350			926~950			1526~1550			2126~2150
15	黑灰		8	351~375		20	951~975		32	1551~1575		44	2151~2175
16	黄蓝			376~400			976~1000			1576~1600			2176~2200
17	黄橙	5	9	401~425	11	21	1001~1025	17	33	1601~1625	23	45	2201~2225
18	黄绿			426~450			1026~1050			1626~1650			2226~2250
19	黄棕		10	451~475		22	1051~1075		34	1651~1675		46	2251~2275
20	黄灰			476~500			1076~1100			1676~1700			2276~2300
21	紫蓝	6	11	501~525	12	23	1101~1125	18	35	1701~1725	24	47	2301~2325
22	紫橙			526~550			1126~1150			1726~1750			2326~2350
23	紫绿		12	551~575		24	1151~1175		36	1751~1775		48	2351~2375
24	紫棕			576~600			1176~1200			1776~1800			2376~2400

表 3-5　推荐的缆芯结构排列

电缆标称对数	缆芯结构（单位数量×单位内线对数）
5	同心式或交叉式
10	同心式或交叉式
15	同心式或交叉式　　　　　3×5
20	同心式或交叉式　　　　　4×5

（续）

电缆标称对数	缆芯结构(单位数量×单位内线对数)			
25	同心式或交叉式	3+9+13		
30	(8+9+8)+5			
50	2×(12+13)			
100	4×25	1×25+3×(12+13)		
200	1×50+6×25	(1+7)×25	(2+6)×25	4×50
300	(3+9)×25	(1+5)×50	3×100	
500	(2+8)×50	1×100+8×50	(1+4)×100	
400	(1+5+10)×25	1×100+6×25	4×100	
600	(3+9)×50	(1+5)×100		
800	(1+5+10)×50	(1+7)×100		
900	(1+6+11)×50	4×50+7×100		
1000	(1+7+12)×50	(2+8)×100		
1200	(3+8+13)×50	(3+9)×100		
1600	(1+5+10)×100			
1800	(1+6+11)×100			
2000	(1+7+12)×100			
2400	(3+8+13)×100			

为了保证缆芯结构的稳定性并提升其电气及力学性能，在全塑市话电缆缆芯外重叠纵包或绕包一层聚酯带，再用非吸湿性和非吸油性的扎带（纱）扎紧。

对于填充式电缆，其缆芯间隙、缆芯与包带之间的间隙，以及缆芯包带外表面与铝塑复合带之间的间隙，都需要均匀且连续地填充石油膏或其他的阻水材料。

在缆芯外部，通过纵包双面铝塑复合带，并与其上挤包的聚乙烯套黏接，形成铝塑综合护套。对于带有外护层的电缆，还会在上述基本电缆结构外部包覆一层铠装层（可能是皱纹钢带纵包或钢带绕包），然后再挤包一层聚乙烯套以提供额外的保护。对于自承式电缆，则需要在聚乙烯护套内加入镀锌钢绞线作为吊线来增强电缆的自承能力，吊线与缆芯分开并平行排列，使得电缆的截面呈现出"8"字型结构。

3. 全塑市话电缆的主要电气性能（见表3-6）

全塑市话电缆的主要电气性能包括导体直流电阻、线对直流电阻不平衡、绝缘电阻、绝缘电气强度、工作电容、固有衰减、串音衰减等。

表3-6　全塑市话电缆的主要电气性能

序号	项目	单位	指标		长度换算关系/km
			导体标称直径/mm	最大值	
1	单根导体直流电阻(20℃)	Ω/km	0.4	148.0	实测值/L
			0.5	95.0	
			0.6	65.8	
			0.7	48.0	
			0.8	36.6	
			0.9	29.5	

（续）

序号	项目	单位	指标			长度换算关系/km
2	线对直流电阻不平衡（20℃）	%	导体标称直径/mm	最大值	平均值	—
			0.4	5.0	≤1.5	
			0.5	5.0	≤1.5	
			0.6	5.0	≤1.5	
			0.7	4.0	≤1.5	
			0.8	4.0	≤1.5	
			0.9	4.0	≤1.5	
3	绝缘电阻（20℃，DC 100~500V）每根绝缘导线与其余接地及屏蔽的绝缘导线间	MΩ·km	非填充式电缆	≥10000		实测值×L
			填充式电缆	≥3000		
4	绝缘电气强度	—	实心聚烯烃绝缘			—
			导线之间	3s，DC 2000V 或 1min，DC 1000V。不击穿		
			导线与屏蔽层之间	3s，DC 6000V 或 1min，DC 3000V。不击穿		
			泡沫、泡沫皮聚烯烃绝缘			
			导线之间	3s，DC 1500V 或 1min，DC 750V。不击穿		
			导线与屏蔽间	3s，DC 6000V 或 1min，DC 3000V。不击穿		
5	工作电容（0.8kHz 或 1kHz）	nF/km	电缆标称线对数	最大值	平均值	实测值/L
			≤10	58.0	52.0±4.0	
			>10	57.0	52.0±2.0	
6	工作电容差（0.8kHz 或 1kHz）	—	100 对及以上填充式电缆：≤2%			—
7	电容不平衡（0.8kHz 或 1kHz）	pF/km	线对与线对间	≤200		实测值/[0.5(L+$\sqrt{L}$)]
			线对与地间			实测值/L
			电缆标称线对数	最大值	平均值	
			≤10	2630		
			>10	2630	≤570(490)[①]	
8	固有衰减（+20℃）	dB/km	超过 10 对的电缆			实测值/L
			—	导体标称直径/mm	平均值	
					150kHz / 1024kHz	
			实心聚烯烃绝缘非填充式电缆	0.4	≤12.1 / ≤27.3	
				0.5	≤9.0 / ≤22.5	
				0.6	≤7.2 / ≤18.5	
				0.7	≤6.3 / ≤15.8	
				0.8	≤5.7 / ≤13.7	
				0.9	≤5.4 / ≤12.0	

（续）

序号	项目	单位	指标				长度换算关系/km
8	固有衰减（+20℃）	dB/km	超过 10 对的电缆				实测值/L
			—	导体标称直径/mm	平均值		
					150kHz	1024kHz	
			实心聚烯烃绝缘填充式电缆	0.4	≤11.7	≤23.6	
				0.5	≤8.2	≤18.6	
				0.6	≤6.7	≤15.8	
				0.7	≤5.5	≤13.8	
				0.8	≤4.7	≤12.3	
				0.9	≤4.1	≤11.1	
9	近端串音衰减（1024kHz，长度≥0.3km）	dB	5 对、10 对电缆内线对间全部组合		（M-S）≥53		当电缆被测长度<0.3km 时，按下式换算：实测值+ $10\lg\dfrac{1-10^{-(\alpha\times L/5)}}{1-10^{-(\alpha\times 0.3/5)}}$ 式中：α 为线对衰减，dB/km
			12 对、13 对子单位内或 15 对电缆内线对间的全部组合		（M-S）≥54		
			20 对、30 对电缆或基本单位内线对间的全部组合		（M-S）≥58		
			相邻 12 对、13 对子单位间线对的全部组合		（M-S）≥63		
			相邻基本单位间线对的全部组合		（M-S）≥64		
			超单位内两个相对基本单位或子单位间线对的全部组合		（M-S）≥70		
			不同超单位内子单位间线对的全部组合		（M-S）≥77		
			不同超单位内基本单位间线对的全部组合		（M-S）≥79		
10	远端串音防卫度（150kHz）	dB/km	任意线对组合		≥58[②]		实测值+10lgL
			基本单位内或 30 对电缆内线对间的全部组合		功率平均值：≥69		
			12 对、13 对子单位内或 10 对、15 对及 20 对电缆内线对间的全部组合		功率平均值：≥68		
11	屏蔽铝带连通性	—	电气连通				—
12	绝缘芯线混线、断线	—	不混线、断线				—

注：L 为被测电缆长度。

① 括号中的指标适用于导体标称直径为 0.6mm 及以上的实心聚烯烃绝缘电缆。

② 当任意线对组合的远端串音防卫度小于 58dB/km，但等于或大于 53dB/km 时，应分别测量和计算该组合的每个单线对功率和，其值不得低于 52dB/km。

3.2.2　局用对称电缆[10]

1. 局用对称电缆的用途

局用对称电缆主要适用于程控交换设备之间、交换局内的总配线架与交换局用户电路板之间的连接用对称通信电缆，也可用作其他通信设备内部或设备之间的短段连接电缆。聚酰胺绝缘局用对称电缆最高传输频率为 1MHz；120Ω 局用对称电缆最高传输频率为 4MHz；100Ω 局用对称电缆分为 A、B、C 三类，其最高传输频率分别为 1MHz、16MHz 和 30MHz。导体标称直径和线对数见表 3-7，其中常用的为 16、32、64 和 65 对。

表 3-7　局用对称电缆标称线对数

导体标称直径 /mm	标称线对数		
	标称特性阻抗 100Ω 电缆		聚酰胺绝缘电缆、120Ω 电缆
	系列一	系列二	
0.25	4、6、8、12、16、32	—	—
0.32	4、6、8、12、16、32	25、50、75、100、150、200	—
0.40	2、4、6、8、12、16、24、32、48、64、65、128	25、50、75、100、150、200	2、4、8、16、24、32、48、64、65、128
0.50	2、4、8、16、24、32、48、64、65	25、50、75、100、150、200	2、4、8、16、24、32、48、64、65

局用对称电缆的主要型式及使用场合见表 3-8，典型的结构如图 3-8 所示。

表 3-8　局用对称电缆主要型式及使用场合

电缆类别		导体标称直径 /mm	绝缘材料	护套材料	主要使用场合
聚酰胺绝缘电缆		0.40	聚酰胺	聚氯乙烯、无卤阻燃聚烯烃	主要用于设备间、设备与配线架以及配线架与配线架的连接
		0.50			
120Ω 电缆		0.40	聚烯烃、无卤阻燃聚烯烃	聚氯乙烯、无卤阻燃聚烯烃	
		0.50			
100Ω 电缆	A 类	0.25	聚烯烃	聚氯乙烯、无卤阻燃聚烯烃	主要用于设备内部连接
		0.32			
		0.40	聚氯乙烯、聚烯烃、无卤阻燃聚烯烃	聚氯乙烯、无卤阻燃聚烯烃	
		0.50			
	B 类	0.40	聚烯烃、无卤阻燃聚烯烃	聚氯乙烯、无卤阻燃聚烯烃	主要用于设备间、设备与配线架以及配线架与配线架的连接
		0.50			
	C 类	0.40			
		0.50			

2. 局用对称电缆的结构

导体以实心软圆铜线为主，有特殊需求时也可采用实心镀锡软圆铜线，标称直径为 0.25mm、0.32mm、0.40mm 和 0.50mm。

绝缘采用聚氯乙烯、聚酰胺（Polyamide，PA11、PA12）、聚烯烃（Polypropylene，PP；

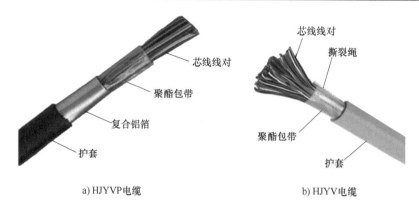

a) HJYVP电缆　　　　　　　　　b) HJYV电缆

图 3-8　局用对称通信电缆典型结构

High Density Polyethylene，HDPE）或无卤阻燃聚烯烃材料。常用的绝缘型式为实心绝缘，当绝缘材料为聚烯烃时也可选用泡沫/实心皮绝缘型式。

绝缘芯线优先采用颜色识别标志。当绝缘材料为聚酰胺之外的材料时，允许在绝缘上添色环或色条作为辅助识别标志。

电缆线组采用对绞组，由 a 线和 b 线的两根不同颜色的绝缘芯线均匀地绞合成线对，线对绞合节距不大于 75mm。

缆芯由一定数量的子单位、基本单位绞制而成，标称线对系列一（见表 3-7）的电缆除聚酰胺绝缘电缆外，线对数在 65 对及以下时也可采用层绞式成缆方式。

标称线对系列一的电缆，其基本单位由 16 个线对绞合而成，基本单位内线对序号和色谱应符合表 3-9 或表 3-10 或表 3-11 的规定。有时也将 8 个或 4 个或更少的序号连续的线对绞合成子单位，用以组成基本单位或缆芯。聚酰胺绝缘电缆不宜选用表 3-11 规定的色谱。标称线对系列二的电缆，由 25 个线对绞合而成，基本单位内线对序号和色谱应符合表 3-12 规定。有时也将 12 个或 13 个或更少的序号连续的线对绞合成子单位，用以组成基本单位或缆芯。

表 3-9　基本单位内线对优先采用颜色色序

线对序号	线对颜色		线对序号	线对颜色		线对序号	线对颜色		线对序号	线对颜色	
	a 线	b 线		a 线	b 线		a 线	b 线		a 线	b 线
1	白	蓝	5	白	灰	9	红	棕	13	黑	绿
2	白	橙	6	红	蓝	10	红	灰	14	黑	棕
3	白	绿	7	红	橙	11	黑	蓝	15	黑	灰
4	白	棕	8	红	绿	12	黑	橙	16	黄	蓝

表 3-10　基本单位内线对代用颜色色序

线对序号	线对颜色		线对序号	线对颜色		线对序号	线对颜色		线对序号	线对颜色	
	a 线	b 线		a 线	b 线		a 线	b 线		a 线	b 线
1	白	蓝	5	红	蓝	9	黑	蓝	13	黄	蓝
2	白	橙	6	红	橙	10	黑	橙	14	黄	橙
3	白	绿	7	红	绿	11	黑	绿	15	黄	绿
4	白	棕	8	红	棕	12	黑	棕	16	黄	棕

表 3-11　基本单位内线对代用颜色色序

线对序号	线对颜色 a 线	线对颜色 b 线	线对序号	线对颜色 a 线	线对颜色 b 线	线对序号	线对颜色 a 线	线对颜色 b 线	线对序号	线对颜色 a 线	线对颜色 b 线
1	白（蓝）	蓝	5	红（蓝）	蓝	9	黑（蓝）	蓝	13	黄（蓝）	蓝
1	白（蓝）	蓝（白）	5	红（蓝）	蓝（红）	9	黑（蓝）	蓝（黑）	13	黄（蓝）	蓝（黄）
2	白（橙）	橙	6	红（橙）	橙	10	黑（橙）	橙	14	黄（橙）	橙
2	白（橙）	橙（白）	6	红（橙）	橙（红）	10	黑（橙）	橙（黑）	14	黄（橙）	橙（黄）
3	白（绿）	绿	7	红（绿）	绿	11	黑（绿）	绿	15	黄（绿）	绿
3	白（绿）	绿（白）	7	红（绿）	绿（红）	11	黑（绿）	绿（黑）	15	黄（绿）	绿（黄）
4	白（棕）	棕	8	红（棕）	棕	12	黑（棕）	棕	16	黄（棕）	棕
4	白（棕）	棕（白）	8	红（棕）	棕（红）	12	黑（棕）	棕（黑）	16	黄（棕）	棕（黄）

注：表中（　）内为色环或色条颜色。

表 3-12　基本单位内线对全色谱色序

线对序号	线对颜色 a 线	线对颜色 b 线	线对序号	线对颜色 a 线	线对颜色 b 线	线对序号	线对颜色 a 线	线对颜色 b 线	线对序号	线对颜色 a 线	线对颜色 b 线	线对序号	线对颜色 a 线	线对颜色 b 线
1	白	蓝	6	红	蓝	11	黑	蓝	16	黄	蓝	21	紫	蓝
2	白	橙	7	红	橙	12	黑	橙	17	黄	橙	22	紫	橙
3	白	绿	8	红	绿	13	黑	绿	18	黄	绿	23	紫	绿
4	白	棕	9	红	棕	14	黑	棕	19	黄	棕	24	紫	棕
5	白	灰	10	红	灰	15	黑	灰	20	黄	灰	25	紫	灰

当缆芯由基本单位数量超过 1 个时，应在基本单位外绕扎非吸湿性绝缘带（纱），扎带（纱）色谱应符合表 3-13 规定。构成同一基本单位的子单位扎带（纱）色谱与该基本单位扎带（纱）色谱相同。

表 3-13　基本单位扎带（纱）颜色色序

基本单位序号	1	2	3	4	5	6	7	8
扎带（纱）颜色	蓝	橙	绿	棕	灰	白	红	黑

为改善电缆阻燃和串音性能的需要，基本单位或子单位外可挤包或绕包一层厚度不大于 0.5mm 的非吸显性非金属材料。

采用同心层绞式缆芯结构时，缆芯中线对按表 3-14 规定的序号和色谱，由小到大从缆芯内层排列到外层，各层线对排列方向应一致。根据用户需要也可采用表 3-12 规定的色谱，当线对数超过 25 对时应在缆芯的适当位置绕扎带（纱）以区分线对。

表 3-14　同心层绞式缆芯中线对颜色色序

线对序号	线对颜色 a 线	线对颜色 b 线	线对序号	线对颜色 a 线	线对颜色 b 线	线对序号	线对颜色 a 线	线对颜色 b 线	线对序号	线对颜色 a 线	线对颜色 b 线	线对序号	线对颜色 a 线	线对颜色 b 线
1	白	蓝	3	白	绿	5	红	蓝	7	红	绿	9	黑	蓝
2	白	橙	4	白	棕	6	红	橙	8	红	棕	10	黑	橙

（续）

线对序号	线对颜色		线对序号	线对颜色		线对序号	线对颜色		线对序号	线对颜色		线对序号	线对颜色	
	a线	b线		a线	b线		a线	b线		a线	b线		a线	b线
11	黑	绿	22	红(蓝)	橙	33	白(橙)	蓝	44	橙(黑)	棕	55	绿(红)	绿
12	黑	棕	23	红(蓝)	绿	34	白(橙)	橙	45	黄(橙)	蓝	56	绿(红)	棕
13	黄	蓝	24	红(蓝)	棕	35	白(橙)	绿	46	黄(橙)	橙	57	绿(黑)	蓝
14	黄	橙	25	蓝(黑)	蓝	36	白(橙)	棕	47	黄(橙)	绿	58	绿(黑)	橙
15	黄	绿	26	蓝(黑)	橙	37	橙(红)	蓝	48	黄(橙)	棕	59	绿(黑)	绿
16	黄	棕	27	蓝(黑)	绿	38	橙(红)	橙	49	白(绿)	蓝	60	绿(黑)	棕
17	白(蓝)	蓝	28	蓝(黑)	棕	39	橙(红)	绿	50	白(绿)	橙	61	黄(绿)	蓝
18	白(蓝)	橙	29	黄(蓝)	蓝	40	橙(红)	棕	51	白(绿)	绿	62	黄(绿)	橙
19	白(蓝)	绿	30	黄(蓝)	橙	41	橙(黑)	蓝	52	白(绿)	棕	63	黄(绿)	绿
20	白(蓝)	棕	31	黄(蓝)	绿	42	橙(黑)	橙	53	绿(红)	蓝	64	黄(绿)	棕
21	红(蓝)	蓝	32	黄(蓝)	棕	43	橙(黑)	绿	54	绿(红)	橙	65	白	红

注：表中（　）内为色环或色条颜色。

推荐的缆芯结构排列见表3-15。

表 3-15　推荐的缆芯结构排列

序号	线对数	层绞式结构	单位式结构（单位数量×单位内线对数）
1	4	4	—
2	6	6	—
3	8	2+6	—
4	12	3+9	—
5	16	5+11	4×4
6	24	2+8+14	6×4
7	32	4+11+17、5+11+6、4+10+18[①]	4×8
8	48	3+9+15+21、3+9+15+21[②]	(1+5)×8、(3+9)×4
9	64	2+7+13+18+24、2+7+13+18+24[③]	(1+7)×8、4×16
10	65	2+7+12+19+25	(1+7)×8+1、4×16+1
11	128	—	(1+7)×16
12	25	3+8+14	—
13	50	—	2×(12+13)
14	75	—	25+2×(12+13)、3×25
15	100	—	4×25
16	150	—	(1+5)×25
17	200	—	(1+7)×25

① 采用全色谱时的排列结构，在 4+10 外绕扎带（纱）。线对色谱序号分别为 1~14、1~18。

② 采用全色谱时的排列结构，在 3+9、3+9+15 外绕扎带（纱）。线对色谱序号分别为 1~12、1~15、1~21。

③ 采用全色谱时的排列结构，在 2+7+13、2+7+13+18 外绕扎带（纱）。线对色谱序号分别为 1~22、1~18、1~24。

　　对于屏蔽型电缆，应在缆芯包带外绕包一层单面复合铝箔（铝面朝内）并在包带与铝箔间纵放一根直径不小于导体标称直径的铜线或镀锡铜线作为屏蔽连通线，或在缆芯包带外纵包或绕包一层单面复合铝箔（铝面朝外）并在铝箔外用裸铜丝或镀锡铜丝编织。当采用后者屏蔽方式时，根据用户需要，允许在复合铝箔与编织间纵放一根标称直径不小于导体直径的实心裸铜线或镀锡铜线。

　　最后，在缆芯外挤包一层聚氯乙烯或无卤阻燃聚烯烃护层，在护层下纵放一根撕裂绳。

3. 局用对称电缆的主要电性能

　　聚酰胺绝缘局用对称电缆的主要电气性能见表 3-16，其他材料绝缘局用对称电缆主要电气性能见表 3-17，其他材料绝缘局用对称电缆衰减公式中的 k 值见表 3-18。

表 3-16　聚酰胺绝缘局用对称电缆主要电气性能

序号	项目	单位	技术指标		长度换算关系 L/km
			0.40mm	0.50mm	
1	单根导体直流电阻(+20℃)，最大值	Ω/km	148.0	95.0	实测值/L
2	线对直流电阻不平衡　　最大值　　平均值	%	≤2.5　　≤1.5	≤2.5　　≤1.5	—
3	单芯-其余芯线及屏蔽间的绝缘电阻　DC(100~500V)　+20℃相对湿度50%　+40℃相对湿度95%	$M\Omega \cdot km$	≥10　　≥0.1	≥10　　≥0.1	实测值×L
4	绝缘介电强度(DC,3S)　芯-芯　芯-屏(屏蔽型电缆)	kV	0.75　0.75	0.75　0.75	—
5	工作电容(800Hz 或 1kHz)　+20℃相对湿度20%　　非屏蔽型电缆　　屏蔽型电缆　+20℃相对湿度65%　　非屏蔽型电缆　　屏蔽型电缆	nF/km	≤85　≤120　　　≤100　≤140	≤85　≤120　　　≤100　≤140	实测值/L
6	线对间电容不平衡(+20℃,800Hz)	pF/km	≤300	≤300	实测值/$[0.5(L+\sqrt{L})]$

表 3-17　其他材料绝缘局用对称电缆主要电气性能

序号	项目	单位	技术指标				长度换算关系 L/km
			0.25mm	0.32mm	0.40mm	0.50mm	
1	单根导体直流电阻(+20℃)，Max.	Ω/km	393.0	236.0	148.0	97.8	实测值/L
2	线对直流电阻不平衡：　Max.　Avg.	%	≤3.0　≤2.0	≤3.0　≤2.0	≤2.5　≤1.5	≤2.5　≤1.5	—

（续）

序号	项目		单位	技术指标				长度换算关系 L/km
				0.25mm	0.32mm	0.40mm	0.50mm	
3	单芯-其余芯线及屏蔽间的绝缘电阻（DC 100~500V） +20℃聚氯乙烯、无卤阻燃聚烯烃 +20℃聚烯烃 +70℃聚氯乙烯		MΩ·km	≥500 ≥10000 ≥1				实测值×L
4	绝缘介电强度（DC,3S）： 芯-芯 芯-屏（屏蔽型电缆）		kV	1.5 2.0	1.5 2.0	2.0 3.0	2.0 3.0	—
5	工作电容（800Hz或1kHz）： 120Ω电缆 +20℃，聚氯乙烯 +20℃，聚烯烃 +20℃，无卤阻燃聚烯烃		nF/km	— ≤100 ≤56 ≤100	≤52 ≤100 ≤56 ≤100	≤52 ≤100 ≤56 ≤100	≤52 ≤100 ≤56 ≤100	实测值/L
6	电容不平衡 线对间 聚烯烃、无卤阻燃聚烯烃 聚氯乙烯 线对对地电容不平衡（屏蔽型电缆） 聚氯乙烯 无卤阻燃聚烯烃（Avg/Max） 聚烯烃泡皮绝缘（Avg/Max） 聚烯烃（Avg/Max）		pF/km	≤250 ≤500 — — — 570/2630	≤250 ≤500 — — — 570/2630	≤250 ≤500 80%数据≤1500 100%数据≤3000 570/2630 570/2630 570/2630		实测值/ $[0.5(L+\sqrt{L})]$ 实测值/L
7	特性阻抗	120Ω电缆（1~4MHz）	Ω	120±15				—
		A类（1~2MHz）		100±15				
		B类（1~16MHz）						
		C类（1~30MHz）						
8	拟合阻抗	B类（1~16MHz）	Ω	下限95 上限105+8 $\sqrt{f}$				—
		C类（1~30MHz）						
9	结构回波损耗	B类（1~16MHz）	Ω	≥23				—
		C类 1~20MHz 20~30MHz		≥23 ≥23-10lg(f/20)				
10	固有衰减 +20℃	120Ω电缆 1MHz 3.156MHz	dB/100m	— —	3.2 —	2.8 4.7	2.2 3.8	0.1×实测值/L
		A类 150/1024kHz 聚氯乙烯（最大平均） 无卤阻燃/聚烯烃（最大平均） 聚烯烃泡皮绝缘（最大平均）		— —/6.0 —	— 1.7/3.4 1.7/3.6	—/3.5 1.2/2.7 1.3/2.9	—/3.2 0.9/2.3 0.9/2.4	
		B类 1~16MHz		≤ $k_1\sqrt{f}+k_2 f+k_3/\sqrt{f}$				
		C类 1~30MHz						

（续）

序号	项目		单位	技术指标				长度换算关系 L/km
				0.25mm	0.32mm	0.40mm	0.50mm	
11	近端串音衰减	120Ω 电缆（1MHz） A 类 B 类（1~16MHz） C 类（1~30MHz）	dB	≥53 ≥42 ≥56.3-15×lg$f$ ≥62.3-15×lg$f$				见本表注 5
12	等电平远端串音衰减	A 类、120Ω 电缆（1MHz） B 类（1~16MHz） C 类（1~30MHz）	dB/100m	≥39		≥41		0.1×实测值/L
				≥53-20×lg$f$				
				≥59-20×lg$f$				
13	相时延 1MHz（B 类，C 类） 16MHz（B 类，C 类） 30MHz（C 类）		μs/km	— — —	— — —	≤5.74 ≤5.43 ≤5.40		实测值/L
14	缆芯-屏蔽间电容（屏蔽型电缆）		nF/km	≤50				实测值/L
15	复合铝箔屏蔽层直流电阻（+20℃）		Ω/km	≤393.0	≤236.0	≤148.0	≤95.0	实测值/L

注：1. 公式中 f 为频率，单位：MHz。

2. 表中第 4 项，绝缘介电强度可采用交流电压试验，其值为直流电压值除以 1.5。

3. 表中第 10 项中，k_1、k_2、k_3 值见表 3-18。

4. 表中第 8、9 项仅在第 7 项不合格时才考核，如果这两项合格可以不考核第 7 项。

5. 近端串音衰减长度换算关系：实测值+10×lg[（1-10-($α×L/5$)）/（1-10-($α×0.3/5$)）]，式中 $α$ 为被测线对在测试频率下的固有衰减，单位 dB/km。

6. 近端串音衰减的测试应对电缆两端进行测试。

7. 对 B 类和 C 类电缆，特性阻抗不合格时，如果拟合阻抗和结构回波损耗两项指标均合格则可不考核特性阻抗。

表 3-18　其他材料绝缘局用对称电缆衰减公式中的 k 值

导体标称直径/mm	绝缘材料	k_1	k_2	k_3
0.40	聚烯烃	2.560	0.054	0.068
	无卤阻燃聚烯烃	2.688	0.057	0.071
0.50	聚烯烃	2.050	0.043	0.057
	无卤阻燃聚烯烃	2.153	0.045	0.058

3.2.3　数字通信用水平对绞电缆[6]

1. 数字通信用水平对绞电缆的用途

数字通信领域中的水平对绞电缆（俗称网线），作为大楼通信综合布线系统的关键组成元件，广泛应用于工作区通信引出端与交接间、配线架之间的连接，以及用户通信引出端至配线架、数据交换中心设备间的布线用电缆。

数据通信用水平对绞电缆按其最高传输频率的不同，分为以下几类：

3 类：最高传输频率为 16MHz，适用于语音传输及最高 10Mbit/s 的数据传输；

4 类：最高传输频率为 20MHz，适用于语音传输及最高 16Mbit/s 的数据传输，主要应用于基于令牌的局域网及 10Base-T/100Base-T 网络，由于数据传输速率低，目前已被淘汰；

5 类：最高传输频率为 100MHz，支持 100Mbit/s 的数据传输，主要应用于基于令牌的局域网及 10Base-T/100Base-T 网络；

5e 类：最高传输频率为 100MHz，支持双工，支持 1000Mbit/s 的数据传输，主要应用于基于令牌的局域网及 100Base-T/1000Base-T 网络；

6 类：最高传输频率为 250MHz，支持 1000Mbit/s 的数据传输，是目前使用最广泛的数据通信电缆；

6A 类：最高传输频率为 500MHz，支持 10Gbit/s 的数据传输；

7 类：最高传输频率为 600MHz，支持 10Gbit/s 的数据传输；

7A 类：最高传输频率为 1000MHz，支持 25Gbit/s 的数据传输，适用于终端设备密度极高的区域布线；

8 类：最高传输频率为 2000MHz，支持 40Gbit/s 的数据传输，信道长度限制为 30m，主要用于数据中心。8 类缆又细分为 Cat 8.1 和 Cat 8.2，分别向下兼容 6A 类和 7A 类电缆。

数据通信用水平对绞电缆按其是否具备屏蔽层分为非屏蔽对绞线（Unshield Twisted Pair，UTP）和屏蔽对绞线（Shielded Twisted Pair，STP）两大类。其中屏蔽对绞线又细分为铝箔总屏蔽对绞线（Foiled Twisted Pair，FTP）、铝箔+铜丝编织总屏蔽对绞线（Shielded Foil Twisted Pair，SFTP）及线对单独屏蔽对绞线（Separate Shield Twisted Pair，SSTP）等几类。

数字通信用水平对绞电缆的主要型式及其适用场合详见表 3-19，其典型结构如图 3-9 所示。通常情况下，电缆的线对数为 4 对，而 6 类以下的电缆亦可为 8、16、20、25 对。

表 3-19 电缆主要型式及适用场合

绝缘型式	屏蔽型式	护套型式	适用场合
实心聚烯烃绝缘	UTP、FTP、SFTP	聚氯乙烯	钢管或阻硬质 PVC 管内
实心皮/泡沫/实心皮聚烯烃绝缘	SSTP	聚氯乙烯	
实心或皮-泡-皮聚烯烃绝缘	UTP、FTP、SFTP	低烟无卤阻燃聚烯烃护套	
聚全氟乙丙烯绝缘	UTP、FTP、SFTP、SSTP	聚氯乙烯、含氟聚合物护套	各种场合均适用（包括吊顶、空调通风管道内以及夹层地板中）

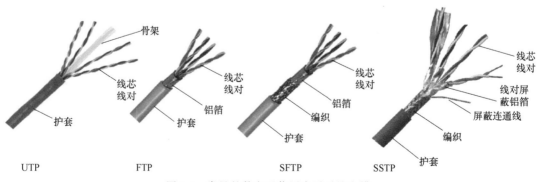

图 3-9 常见的数字通信用水平对绞电缆

2. 数字通信用水平对绞电缆的结构

导体采用实心软圆铜线，水平对绞电缆导体标称直径与线对数见表 3-20。

表 3-20　水平对绞电缆导体标称直径与线对数

电缆类别	3 类、5 类、5e 类		6 类、6A 类	7 类	7A 类、8.1 类、8.2 类
屏蔽类型	非屏蔽	屏蔽	非屏蔽或屏蔽	屏蔽	屏蔽
导体直径标称值/mm	0.50	0.52	0.57	0.57	0.62
标称线对数	4/8/16/20/24/25		4	4	4

绝缘采用聚烯烃（HDPE 或 LDPE 或 PP）或聚全氟乙丙烯共聚物（Fluorinated Ethylene Propylene，FEP）绝缘。绝缘型式有实心、实心皮/泡沫/实心皮两种型式，其中实心绝缘多用于 6A 类以下的电缆。

绝缘芯线优先采用颜色识别标志，部分绝缘芯线上带色条作为辅助识别标志。

电缆线组采用对绞组，由分别称为 a 线和 b 线的两根不同颜色的绝缘芯线均匀地绞合成线对，优先采用表 3-21 所示的线对优先采用的颜色色序，当电缆中各线对对绞节距小于 38mm 时，允许采用表 3-22 所示的线对全色谱色序。

表 3-21　线对优先采用的颜色色序

线对序号	线对颜色 a 线	b 线	线对序号	线对颜色 a 线	b 线	线对序号	线对颜色 a 线	b 线	线对序号	线对颜色 a 线	b 线	线对序号	线对颜色 a 线	b 线
1	白（蓝）	蓝	6	红（蓝）	蓝	11	蓝（黑）	蓝	16	黄（蓝）	蓝	21	蓝（紫）	蓝
2	白（橙）	橙	7	橙（红）	橙	12	橙（黑）	橙	17	黄（橙）	橙	22	橙（紫）	橙
3	白（绿）	绿	8	绿（红）	绿	13	绿（黑）	绿	18	黄（绿）	绿	23	绿（紫）	绿
4	白（棕）	棕	9	红（棕）	棕	14	棕（黑）	棕	19	黄（棕）	棕	24	棕（紫）	棕
5	白（灰）	灰	10	灰（红）	灰	15	灰（黑）	灰	20	黄（灰）	灰	25	灰（紫）	灰

表 3-22　线对全色谱色序

线对序号	线对颜色 a 线	b 线	线对序号	线对颜色 a 线	b 线	线对序号	线对颜色 a 线	b 线	线对序号	线对颜色 a 线	b 线	线对序号	线对颜色 a 线	b 线
1	白	蓝	6	红	蓝	11	黑	蓝	16	黄	蓝	21	紫	蓝
2	白	橙	7	红	橙	12	黑	橙	17	黄	橙	22	紫	橙
3	白	绿	8	红	绿	13	黑	绿	18	黄	绿	23	紫	绿
4	白	棕	9	红	棕	14	黑	棕	19	黄	棕	24	紫	棕
5	白	灰	10	红	灰	15	黑	灰	20	黄	灰	25	紫	灰

对于线对单独屏蔽电缆，在线对外绕包或纵包一层单面铝箔，铝面向外。

缆芯由一定数量的子单位绞制而成，也可由多个线对同心式绞合而成。其中子单位宜由表 3-21 或表 3-22 中第 1 对～第 4 对的颜色色序，也可按表中规定的颜色色序的线对绞合而成。每一子单位外螺旋绕扎非吸湿性扎带。当各子单位线对颜色色序相同时，子单位扎带的标识颜色应互不相同。子单位扎带颜色色序见表 3-23。推荐的缆芯结构排列见表 3-24。

表 3-23　子单位扎带颜色色序

子单位序号	扎带颜色	子单位序号	扎带颜色
1	白蓝	6	红蓝
2	白橙	7	红橙
3	白绿	8	红绿
4	白棕	9	红棕
5	白灰	10	红灰

表 3-24　推荐的缆芯结构排列

标称对数	缆芯结构排列	标称对数	缆芯结构排列
4	1×4	20	5×4
8	2×4	24	(1+5)×4 或 3+9+12
16	4×4	25	(1+5)×4+1 或 3+9+13

缆芯外允许包覆一层或多层非吸湿性包带。

当电缆缆芯需要总屏蔽时，按以下方式进行：

FTP 型电缆：在缆芯外纵包或绕包一层单面铝箔（铝面向内），在铝箔内侧拖放一根镀锡铜线；

SFTP 型电缆：在缆芯外纵包或绕包一层单面铝箔（铝面向外），在铝箔外侧用镀锡铜线编织；

SSTP 型电缆：在线对单独屏蔽缆芯外用镀锡铜线编织。

3. 数字通信用水平对绞电缆的主要电性能

数字通信用水平对绞电缆的主要电气特性见表 3-25 ~ 表 3-31。

表 3-25　数字通信用水平对绞电缆的主要电气特性

序号	项目名称		单位	指标		长度换算关系
1	单根导体直流电阻最大值，+20℃	(3、5、5e)类	Ω/100m	≤9.5		实测值/L[1]
		(6、6A、7)类	Ω/100m	≤9.0		
		(7A、8.1、8.2)类	Ω/100m	≤7.0		
2	直流电阻不平衡最大值，+20℃	线对内两导体间	—	≤2.0%		—
		线对与线对间	—	≤4.0%		
3	介电强度[2]，DC,1min 或 2s		—	1min	2s	—
	导体间		kV	1.0	2.5	
	导体与屏蔽间[3]		kV	2.5	6.3	
4	绝缘电阻，最小值，+20℃，DC 100~500V 每根导线与其余芯线间或每根导线与其余芯线接屏蔽后的绝缘电阻		MΩ·km	≥5000		实测值×L×0.1
5	工作电容 0.8kHz 或 1kHz	3类	nF/100m	≤6.6		实测值/L
		(5、5e)类	nF/100m	≤5.6		
		(6、6A、7、7A、8.1、8.2)类	nF/100m	不要求		

（续）

序号	项目名称		单位	指标	长度换算关系
6	线对对地电容不平衡 0.8kHz 或 1kHz	（3、5、5e、6、6A、7、7A）类	pF/100m	≤160	实测值/L
		（8.1、8.2）类	pF/100m	≤120	
7	转移阻抗[3]，最大值		—	—	—
	电缆类别	频率范围(f)	—	—	
	3 类	1～16MHz	mΩ/m	≤10×f	
	（5、5e、6、6A、7、7A、8.1、8.2）类	1～100MHz	mΩ/m	≤10×f	
8	耦合衰减[3]，最小值			计算值保留 1 位小数	—
	电缆类别	频率范围(f)	—	—	
	3 类、5 类	—	dB	不要求	
	5e 类	30～100MHz	dB	≥55	
	6 类	30～100MHz	dB	≥55	
		100～250MHz	dB	≥55−20×lg(f/100)	
	6A 类	30～100MHz	dB	≥55	
		100～500MHz	dB	≥55−20×lg(f/100)	
	7 类	30～100MHz	dB	≥55	
		100～600MHz	dB	≥55−20×lg(f/100)	
	7A 类	30～100MHz	dB	≥55	
		100～1000MHz	dB	≥55−20×lg(f/100)	
	（8.1、8.2）类 Ⅰ型	30～100MHz	dB	≥70	
		100～2000MHz	dB	≥70−20×lg(f/100)	
	（8.1、8.2）类 Ⅱ型	30～100MHz	dB	≥55	
		100～2000MHz	dB	≥55−20×lg(f/100)	
9	载流量[4]	4 对(3、5)类	—	不推荐应用于 PoE 系统	
		4 对(5e、6、6A、7、7A、8.1、8.2)类	—	当用户需要时，可按 GB/T 36638—2018 规定的要求和试验方法进行试验	

① 表中 L 为电缆的实际长度，单位为 100m。
② 可以使用交流电压进行试验，其值为直流电压值除以 1.5。
③ 导体与屏蔽间介电强度、转移阻抗、耦合衰减和屏蔽连续性测试只针对屏蔽电缆。其中，当转移阻抗计算值小于 50.0mΩ/m 时，对应的最大要求应为 50.0mΩ/m；对于（8.1、8.2）类电缆，其耦合衰减性能至少应满足 Ⅱ 型要求。
④ 当用户需要将电缆用于某一综合布线系统并支持 PoE 系统应用时，电缆可按照 GB/T 36638—2018 规定的要求和试验方法进行载流量试验，试验所需的电缆种类一般限定为 4 对（5e、6、6A、7、7A、8.1、8.2）类电缆，其中，（8.1、8.2）类电缆可按照 7A 类电缆的试验要求和方法进行。

表 3-26　衰减

电缆类别	频率(f)/MHz	衰减(20℃)/(dB/100m)
3 类	4～16	$\leq 2.320 \times \sqrt{f} + 0.238f$
（5、5e）类	4～100	$\leq 1.967 \times \sqrt{f} + 0.023f + \dfrac{0.050}{\sqrt{f}}$

（续）

电缆类别	频率(f)/MHz	衰减（20℃）/（dB/100m）
6 类	4～250	$\leqslant 1.808\times\sqrt{f}+0.017f+\dfrac{0.200}{\sqrt{f}}$
6A 类	4～500	$\leqslant 1.820\times\sqrt{f}+0.0091f+\dfrac{0.250}{\sqrt{f}}$
7 类	4～600	$\leqslant 1.800\times\sqrt{f}+0.010f+\dfrac{0.200}{\sqrt{f}}$
7A 类	4～1000	$\leqslant 1.800\times\sqrt{f}+0.005f+\dfrac{0.240}{\sqrt{f}}$
（8.1、8.2）类	4～2000	$\leqslant 1.800\times\sqrt{f}+0.005f+\dfrac{0.250}{\sqrt{f}}$

表 3-27　横向变换损耗 TCL

电缆类别	频率(f)/MHz	横向变换损耗（TCL）/dB
（3、5）类	1～16	不要求
5e 类	1～100	$\geqslant 40.0-10\times\lg(f)$
（6、6A、7、7A）类	1～250	$\geqslant 40.0-10\times\lg(f)$
（8.1、8.2）类	1～2000	$\geqslant 50.0-15\times\lg(f)$

表 3-28　近端串音衰减

电缆类别	频率(f)/MHz	近端串音衰减/dB
3 类	4～16	$\geqslant 41.3-15\times\lg(f)$
5 类	4～100	$\geqslant 62.3-15\times\lg(f)$
5e 类	4～100	$\geqslant 65.3-15\times\lg(f)$
6 类	4～250	$\geqslant 75.3-15\times\lg(f)$
6A 类	4～500	$\geqslant 75.3-15\times\lg(f)$
7 类	4～600	$\geqslant 102.4-15\times\lg(f)$
7A 类	4～1000	$\geqslant 105.4-15\times\lg(f)$
8.1 类	4～2000	$\geqslant 75.3-15\times\lg(f)$
8.2 类	4～2000	$\geqslant 105.4-15\times\lg(f)$

表 3-29　近端串音衰减比（ACR-F）

电缆类别	频率(f)/MHz	近端串音衰减比（ACR-F）/dB
3 类	4～16	$\geqslant 39-20\times\lg(f)$
5 类	4～100	$\geqslant 61-20\times\lg(f)$
5e 类	4～100	$\geqslant 64-20\times\lg(f)$
6 类	4～250	$\geqslant 68-20\times\lg(f)$
6A 类	4～500	$\geqslant 68-20\times\lg(f)$
7 类	4～600	$\geqslant 94.0-20\times\lg(f)$
7A 类	4～1000	$\geqslant 95.3-20\times\lg(f)$
8.1 类	4～2000	$\geqslant 79.0-20\times\lg(f)$
8.2 类	4～2000	$\geqslant 100.6-20\times\lg(f)$

表 3-30　拟合特性阻抗

电缆类别	频率(f)/MHz	拟合特性阻抗(Z_C)/dB
3 类	4~16	不要求
(5、5e、6、6A、7、7A、8.1、8.2)类	100	100±5

表 3-31　回波损耗

电缆类别	频率(f)/MHz	回波损耗(RL)/dB
3 类	$1 \leqslant f \leqslant 10$	$\geqslant 12.0$
	$10 < f \leqslant 16$	$\geqslant 12 - 10 \times \lg(f/10)$
5 类	$1 \leqslant f \leqslant 10$	$\geqslant 17 + 3 \times \lg(f)$
	$10 < f \leqslant 20$	$\geqslant 20$
	$20 < f \leqslant 100$	$\geqslant 20 - 7 \times \lg(f/20)$
(5e、6、6A、7、7A、8.1、8..2)类	$1 \leqslant f \leqslant 10$	$\geqslant 20 + 5 \times \lg(f)$
(5e、6、6A、7、7A)类	$10 < f \leqslant 20$	$\geqslant 25$
5e 类	$20 < f \leqslant 100$	$\geqslant 25 - 7 \times \lg(f/20)$
6 类	$20 < f \leqslant 250$	$\geqslant 25 - 7 \times \lg(f/20)$
6A 类	$20 < f \leqslant 250$	$\geqslant 25 - 7 \times \lg(f/20)$ [①]
7 类	$20 < f \leqslant 600$	$\geqslant 25 - 7 \times \lg(f/20)$ [①]
7A 类	$20 < f \leqslant 600$	$\geqslant 25 - 7 \times \lg(f/20)$ [①]
	$600 < f \leqslant 1000$	$\geqslant 17.3 - 10 \times \lg(f/600)$
(8.1、8.2)类	$10 < f \leqslant 40$	$\geqslant 25$
	$40 < f \leqslant 2000$	$\geqslant 25 - 7 \times \lg(f/40)$

① 对于 (6A、7、7A) 类电缆, 在 20~600MHz 频率范围内, 当回波损耗计算值小于 17.3dB 时, 对应的最小要求应取作 17.3dB。

3.2.4　车载以太网线 [14-16,34]

1. 车载以太网线的用途

车载以太网作为一种新兴的局域网技术, 依托于载波侦听多路访问/碰撞检测 (CSMA/CD) 机制, 实现了车内电子单元的高效连接。该技术采用单对车载以太网线作为传输介质, 能够支持高达 100Mbit/s、1Gbit/s 乃至 10Gbit/s 及以上的数据传输速率, 从而充分满足汽车动力系统、高级驾驶辅助系统 (Advanced Driver Assistance System, ADAS)、信息娱乐系统及舒适系统间的高速通信需求。此外, 车载以太网还符合汽车行业对于高可靠性、低电磁辐射、低功耗、合理带宽分配、低延迟以及严格时间同步实时性的严格要求。根据线对结构和屏蔽类型的不同, 车载以太网线可分为非屏蔽双绞线 (UTP)、屏蔽双绞线 (STP) 以及屏蔽平行线 (SPP) 三种。然而, 由于屏蔽平行线在抗弯折性能和纵向不平衡衰减方面表现不如前两者, 因此其应用目前尚未像双绞线那样广泛。

常见的电缆型号规格及应用场合见表 3-32。典型结构如图 3-10 所示。

表 3-32　车载以太网线常见的电缆型号及应用场合

型号	导体截面积/mm²	屏蔽	耐温等级	通信带宽	传输速率	应用场合
UTP 100M	0.13、0.35	无	125℃	66MHz	100Mbit/s	主要用于音频、视频、诊断系统、软件刷新数据流的传输

（续）

型号	导体截面积/mm²	屏蔽	耐温等级	通信带宽	传输速率	应用场合
UTP 1000M	0.13、0.35	无	105℃	600MHz	1000Mbit/s	主要用于网关服务单元、信息娱乐单元和辅助驾驶单元的骨干网络或激光雷达、高清摄像头、4D毫米波雷达等数据的高速传输
STP 1000M	0.13、0.35	复合铝箔+镀锡铜线编织	105℃	600MHz	1000Mbit/s	
STP 5G	0.13	复合铝箔+镀锡铜线编织	105℃	5500MHz	10Gbit/s	
STP 8G	0.13	复合铝箔+镀锡铜线编织	105℃	7500MHz	15Gbit/s	

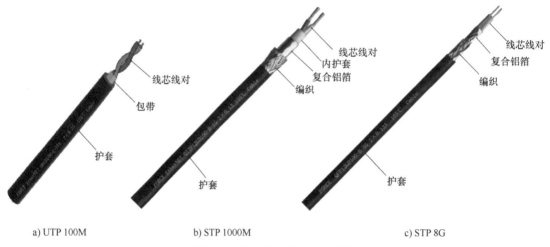

a) UTP 100M   b) STP 1000M   c) STP 8G

图 3-10　常见的车载以太网结构

2. 车载以太网线的结构

导体通常由 7 根铜锡合金丝、裸铜丝或镀锡铜丝绞合而成，截面积分别为 0.13mm² 和 0.35mm²。其中，0.13mm² 的 UTP 100M 和 STP 1000M 以太网线多采用铜锡合金绞线（7/0.154，锡含量 0.3%），STP 5G 和 STP 8G 以太网线多采用镀锡铜绞线。

绝缘采用耐温等级较高的改性聚丙烯或交联聚乙烯材料。绝缘型式为实心或实心皮-泡沫-实心皮绝缘型式。传输频率在 1000MHz 以上时优先选用实心皮-泡沫-实心皮绝缘型式。

绝缘芯线采用颜色识别标志，有时也可在绝缘芯线上添加轴向双色条作为辅助识别标志，两色条最多覆盖芯线表面的 35%，且每根色条覆盖芯线表面应大于 10%。可选用的颜色为白、红、粉、黑、黄、紫、蓝、橙、绿、棕、灰。

电缆线组采用对绞组，由两根不同颜色的绝缘芯线均匀地绞合成线对。线对色谱优选白绿。线对绞合节距通常在 15~30mm。

对于 STP 1000M 电缆，应在线对外挤包一层本色聚丙烯或苯乙烯类热塑性弹性体作为内护套。为了在组件制作时能容易地剥离内护套层，在挤包内护套时应在线对上包覆一层聚丙烯包带或涂覆一层脱模剂。

对于屏蔽型车载以太网线，应在线对绕包一层复合铝箔，然后用镀锡铜丝编织形成缆芯。

最后，在线对（非屏蔽型）或缆芯外挤包一层聚氯乙烯或聚氨酯或苯乙烯类热塑性弹性体护套，护套颜色优选黑色。

3. 车载以太网线的主要电气性能

车载以太网线的主要电气性能见表 3-33～表 3-35。

表 3-33　百兆车载以太网线的主要电气性能

序号	指标名称	要求
1	时域差分阻抗/Ω	100 ± 10　　TDR 上升时间 700ps
2	衰减/(dB/m)	$\leqslant 0.06$　　　　1MHz $\leqslant 0.16$　　　　10MHz $\leqslant 0.31$　　　　3MHz $\leqslant 0.45$　　　　66MHz
3	回波损耗/dB	$\geqslant \begin{cases} 20 & 1\text{MHz} \leqslant f < 20\text{MHz} \\ 33-10\lg f & 20\text{MHz} \leqslant f \leqslant 66\text{MHz} \end{cases}$
4	纵向不平衡衰减/dB LCL，LCTL	$\geqslant \begin{cases} 46 & 1\text{MHz} \leqslant f < 50\text{MHz} \\ 80-20\lg f & 50\text{MHz} \leqslant f \leqslant 200\text{MHz} \end{cases}$

表 3-34　千兆车载以太网线的主要电气性能

序号	指标名称		要求
1	时域差分阻抗/Ω		100 ± 5　　TDR 上升时间 500ps
2	传播延迟/(ns/m)		$\leqslant 6$　　2MHz $\leqslant f \leqslant$ 600MHz
3	衰减/(dB/m)		$\leqslant \dfrac{1}{15}\left(0.0023f+0.5907\sqrt{f}-6\times0.01\sqrt{f}+\dfrac{0.0639}{\sqrt{f}}\right)$　　1MHz $\leqslant f \leqslant$ 600MHz
4	回波损耗/dB		$\geqslant \begin{cases} 22 & 1\text{MHz} \leqslant f < 10\text{MHz} \\ 27-5\lg f & 10\text{MHz} \leqslant f < 40\text{MHz} \\ 19 & 40\text{MHz} \leqslant f < 130\text{MHz} \\ 40-10\lg f & 130\text{MHz} \leqslant f < 400\text{MHz} \\ 14 & 400\text{MHz} \leqslant f \leqslant 600\text{MHz} \end{cases}$
5	纵向不平衡衰减	LCL/dB	$\geqslant \begin{cases} 55 & 10\text{MHz} \leqslant f < 80\text{MHz} \\ 77-11.51\lg f & 80\text{MHz} \leqslant f \leqslant 600\text{MHz} \end{cases}$（非屏蔽型） $\geqslant \begin{cases} 50 & 10\text{MHz} \leqslant f < 50\text{MHz} \\ 81.5-18.53\lg f & 50\text{MHz} \leqslant f \leqslant 600\text{MHz} \end{cases}$（屏蔽型）
		LCTL/dB	$\geqslant \begin{cases} 55 & 10\text{MHz} \leqslant f < 80\text{MHz} \\ 77-11.51\lg f & 80\text{MHz} \leqslant f \leqslant 600\text{MHz} \end{cases}$（非屏蔽型） $\geqslant \begin{cases} 46 & 10\text{MHz} \leqslant f < 50\text{MHz} \\ 71.2-14.83\lg f & 50\text{MHz} \leqslant f \leqslant 600\text{MHz} \end{cases}$（屏蔽型）
6	屏蔽衰减/dB		$\geqslant 45$　（屏蔽型）　30～600MHz
7	耦合衰减/dB		$\geqslant 70$　（屏蔽型）　30～600MHz

表 3-35 STP 5G 和 STP 8G 车载以太网线的主要电气性能

序号	指标名称		要求
1	时域差分阻抗/Ω		100±3 TDR 上升时间 500ps
2	传播延迟/(ns/m)	STP 5G	≤6 2~5500MHz
		STP 8G	≤6 2~7500MHz
3	衰减/(dB/m)	STP 5G	$\leqslant\dfrac{1}{15}(0.002f+0.68f^{0.45}-0.05\sqrt{f})$ 2~5500MHz
		STP 8G	$\leqslant\dfrac{1}{15}(0.002f+0.68f^{0.45}-0.05\sqrt{f})$ 2~7500MHz
4	回波损耗/dB	STP 5G	$\geqslant\begin{cases}22 & 1\text{MHz}\leqslant f<10\text{MHz}\\ 22+8.6\lg(f/10) & 10\text{MHz}\leqslant f<30\text{MHz}\\ 26 & 30\text{MHz}\leqslant f<604\text{MHz}\\ 26-10\lg(f/604) & 604\text{MHz}\leqslant f<3000\text{MHz}\\ 19 & 3000\text{MHz}\leqslant f<5500\text{MHz}\end{cases}$
		STP 8G	$\geqslant\begin{cases}22 & 1\text{MHz}\leqslant f<10\text{MHz}\\ 22+8.6\lg(f/10) & 10\text{MHz}\leqslant f<30\text{MHz}\\ 26 & 30\text{MHz}\leqslant f<604\text{MHz}\\ 26-10\lg(f/604) & 604\text{MHz}\leqslant f<3000\text{MHz}\\ 19 & 3000\text{MHz}\leqslant f<7500\text{MHz}\end{cases}$
5	纵向变换转移损耗(LCTL)/dB	STP 5G	≥20 10~5500MHz
		STP 8G	≥20 10~7500MHz
6	屏蔽衰减/dB	STP 5G	≥50 30~5500MHz
		STP 8G	≥50 30~7500MHz
7	耦合衰减/dB	STP 5G	$\geqslant\begin{cases}75 & 30\text{MHz}\leqslant f<750\text{MHz}\\ 55-20\lg(f/7500) & 750\text{MHz}\leqslant f\leqslant 5500\text{MHz}\end{cases}$
		STP 8G	$\geqslant\begin{cases}75 & 30\text{MHz}\leqslant f<750\text{MHz}\\ 55-20\lg(f/7500) & 750\text{MHz}\leqslant f\leqslant 7500\text{MHz}\end{cases}$

3.2.5 铁路信号电缆[24]

铁路数字信号电缆,作为专为铁路信号系统定制的高性能电缆,其能够同时传输 1MHz 的模拟信号和 2Mbit/s 的数字信号,充分满足了铁路系统对信息传输的严格要求,此外,该电缆还能在交流 750V 或直流 1100V 及以下的电压环境中,安全稳定地传输系统控制信息及电能。其应用范围广泛,覆盖了铁路信号自动闭塞系统、计轴系统、车站电码化、计算机连锁、微机监测、调度集中以及调度监督等多个关键环节。在这些应用中,电缆起着传输控制与监测信息和电能的关键作用,确保铁路信号设备与控制装置之间的通信畅通,从而保障铁路系统的安全高效运行。

铁路数字信号电缆导体采用标称直径为 1.0mm 的实心软圆铜线。

绝缘部分采用皮-泡-皮三层共挤物理发泡聚烯烃绝缘结构。其中,实心内皮层选用线性聚乙烯材料,这种材料不仅具有出色的抗铜氧化性能,还能确保绝缘层与导体之间的紧密结合，从而保障电气稳定性和防潮性能。发泡层则具有较低的介质损耗角正切值，有助于实现更低的介质衰减。实心外皮层则采用高密度聚乙烯绝缘料，凭借其卓越的耐老化性能和机械强度，为电缆提供额外的保护层。

绝缘线芯采用红、绿、白、蓝四种颜色作为识别标识。

线组采用对绞组和星绞组（绞合节距不大于 300mm）两种结构。

缆芯由若干绝缘芯线、对绞组和星绞组构成。当缆芯由两个及以上星绞组构成时，星绞组应疏绕不同颜色的非吸湿性扎带（纱），同时应关注星绞组绞合节距的配合问题，通过精细调整绞合节距，最大限度地减少组间直接系统性耦合，有效降低串音干扰。

对于内屏蔽铁路数字信号电缆，屏蔽材料的选择至关重要。铜、铝及钢均可作为屏蔽材料，但铜因其出色的电屏蔽效果和较高的机械强度而常被选用。采用微轧纹铜带纵包工艺，不仅可增强铜带在反复弯曲和敷设安装过程中的韧性，有效避免了断裂问题，而且与绕包工艺相比，进一步降低了制造成本。此外，为确保铜带屏蔽层在长期使用中保持优异的电屏蔽性能，铜带表面纵向添加了泄流线，并在屏蔽层外挤包一层聚乙烯内衬层，这既保护了非屏蔽线组的绝缘层免受损伤，又确保了屏蔽组与非屏蔽组之间以及屏蔽组对地的良好绝缘性能。

鉴于铁路数字信号电缆主要应用于电气化区段，这些区域电磁干扰强烈且电缆多采用直埋敷设方式，为此通常采用绕包双层钢带铠装，以确保电缆具备优异的磁屏蔽性能和机械抗压性能。

铁路数字信号电缆的结构有很多，但最常见的仅由 4 个星绞组构成，详见图 3-11。

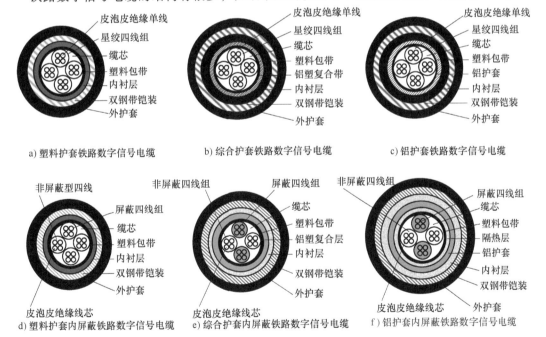

图 3-11　常见铁路数字信号电缆结构图

3.2.6　其他常见对称通信电缆

1. USB 电缆[17]~[22]

（1）USB 发展史回顾

USB 的全称是通用串行总线（Universal Serial Bus）。由于 USB 支持热插拔，具有即插即用和价格低廉的优点,在成功替代传统的串口和并口后,USB 总线成为最为成功、最具性价比优势、应用最为广泛的计算机及智能设备的接口标准。目前绝大多数电子消费产品,如数码相机、手机、MP4 播放器、掌上游戏机等也几乎都采用 USB 接口与计算机进行数据交换。

1994 年 Intel、Compaq、Digital、IBM、Microsoft、NEC、Northern Telecom 等世界上著名的 7 家计算机公司和通信公司成立了 USB 联盟。

1996 年 1 月,USB1.0 标准发布,最大传输速率为 1.5Mbit/s,端口供电能力 2.5W(5V/500mA);

2000 年 4 月,USB2.0 标准发布,最高传输速率为 480Mbit/s,端口供电能力 2.5W(5V/500mA);

2008 年 11 月,USB3.0 标准发布,最高传输速率为 5Gbit/s,端口供电能力提升至 4.5W(5V/900mA);

2013 年 9 月,USB3.1 标准发布,最高传输速率为 10Gbit/s,端口供电能力提升至 4.5W(5V/900mA);

2014 年 9 月,USB3.1 C 型连接线替代 DisplayPort 进行音频/视频传输的解决方案发布。利用此方案,只需要加上一个适配器,USB3.1C 型线缆就能很好地接驳现有的普通 DisplayPort、HDMI、DVI 和 VGA 接口。

2017 年 7 月,USB3.2 标准发布,最高传输速率为 20Gbit/s,端口最大供电能力 100W(20V/5A);

2019 年 8 月,USB4 1.0 标准发布,最高传输速率为 40Gbit/s,端口最大供电能力 240W(20V/5A)。

2022 年 9 月,USB4 2.0 标准发布,最高传输速率为 80Gbit/s,端口最大供电能力 240W(20V/5A)。

(2) USB 各版本电缆简介

USB1.0 中数据传输采用半双工模式,主要用于计算机键盘、鼠标的数据传输。电缆结构十分简单,通常由两根电源线与两根信号线绞合后挤包一层 PVC 护套构成。

在 USB2.0 中,由于传输速率提升至 480Mbit/s,标准中不仅要求传输数据的线对需要进行对绞外,还规定电缆应具备总屏蔽,其典型的结构如图 3-12 所示。电源线通常由 20~28AWG 镀锡铜绞合导体挤包一层 PVC 构成。数据线对通常由 28AWG 镀锡铜绞合导体挤包实心 HDPE 或泡沫聚烯烃后对绞而成,成品电缆外径 ≤6mm。

USB2.0 电缆的电气性能见表 3-26。

USB3.0 采用双总线架构,即在 USB2.0 的基础上增加了超高速(Super Speed)总线部分,原来的 4 根线用于兼容 USB2.0 接口。电缆结构

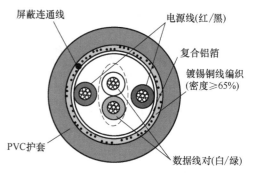

图 3-12　USB2.0 电缆典型结构

如图 3-13 所示。电源线导体通常由 20~28AWG 镀锡铜绞合导体构成,非屏蔽线对导体和屏蔽连通线通常由 28~34AWG 镀锡铜绞合导体构成,屏蔽线对导体通常由 26~34AWG 镀锡铜

绞合导体构成。电缆总屏蔽采用镀锡铜线编织。标准中对绝缘材料没有明确规定，通常情况下屏蔽线对采用泡沫/实心皮聚乙烯绝缘、非屏蔽线对采用实心聚烯烃绝缘、电源线采用柔软型聚氯乙烯绝缘。护套规定采用聚氯乙烯或无卤替代材料。成品电缆最大外径为 6mm。

表 3-36　USB2.0 电缆电气性能

序号	项目	单位	指标
1	直流电阻（20℃） 电源线 28AWG 　　　　26AWG 　　　　24AWG 　　　　22AWG 　　　　20AWG 数据线 28AWG 屏蔽连通线 28AWG	Ω/100m	≤23.2 ≤14.6 ≤9.09 ≤5.74 ≤3.58 ≤23.2 ≤23.2
2	特性阻抗	Ω	90±15
3	衰减/dB 1 MHz 4 MHz 8 MHz 12MHz 24MHz 48MHz 96MHz 200MHz 400MHz	dB/组件长度	≤0.20 ≤0.39 ≤0.57 ≤0.76 ≤0.95 ≤1.35 ≤1.90 ≤3.20 ≤5.80
4	相时延	ns/组件长度	≤26
5	线对内延迟差	ps/组件长度	≤100

注：组件长度上电源线的直流电阻应小于或等于 0.6Ω。

USB3.0 电缆中，非屏蔽线对的电气性能与 USB2.0 相同，屏蔽线对的主要电气指标见表 3-37。

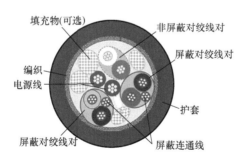

图 3-13　USB3.0 电缆结构

表 3-37　USB3.0 屏蔽线对的主要电气指标

序号	项目	指标			
		34AWG	30AWG	28AWG	26AWG
1	特性阻抗/Ω	90±7			

（续）

序号	项目	指标			
		34AWG	30AWG	28AWG	26AWG
2	衰减/(dB/m)				
	0.625GHz	≤2.7	≤1.3	≤1.0	≤0.9
	1.25GHz	≤3.3	≤1.9	≤1.5	≤1.3
	2.50GHz	≤4.4	≤3.0	≤2.5	≤1.9
	5.00GHz	≤6.7	≤4.6	≤3.6	≤3.1
	7.50GHz	≤9.0	≤5.9	≤4.7	≤4.2
3	近端串音衰减/dB				
	屏蔽线对间				
	100MHz	≥27			
	2.5GHz	≥27			
	3GHz	≥23			
	7.5GHz	≥23			
	非屏蔽线对与屏蔽线对间				
	100MHz	≥21			
	2.5GHz	≥21			
	3GHz	≥15			
	7.5GHz	≥15			
4	横向变换转移损耗 TCL(100MHz~7.5GHz,dB)	≤−20			
5	线对内延迟差/(ps/m)	≤15			
6	相时延/(ns/m)	≤5.2			

在 USB3.1 标准中，分为 USB3.1 a 型电缆和 USB3.1 b 型电缆，结构如图 3-14a、b 所示。标准中对导体的尺寸没做硬性规定，建议使用的尺寸为：电源线导体由 20～28AWG 镀锡铜绞合导体构成，非屏蔽线对导体和 a 型电缆的屏蔽连通线由 28～34AWG 镀锡铜绞合导体构成，a 型中屏蔽线对导体和 b 型电缆内导体由 26～34AWG 镀银铜绞合导体构成。同轴线外导体采用镀锡或镀银线缠绕。电缆总屏蔽采用镀锡铜线编织。标准中也没有明确给出数据线、电源线及屏蔽连通线导体尺寸的组合，电缆制造商在电缆设计时应参照 USB3.0 设计原则确定导体尺寸的组合。同样，在 USB3.1 标准中对绝缘材料也没有明确规定，通常情况下，屏蔽线对或同轴线采用泡沫/实心皮聚乙烯绝缘或泡沫/实心皮聚全氟乙丙烯绝缘，非屏蔽线对采用实心聚烯烃绝缘，电源线采用柔软型聚氯乙烯绝缘。电缆外护套规定采用聚氯乙烯或无卤替代材料。成品电缆最大外径为 6mm。

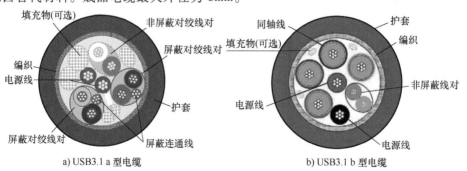

a) USB3.1 a 型电缆　　　　　　　　b) USB3.1 b 型电缆

图 3-14　USB3.1 标准电缆结构

两种电缆的高速数据线的技术指标见表 3-38（标准中没有给出 26AWG 导体的指标），非屏蔽对绞线和电源线电性能要求与 USB3.0 相同。从表中可看出，a 型电缆虽然与 USB3.0 电缆结构相同，但其电气指标要求严很多。

表 3-38　USB3.1 电缆高速数据线技术指标

序号	项目	指标（a 型/b 型）			
		34AWG	32AWG	30AWG	28AWG
1	特性阻抗/Ω	90±7/45±3			
2	衰减/（dB/m） 　0.625GHz 　1.25GHz 　2.50GHz 　5.00GHz 　7.50GHz	≤1.8/1.6 ≤2.5/2.3 ≤3.7/3.5 ≤5.5/5.3 ≤7.0/7.2	≤1.4/1.3 ≤2.0/1.8 ≤2.9/2.7 ≤4.5/4.2 ≤5.9/5.5	≤1.2/1.1 ≤1.7/1.5 ≤2.5/2.3 ≤3.9/3.5 ≤5.0/4.9	≤1.0/1.0 ≤1.4/1.3 ≤2.1/1.9 ≤3.1/3.1 ≤4.1/4.2
3	近端串音衰减（0~5GHz） 　高速线对间 * 　非屏蔽线对与高速线对间	≥34dB/组件长度 ≥30dB/组件长度			
4	横向变换转移损耗（100MHz~10GHz）	≤-20dB			
5	线对内延迟差	≤15ps/m			
6	相时延	≤5.2ns/m			
7	推荐使用长度/m	1.0	1.5	2	2.5

注：高速线对指屏蔽线对或同轴缆线对。

2014 年 9 月后，USB 3.1 开始使用 USB Type-C 型电缆。随后的 USB3.2、USB4 则只推荐使用 Type-C 电缆。USB Type-C 电缆结构如图 3-15 所示，这两种电缆的差别仅在于有无集成电路供电电源线。。

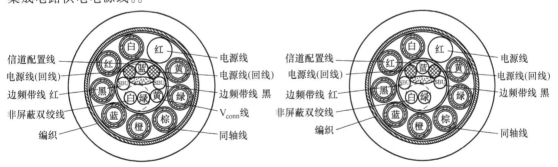

图 3-15　USB Type-C 电缆结构

注：标准中没有规定电源线回线的颜色，通常应为棕色。

标准中对导体的尺寸没做硬性规定，建议使用的尺寸为：电源线导体由 20~28AWG 镀锡铜绞合导体构成，非屏蔽线对导体由 28~34AWG 镀锡铜绞合导体构成，信道配置线、边频带线和 V_{conn} 线由 32~34AWG 镀锡铜绞合导体构成，同轴线内导体由 26~34AWG 镀银铜绞合导体构成。同轴线外导体采用镀锡或镀银线缠绕。电缆总屏蔽采用铝线或镀锡铜线编织。标准中对绝缘材料也没有明确规定，通常情况下同轴线绝缘采用泡沫/实心皮聚乙烯绝缘或泡沫/实心皮泡沫/实心皮聚全氟乙丙烯绝缘，信道配置线、边频带线和非屏蔽线对采用实心聚烯烃绝缘，电源线和 V_{conn} 线采用柔软型聚氯乙烯绝缘。电缆外护套规定采用聚氯乙烯或无卤替代材料。成品电缆外径 4~6mm。

USB Type-C 电缆电气性能见表 3-39。

表 3-39　USB Type-C 电缆电气性能

序号	项目	指标（屏蔽对绞线/同轴线）			
		34AWG	32AWG	30AWG	28AWG
1	特性阻抗/Ω	90±5/45±3			
2	电缆衰减/(dB/m) 0.625GHz 1.25GHz 2.50GHz 5.00GHz 7.50GHz 10.0GHz 12.5GHz 15.0GHz	≤1.8/1.8 ≤2.5/2.8 ≤3.7/4.2 ≤5.5/6.1 ≤7.0/7.6 ≤8.4/8.8 ≤9.5/9.9 ≤11.0/12.1	≤1.4/1.5 ≤2.0/2.2 ≤2.9/3.4 ≤4.5/4.9 ≤5.9/6.5 ≤7.2/7.6 ≤8.2/8.6 ≤9.5/10.9	≤1.2/1.2 ≤1.7/1.8 ≤2.5/2.7 ≤3.9/4.0 ≤5.0/5.2 ≤6.1/6.1 ≤7.3/7.1 ≤8.7/9.0	≤1.0/1.0 ≤1.4/1.3 ≤2.1/1.9 ≤3.1/3.1 ≤4.1/4.2 ≤4.8/4.9 ≤5.5/5.7 ≤6.5/6.5
	电缆组件衰减/dB 100MHz 2.5GHz 5GHz 10GHz 15GHz	≤2 ≤4 ≤6 ≤11 ≤20			
3	电缆组件回波损耗/dB 100MHz 5GHz 10GHz 15GHz	≥18 ≥18 ≥12 ≥5			
4	组件中近端、远端串音衰减/dB 高速线对间 100MHz 5GHz 10GHz 15GHz 非屏蔽线对与高速线对间 100MHz 5GHz 7.5GHz	≥37 ≥37 ≥32 ≥25 ≥35 ≥35 ≥30			
5	高速线对内延迟差（TDT 试，10%~90%上升时间 200ps）	≤10ps/m			

2. DisplayPort 电缆

显示端口（DisplayPort，简称 DP）是由视频电子标准协会（VESA）发布的数字显示接口标准，广泛应用于计算机、显示器、数字电视（DTV）、投影仪等多种显示设备的连接，支持视频和音频的传输。在个人台式计算机、笔记本电脑、投影仪和监视器等设备中，DP

已逐步取代了传统的 VGA 和 DVI 接口。

2006 年，DisplayPort1.0 发布，最高传输速率 10.8Gbit/s，支持最大分辨率为 2560×1600。

2009 年，DisplayPort1.2 发布，最高传输速率 21.6Gbit/s，引入了 3D 显示、支持 4K 分辨率和多流传输功能，实现了对多显示器的支持。

2014 年，DisplayPort1.3 发布，最高传输速率达到 32.4Gbit/s，对高分辨率和色深有更出色的支持，提供了更优质的 3D 和 4K 显示体验。

2016 年，DisplayPort1.3 再次升级，虽保持最高传输速率不变，但新增了对显示流压缩（DSC）的支持，有效降低了高分辨率显示器对带宽的需求。

2019 年，DisplayPort2.0 正式发布，最高传输速率跃升至 80Gbit/s，能够在保持高色深和高刷新频率的同时，驱动更高分辨率的显示器，或支持多个 4K 或 5K 显示器的连接。

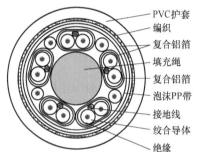

DisplayPort 电缆由 5 个屏蔽双绞线对或平行线对、4 根单芯绝缘芯线构成，其中导体和屏蔽连通线通常采用 30AWG 绞合导体，电缆结构如图 3-16 所示。电缆组件电气性能见表 3-40。

图 3-16 DisplayPort 电缆结构

（图中标注，自上而下）PVC护套、编织、复合铝箔、填充绳、复合铝箔、泡沫PP带、接地线、绞合导体、绝缘

表 3-40 DisplayPort 电缆组件主要电气性能

序号	项目	指标
1	特性阻抗(TDR,Ω)	100±5
2	组件衰减/dB	$\leq 8.7 \times \sqrt{\dfrac{f}{f_0}} + 0.072 ; 0.1 < f \leq \dfrac{f_0}{3}$ $\leq 6.52 + 5.3 \times f - 5.68\sqrt{f} ; \dfrac{f_0}{3} < f \leq 8.1$ $f_0 = 1.35\text{GHz}$ f 为通信频率，单位 GHz
3	回波损耗/dB	$\geq 15 ; 0.1 < f \leq \dfrac{f_0}{2}$ $\geq 15 - 12.3\lg\left(\dfrac{f}{f_0}\right) ; \dfrac{f_0}{2} < f \leq 8.1$ $f_0 = 1.35\text{GHz}$ f 为通信频率，单位 GHz
4	近端串音衰减/dB	$\geq 26 ; 0.1 < f \leq f_0$ $\geq 26 - 15\lg\left(\dfrac{f}{f_0}\right) ; f_0 < f \leq 8.1$ $f_0 = 1.35\text{GHz}$ f 为通信频率，单位 GHz

3. HDMI 电缆

高清晰多媒体接口（High Definition Multimedia Interface，HDMI）是一种全数字化的音视频传输接口，它能够无损地传输高清视频和音频信号，并提供多通道数字音频支持。这一接口广泛应用于高清电视、投影仪、计算机及其他多媒体设备之间的互联互通，实现了设备

间的高效数据传输。

2002 年 4 月，为制定一套符合高清时代要求的全新数字化视频/音频接口技术，日立、松下、飞利浦、Silicon Image、索尼、汤姆逊和东芝等 7 家领先企业共同成立了 HDMI 高清多媒体接口组织。同年 12 月，该组织正式发布了 HDMI 1.0 版标准，标志着 HDMI 技术正式登上历史舞台，为高清音视频传输开启了新的篇章。

随着高清电视和数字音视频设备在日常生活中的普及，人们对音视频传输的性能要求也不断提高，包括更高的传输分辨率、色彩深度、刷新率以及支持更多的音频格式等。为了满足这些日益增长的需求，HDMI 技术通过不断的版本升级来提升其传输能力。截至 2023 年，HDMI 已经发布了 2.1a 版标准，这一版本的数据最高传输速率达到 48Gbit/s，极大地提升了音视频传输的效率和质量。此外，HDMI 2.1a 还新增了远程供电功能，为用户提供了更加便捷的使用体验。

在早期版本的 HDMI 标准（版本 1.0 至 1.3）中，HDMI 电缆的构成主要包括四对屏蔽双绞线与七芯绝缘线芯，如图 3-17 所示。然而，从 1.4 版本开始，HDMI 电缆的结构经历了显著的变化，如图 3-18 所示。新版本电缆调整为包含五对屏蔽线对与四芯绝缘线芯的新布局。在这五对屏蔽线对中，有三对专用于传输 RGB 或 YCbCr 音视频信号，确保了高质量的音视频传输；一对负责传输时钟信号，保障了信号的同步与稳定；剩余的一对屏蔽双绞线及四根绝缘线芯则分别用于实现 HEAC（网络功能）等高级特性和服务于 HDP、CEC 等功能的实现，进一步拓展了 HDMI 的应用范围和性能。此外，为了提升电缆的整体抗干扰能力，电缆采用了复合铝箔包覆结合铜丝或铝镁丝编织的双重屏蔽结构。电缆的主要传输性能见表 3-41。

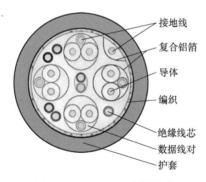

图 3-17　HDMI1.3 电缆结构

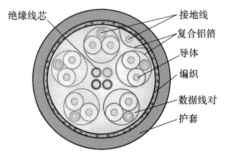

图 3-18　HDMI1.4/2.0/2.1 电缆结构

表 3-41　HDMI 电缆传输性能

序号	项目	HDMI 1.3/1.4 Ⅰ类	HDMI 1.3/1.4 Ⅱ类；HDMI2.0
1	特性阻抗(TDR,上升时间 200ps,Ω)	100±10	100±10
2	对间延迟(TDR/TDT,上升时间 200ps,ns)	≤2.42	≤1.78
3	对内延迟(TDR/TDT,上升时间 200ps,ps)	≤151	≤111
4	远端串音(dB/组件长)	≥26　@1~5000MHz	≥20　@1~5000MHz
5	衰减(dB/组件长)	≤8　@1~825MHz ≤21 @825~2475MHz ≤30 @2475~4125MHz	≤5　@0.3~825MHz ≤12　@825~2475MHz ≤20　@2475~4125MHz ≤25　@4125~5100MHz

3.3　对称通信电缆传输参数的计算

通信电缆传输线路的质量，其核心在于线路的传输参数，尤其是电缆的二次传输参数，即特性阻抗和传播常数。这些二次参数并非孤立存在，而是深受一次传输参数及信号频率的影响。进一步地，一次传输参数（包括有效电阻 R、电感 L、电容 C、以及绝缘电导 G）又与电缆的结构、材料和信号频率相关。

本节将深入探讨一次传输参数与电缆结构、材料及信号频率之间的内在联系，旨在揭示这些因素如何决定着通信电缆的传输性能。

3.3.1　对称通信电缆的有效电阻

所谓有效电阻就是当交变电流流过对称通信电缆回路时，导体所展现出的交流电阻特性，定义为导体引起的损耗功率与电流有效值二次方的比值。为便于直观地理解和计算，可以将有效电阻视为导体直流电阻 R_0 和由通过交流电流而引起的交流附加电阻 $R_\sim$ 两部分组成，即

$$R = R_0 + R_\sim$$

对于在 5000Hz 以下频率使用的低频电缆而言，$R_\sim$ 相对较小。在这种情况下，电缆回路的有效电阻可以近似地看作等于其直流电阻。例如，市内通信电缆（主要用于音频传输）的有效电阻就几乎与其直流电阻相等。然而，对于高频对称通信电缆来讲，情况则有所不同。由于频率的升高，交流附加电阻 $R_\sim$ 在有效电阻 R 中所占的比例显著增加，此时不能忽略不计。在这种情况下，电缆回路的有效电阻不能简单地用直流电阻来替代。

1. 回路直流电阻的计算

回路直流电阻就是电缆中一个回路接成环路时的直流电阻，根据电工基础概念并考虑绞合因素，其计算公式如下：

$$R_0 = 2\lambda\rho\,\frac{l}{s}\ (\Omega) \tag{3-1}$$

式中　ρ——导电线芯的电阻率 $\left(\dfrac{\Omega \cdot mm^2}{m}\right)$，见表 3-43；

　　　λ——导电线芯的总绞合系数，导电线芯每次绞合的绞合系数见表 3-42，总绞合系数为各次绞合时绞合系数的乘积；

　　　l——电缆的长度（m）；

　　　s——导电线芯的截面积（mm^2）。

表 3-42　线芯绞合的绞合系数

组层的直径/mm	绞合系数	组层的直径/mm	绞合系数
30 以下	1.005~1.01	40~50	1.02~1.03
30~40	1.01~1.02		

如果将导电线芯的截面积 s 以导电线芯直径 d 表示，并且换算为每 km 的电阻值，则式（3-1）变为

$$R_0 = \lambda \rho \frac{8000}{\pi d^2} \ (\Omega/\text{km}) \tag{3-2}$$

式中　d——导电线芯直径（mm）。

由式（3-2）可见，直流电阻主要与导电线芯材料的电阻率 ρ 和直径 d 有关。

表 3-43 中电阻率 ρ 值是温度为 20℃时的值。当温度不等于 20℃而为任一温度 t℃时，则电缆回路的电阻 R 可以用下式进行换算：

$$R_t = R_{20}[1 + \alpha_{20}(t - 20)] \ (\Omega/\text{km}) \tag{3-3}$$

式中　R_{20}——温度为 20℃时的导线电阻；

　　　α_{20}——电阻温度系数（20℃），见表 3-43。

表 3-43　通信电缆用主要金属材料的特性

材料名称	电阻率 $\rho / \dfrac{(\Omega \cdot \text{mm}^2)}{\text{m}}$	电导率 $\sigma / \dfrac{(\text{S} \cdot \text{m})}{\text{mm}^2}$	电阻温度系数 $\alpha_{20}/(1/℃)$	相对磁导率 μ_r
软铜线	0.01748	57.20	0.00393	1
半硬及软铝线	0.0283	35.33	0.00410	1
钢	0.1390	7.20	0.006	100~200
铅	0.2210	4.52	0.00411	1

2. 交流附加电阻的物理概念和组成

在回路中通交变电流后，所引起的附加电阻是由于趋肤效应、邻近效应和在周围金属媒质中产生的涡流损耗三部分所引起。因为通交流电后，在导体内部和周围将产生磁场，由于交变磁场作用于导体，并因此而引起能量损耗，从本质上可以认为是电阻的增加。这样，所增加的电阻就称为交流附加电阻。附加电阻可以分为下列三种：

（1）趋肤效应引起的附加电阻

趋肤效应是由沿导线内产生的涡流所造成的。如图 3-19 所示，当交流电通过导线时，在导线内部产生交变磁场 $H_内$，变化的内磁场磁力线穿过导线内部时，在导线内部感应出涡流 I_B，涡流 I_B 的方向根据楞次定律来确定。在导线中心，涡流的方向与导线中工作电流 I 的方向相反，导线中心的合成电流为 $(I - I_B)$；而在导线表面，涡流 I_B 与导线中工作电流 I 方向相同，则导线表面的合成电流为 $(I + I_B)$。

涡流的作用使得导线横截面上的电流重新分布，导线表面的电流密度增大，而导线内部电流密度减小。这种由于导线内的涡流把工作电流挤到表面上的现象称为趋肤效应。趋肤效应与电流的频率、导线的电导率、磁导率及直径有关。电流频率越高，趋肤效应越显著，电流几乎仅通过导线表面，这就相当于导线通电流的截面积减小，因而使回路的有效电阻增加。这部分因趋肤效应而增加的电阻用 $R_集$ 表示。

（2）邻近效应引起的附加电阻

邻近效应是回路中一根导线通过的电流在另一根导线中产生的涡流所造成的。如图 3-20 所示，回路中的"导线 1"通过交流时，它的外磁场 $H_外$ 在"导线 2"上引起涡流 I_B，这一涡流与"导线 2"上的工作电流相互作用后，在"导线 2"靠近"导线 1"的一面，涡流 I_B 与工作电流 I 方向相同 $(I + I_B)$，而在远离"导线 1"的一面则方向相反 $(I - I_B)$。同样，在"导线 1"中也发生电流重新分配的情况。

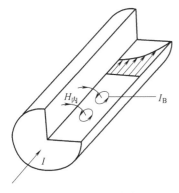

图 3-19　趋肤效应

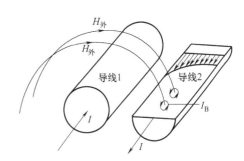

图 3-20　邻近效应

涡流和工作电流相互作用的结果，使得在"导线 1"和"导线 2"彼此对着的一面电流密度增加，而在远离的一面电流则减小，这种现象称为邻近效应。邻近效应除与电流频率、导线的电导率、磁导率及导线直径有关外，还与两导线的距离有关。当存在邻近效应时，电流都趋向两导线相邻的一侧，这样也使通电流的有效截面积减小，从而使回路的有效电阻增加。这部分由邻近效应引起的增加电阻用 $R_{邻}$ 表示。

（3）邻近金属损耗所引起的附加电阻

回路电流的外磁场会在邻近的导线中、周围的屏蔽层中、金属套及铠装等金属中引起涡流。此涡流使邻近金属变热并产生能量损耗，这种损耗势必吸收传输回路中的一部分能量，因此，可以看成在传输回路上有一个附加电阻 $R_{金}$。

综上所述，回路的有效电阻 R 是由 R_0、$R_{集}$、$R_{邻}$ 和 $R_{金}$ 组成，即

$$R = R_0 + R_{\sim} = R_0 + R_{集} + R_{邻} + R_{金} \tag{3-4}$$

有效电阻的 4 个部分中，前三部分可以利用电磁场理论进行计算，而对 $R_{金}$ 的计算则非常困难，一般是用实验的方法或利用经验公式来确定。

3. 二孤立导线有效电阻的计算

所谓二孤立导线，是指在无穷大的空间内，只有一个回路的两根导线，周围没有其他回路和金属层。在这种情况下，在有效电阻的计算公式中，就不包括 $R_{金}$ 部分，只剩下 R_0、$R_{集}$ 和 $R_{邻}$ 三部分。对于 $R_{集}$ 和 $R_{邻}$ 的大小主要取决于导线截面上电流分布的不均匀程度，而电流分布的不均匀程度是很难确定的，因此求取有效电阻的方法是根据能量守恒定律。

当导线通以交流电后，它将遇到由导线的有效电阻 R 和内电感 $L_{内}$ 所组成的阻抗 $Z = R + j\omega L_{内}$，其所产生的能量损耗用功率 P 表示，即

$$P = I^2 Z = I^2 R + j I^2 \omega L_{内} \tag{3-5}$$

功率的实部表示有功功率，虚部表示无功功率。根据能量守恒定律，这部分功率是由外界所供给的，就是说有一部分大小相等的功率流入导线内部。如果能把流入导线内部的功率求出，根据其实部可求得有效电阻，根据其虚部可求得内电感。

由电磁场理论可求得二孤立导线所构成的回路有效电阻的计算公式为

$$R = R_0 \left[1 + F(x) + \frac{G(x)\left(\dfrac{d}{a}\right)^2}{1 - H(x)\left(\dfrac{d}{a}\right)^2} \right] \quad (\Omega/\text{km}) \tag{3-6}$$

从前面分析可知，二孤立导线的有效电阻应该包括三项，即 $R = R_0 + R_集 + R_邻$，在式 (3-6) 中也包括三项，现在来分析每一项是否符合上述推论。

第一项 R_0 是回路的直流电阻，无需分析。

第二项 $R_0 F(x)$ 是由趋肤效应引起的附加电阻，其中 $x = \dfrac{Kd}{2} = \dfrac{\sqrt{\omega\mu\sigma}\,d}{2}$，即这部分电阻与导电线芯直径、信号频率、导线的磁导率和电导率四个参数有关，所以判定它是由趋肤效应引起的附加电阻 $R_集$。

第三项 $R_0 \dfrac{G(x)\left(\dfrac{d}{a}\right)^2}{1 - H(x)\left(\dfrac{d}{a}\right)^2}$ 是由邻近效应引起的附加电阻。因为它除了与导线直径、信号频率、导线的磁导率和电导率四个参数有关外，还与回路二导线间距离 a 有关，所以判定它是由邻近效应引起的附加电阻 $R_邻$。

4. 对称通信电缆回路有效电阻的计算

式 (3-6) 可足够精确地计算出孤立对绞组的有效电阻。但对于星绞组，就很难给出精确的结果。因为在星绞组中除计算回路外，还有另一个回路存在。当线组中存在另一回路时，对回路中两导体间的邻近效应有影响，使得邻近效应引起的附加电阻有所增加，从而使有效电阻增加，这可在式 (3-6) 引入修正系数 P 来修正有效电阻。各种线组修正系数 P 值列于表 3-44 中。

表 3-44 各种线组的修正系数 P 值

线组名称	回路型式	P 值
对绞组	实路	1.0
星绞组	实路	5.0
星绞组	幻路	1.6

一般对称通信电缆中有若干个线组或金属套，所以还要计算在其他线组及金属套中的涡流损耗而引起的附加电阻 $R_金$。

由此，对称通信电缆回路有效电阻的完全计算公式为

$$R = R_0 \left[1 + F(x) + \frac{PG(x)\left(\dfrac{d}{a}\right)^2}{1 - H(x)\left(\dfrac{d}{a}\right)^2} \right] + R_金 \quad (\Omega/\text{km}) \tag{3-7}$$

式中 　　　　R_0——回路直流电阻（Ω/km）；

　　　　　　　d——导电线芯直径（mm）；

　　　　　　　a——回路两导线中心间距离（mm）；

　　　　　　　P——各种线组的修正系数，见表 3-44；

$x = \dfrac{Kd}{2} = \dfrac{\sqrt{\omega\mu\sigma}\,d}{2}$，其中 K 为涡流系数，见表 3-45；

$F(x)$、$G(x)$、$H(x)$——x 的特定函数，其值见表 3-46。

式（3-7）中的 $R_金$ 是计算在回路外的其他回路及金属套中的涡流损耗引起的附加电阻。因为回路周围的电磁场分布是非常复杂的，所以对附加电阻 $R_金$ 不可能进行精确地计算，一般是实验方法来确定的。

表 3-45　各种常用金属的涡流系数 $K = \sqrt{\omega\mu\sigma}$ [①]　　　（单位：$\frac{1}{\text{mm}}$）

f/Hz	铜	钢	铝	铅
50	0.151	0.535	0.118	0.042
10^3	0.674	2.391	0.528	0.188
10^4	2.130	7.560	1.670	0.598
6×10^4	5.218	18.519	4.091	1.464
10^5	6.736	23.907	5.281	1.899
1.56×10^5	8.414	29.862	6.597	2.360
2.52×10^5	10.693	37.951	8.383	2.999
5×10^5	15.061	53.458	11.809	4.225
10^6	21.300	75.600	16.700	5.975
8.5×10^6	62.098	220.404	48.687	17.420
10^7	67.357	239.070	52.810	18.895
10^8	213.00	756.000	167.000	59.750
计算公式	$21.3\times10^{-3}\sqrt{f}$	$75.6\times10^{-3}\sqrt{f}$	$16.7\times10^{-3}\sqrt{f}$	$5.975\times10^{-3}\sqrt{f}$

① σ 为电导率，μ 为磁导率，$\mu = 4\pi\times10^{-7}\mu_r$（H/m），具体见表 3-43，计算钢的涡流系数时，取 $\mu_r = 100$。

表 3-46　$x = \dfrac{Kd}{2}$ 不同时函数 F、G、H 和 Q 的数值

x	$F(x)$	$G(x)$	$H(x)$	$Q(x)$
0	0	$\dfrac{x^4}{64}$	0.0417	1
0.5	0.000326	0.000975	0.042	0.999
1.0	0.00519	0.01519	0.053	0.997
1.5	0.0258	0.0691	0.092	0.987
2.0	0.0782	0.1724	0.169	0.961
2.5	0.1756	0.295	0.263	0.913
3.0	0.318	0.405	0.348	0.845
3.5	0.492	0.499	0.416	0.766
4.0	0.678	0.584	0.466	0.686
4.5	0.862	0.699	0.503	0.616
5.0	1.042	0.755	0.530	0.556
7.0	1.743	1.109	0.596	0.400
10.0	2.799	1.641	0.643	0.282
>10.0	$\dfrac{\sqrt{2}x-3}{4}$	$\dfrac{\sqrt{2}x-1}{8}$	$\dfrac{1}{4}\left[\dfrac{3\sqrt{2}x-5}{\sqrt{2}x-1} - \dfrac{2\sqrt{2}}{x}\right]$	$\dfrac{2\sqrt{2}}{x}$

3. 3. 2　对称通信电缆的电感

当回路中通入交流电后，会在回路的导电线芯内部以及线芯周围产生磁通量 Φ。这些磁通量可以根据其位置被区分为内磁通和外磁通。内磁通指的是在导电线芯内部产生的磁通量，而外磁通则是指在导电线芯外部产生的磁通量。而电感作为描述磁通量与引起该磁通量的电流之间关系的物理量，同样可以根据磁通量的分类被区分为内电感 $L_内$ 和外电感 $L_外$。内电感 $L_内$ 是由导线内部的磁通量与流过导线的电流之比决定的，它反映了导线内部磁场对电流的影响。而外电感 $L_外$ 则是由导线外部的磁通量与电流之比决定的，它反映了导线外部磁场对电流的影响。总电感 L 则是内电感 $L_内$ 和外电感 $L_外$ 的和，即 $L=L_内+L_外$。

内电感 $L_内$ 的大小与导线内的电流分布密切相关。由于交流电的特性，电流在导线内部并不是均匀分布的，而是会受到趋肤效应等因素的影响而倾向于集中在导线表面。这种电流分布的不均匀性会导致导线内部磁场的不均匀性，进而影响内电感 $L_内$ 的大小。内电感的计算公式通常可以在求解二孤立导线有效电阻的过程中得到。在这个过程中，复数功率的虚部与内电感有关，通过计算这个虚部就可以求得内电感的值。具体的计算公式见式（3-8）。

$$L_内=Q(x)\times10^{-4}\ (\mathrm{H/km}) \tag{3-8}$$

外电感 $L_外$ 是导线外（与回路本身所交链的）磁通与流过被交链导线中电流之比，即

$$L_外=\frac{\Phi}{I} \tag{3-9}$$

对称回路的磁场分布如图 3-21 所示。

回路两导线中，由导线 a 中电流所产生的磁场强度为 $H_a=\dfrac{I}{2\pi r}$。

由导线 b 中电流所产生的磁场强度为 $H_b=\dfrac{I}{2\pi(a-r)}$。

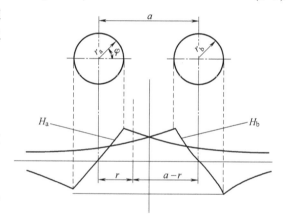

图 3-21　对称回路的磁场分布

从图 3-21 上可以看出：

$$H=H_a+H_b=\frac{I}{2\pi}\left(\frac{1}{r}+\frac{1}{a-r}\right)$$

因此，外电感 $H_外$ 可由下式求得：

$$L_外=\frac{\mu}{I}\int_{r_a}^{a-r_b}\frac{I}{2\pi}\left(\frac{1}{r}+\frac{1}{a-r}\right)\mathrm{d}r=\frac{\mu}{2\pi}\left(\ln\frac{a-r_b}{r_a}-\ln\frac{r_b}{a-r_a}\right)$$

回路两导线 $r_a=r_b=d/2$，则：

$$L_外=\frac{\mu}{\pi}\ln\frac{2a-d}{d}\ (\mathrm{H/m}) \tag{3-10}$$

回路中间为非磁性介质，$\mu=\mu_r\mu_0=4\pi\times10^{-7}\ (\mathrm{H/m})$，则

$$L_{外} = 4\ln\frac{2a-d}{d}\times 10^{-7}\quad（\text{H/m}）$$

或

$$L_{外} = 4\ln\frac{2a-d}{d}\times 10^{-4}\quad（\text{H/km}）\tag{3-11}$$

由此可得对称通信电缆回路的总电感：

$$L = \lambda\left[4\ln\frac{2a-d}{d}+Q(x)\right]\times 10^{-4}\quad（\text{H/km}）\tag{3-12}$$

式中　λ——总的绞合系数；

　　　a——回路两导线中心间距（mm）；

　　　d——导电线芯直径（mm）；

　　　$Q(x)$——$x=\dfrac{Kd}{2}$ 的特定函数，其值见表 3-46。

由式（3-12）可见，外电感决定于导电线芯直径和导电线芯间的距离。内电感决定于导电线芯本身的特性（导线直径、材料的磁导率和电导率）和传输电流的频率。

线间距离改变时，内外电感的变化情况。随导线间距离 a 的增加，回路所交链磁力线的面积增加，因而外磁通增加，外电感亦随之增加。电感与线间距离的关系如图 3-22 所示。

随着导电线芯直径 d 的增加，趋肤效应增强，导线内部电流密度减小，磁通减小，因而内电感减小。同时，由于外磁通所穿过的面积减小，外电感就下降，因此回路总电感随导电线芯直径的增加而减小。对称回路的电感与导电线芯直径的关系如图 3-23 所示。

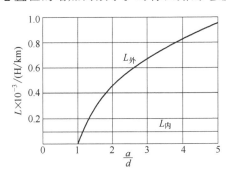

图 3-22　电感与线间距离的关系

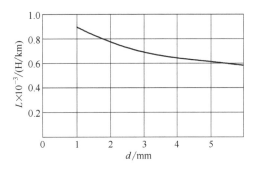

图 3-23　对称回路的电感与导电线芯直径的关系

随传输电流频率的增加，回路的总电感将减小。这是由于频率增加时，趋肤效应增强，使内电感减小，而外电感与频率无关，所以随频率的增加，总电感值趋向于外电感值。

对于屏蔽回路的电感，除了内电感 $L_{内}$ 和外电感 $L_{外}$ 之外，还有屏蔽体给传输回路带来的附加电感。从理论上说，邻近作用使附加电感减小，但其值很小，可以忽略不计。

考虑到屏蔽的作用，对称屏蔽回路总电感为：

$$L = \lambda\left[4\ln\frac{2a}{d}\times\frac{r_S^2-\left(\dfrac{a}{2}\right)^2}{r_S^2+\left(\dfrac{a}{2}\right)^2}+Q(x)-8\frac{\mu_S\sqrt{2}}{Kr_S}\times\frac{r_S^2\left(\dfrac{a}{2}\right)^2}{r_S^4-\left(\dfrac{a}{2}\right)^4}\right]\times 10^{-4}\quad（\text{H/km}）\tag{3-13}$$

式中　r_S——屏蔽层的内半径（mm）；

　　　μ_S——屏蔽层的相对磁导率；

　　　K——涡流系数，见表 3-45。

由于屏蔽的作用，回路的外电感减小。这是因为屏蔽层产生了与基本场相反的反射场，两者相互作用的结果，使回路间的合成磁场减弱，因而使回路的电感也随之减小。

从式（3-13）可见，如没有屏蔽层，则认为 r_s 趋于无穷大，则式（3-13）就与式（3-12）一致了。

3.3.3　对称通信电缆的电容

对称通信电缆回路的电容概念与一般电容相似，其中两根导线相当于电容器的两个极板，而导线间的绝缘材料则相当于电容器极板间的介质。当回路中的两根导线带有等量异性电荷时，这些电荷的电量 Q 与两导线间的电位差 U 之为该回路的电容，即 $C=\dfrac{Q}{U}$。

然而，对称通信电缆回路的电容情况相对复杂。这是因为电缆中通常包含多个线对，并且外部还有屏蔽层和金属套。因此，任何相邻的线芯之间，以及线芯与屏蔽层或金属套之间，都会存在电容。

在对称通信电缆回路中，电容主要分为两种：工作电容和部分电容。一次传输参数中的电容指的是工作电容。工作电容是考虑了其他电容影响后，回路两导体间的等效电容。以四线组为例，如图 3-24 所示，C_1 和 C_{11} 就是工作电容的示例。部分电容是指在不考虑其他线芯影响的情况下，线芯间或线芯对地（金属护套）间的电容。例如，C_{13}、C_{14}、C_{23}、C_{24} 以及 C_{10}、C_{20}、C_{30}、C_{40} 等都是部分电容。工作电容实际上是由这些部分电容组成的。

先研究孤立二导线间的工作电容。一对称回路二导线 a、b，导线 a 上的电荷 Q 在距导线 a 为 r 点的电场强度：

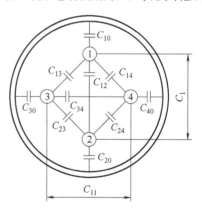

图 3-24　电缆四线组的工作
电容和部分电容

$$E_a=\frac{Q}{2\pi r\varepsilon}$$

导线 b 上的电荷 Q 在同一点的电场强度：

$$E_b=\frac{Q}{2\pi(a-r)\varepsilon}$$

则在该点总的电场强度：

$$E=E_a+E_b=\frac{Q}{2\pi\varepsilon}\left(\frac{1}{r}+\frac{1}{a-r}\right)$$

回路两导线间的电位差：

$$U=\int_{r_a}^{a-r_b}E\,\mathrm{d}r=\frac{Q}{2\pi\varepsilon}\int_{r_a}^{a-r_b}\left(\frac{1}{r}+\frac{1}{a-r}\right)\mathrm{d}r=\frac{Q}{2\pi\varepsilon}\left(\ln\frac{a-r_b}{r_a}-\ln\frac{r_b}{a-r_a}\right)$$

回路两导线 $r_a=r_b=\dfrac{d}{2}$，则 $U=\dfrac{Q}{\pi\varepsilon}\ln\dfrac{2a-d}{d}$，因此，孤立回路的工作电容：

$$C = \frac{Q}{U} = \frac{\pi\varepsilon}{\ln\dfrac{2a-d}{d}}$$

将 $\varepsilon = \varepsilon_r\varepsilon_0 = \dfrac{\varepsilon_r}{36\pi\times10^9}\mathrm{F/m}$，代入上式：

$$C = \frac{\varepsilon_r\times10^{-9}}{36\ln\dfrac{2a-d}{d}}\quad(\mathrm{F/m})$$

或

$$C = \frac{\varepsilon_r\times10^{-6}}{36\ln\dfrac{2a-d}{d}}\quad(\mathrm{F/km}) \tag{3-14}$$

在多芯电缆中，工作电容的计算方法见式（3-15）：

$$C = \frac{\lambda\varepsilon_r\times10^{-6}}{36\ln\left(\dfrac{2a}{d}\psi\right)}\quad(\mathrm{F/km}) \tag{3-15}$$

式中　λ——总的绞合系数；

　　　ε_r——组合绝缘介质的等效相对介电常数；

　　　a——回路两导线中心间距离（mm）；

　　　d——导电线芯直径（mm）；

　　　ψ——由于接地金属套和邻近导线产生影响而引起的修正系数，当距离相当大时，

　　　　　　$\psi=1$。

修正系数 ψ 的值由线组类型来决定，见表 3-47。

表 3-47　工作电容的修正系数公式

绞合类型	a	ψ
对绞组	d_1	$\psi = \dfrac{(d_1+d_2-d)^2-a^2}{(d_1+d_2-d)^2+a^2}$
星绞组	d_4-d_1	$\psi = \dfrac{(d_4+d_1-d)^2-a^2}{(d_4+d_1-d)^2+a^2}$
屏蔽对绞组	d_1	$\psi = \dfrac{D_s^2-a^2}{D_s^2+a^2}$
屏蔽星绞组	$\sqrt{2}\,d_1$	$\psi = \dfrac{D_s^2-a^2}{D_s^2+a^2}$

表中　d——导电线芯直径（mm）；

　　　d_1——绝缘线芯直径（mm）；

　　　d_2——对绞组外径（mm）；

　　　d_4——星绞组外径（mm）；

　　　D_s——屏蔽层内径（mm）。

工作电容的计算还可采用下列经验公式：

$$C = \frac{\lambda \varepsilon_r \times 10^{-6}}{36 \ln \dfrac{\alpha D}{d}} \ (\text{F/km}) \tag{3-16}$$

式中　λ——总绞合系数；

　　　ε_r——等效相对介电常数；

　　　D——线组直径（mm）；

　　　d——导电线芯的直径（mm）；

　　　α——校正系数，它与线组的绞合类型有关，对绞组 $\alpha = 0.94$，星绞组 $\alpha = 0.75$。

用式（3-16）计算工作电容，对于与屏蔽层接近的线组来说，计算结果要比实际数值小一些。

工作电容与导电线芯直径、线间距离和绝缘介质有关。增大线芯直径相当于增电容器的极板面积，所以电容增加。导电线芯间距离增加，则相当于电容器极板间距离加大，显然电容就减小。工作电容与介电常数有密切关系，介电常数越大，工作电容也越大。由于绝缘材料的介电常数均大于空气的介电常数，所以在使绝缘结构有一定的机械稳定性的情况下，总希望空气所占的体积尽量大些，以减小介电常数而使电容下降，从而使电缆的衰减下降。当绝缘介质的介电常数与频率无关时，工作电容则与频率无关。

3.3.4　对称通信电缆的绝缘电导

绝缘电导 G 用来表示电缆线芯绝缘层的质量和电磁能在线芯绝缘中的损耗情况。

在电缆中，绝缘电导是由绝缘介质的特性决定的，也是由绝缘介质的体积绝缘电阻系数 ρ_v 和介质损耗角正切值 $\tan\delta$ 来决定的。绝缘电导 G 是由直流绝缘电导 G_0 和交流绝缘电导 $G_\sim$ 组成。

$$G = G_0 + G_\sim$$

直流绝缘电导 G_0 是由于介质的绝缘特性不够完善所引起的，它等于绝缘介质的绝缘电阻的倒数，即 $G_0 = \dfrac{1}{R_{绝}}$。因此，希望绝缘介质有较大的绝缘电阻以降低绝缘电导。

交流绝缘电导主要是由于绝缘介质极化所引起的，它与传输电流的频率、回路工作电容以及介质损耗角正切值 $\tan\delta$ 成正比，即 $G_\sim = \omega C \tan\delta$。

由此，对称通信电缆的绝缘电导

$$G = \frac{1}{R_{绝}} + \omega C \tan\delta \tag{3-17}$$

在通信电缆中，由于绝缘介质极化所引起的损耗比由于绝缘不完善所引起的损耗要大得多，所以可以把 G_0 忽略不计，这样通信电缆的绝缘电导可以用式（3-18）计算。

$$G \approx G_\sim = \omega C \tan\delta \ (\text{S/km}) \tag{3-18}$$

式中　ω——角频率，$\omega = 2\pi f$，f 为频率（Hz）；

　　　C——回路工作电容（F/km）；

　　　$\tan\delta$——组合绝缘介质的等效介质损耗角正切值。

绝缘电导与导电线芯直径、线芯间距离、频率及绝缘介质特性有关。从前面分析可知，当导线直径、线间距离的改变使工作电容增大时，由于绝缘电导与电容成正比，则绝缘电导也将增大。

绝缘电导是随频率的增加而剧烈的增加，这是由于频率增加时引起的双重作用：一是绝缘电导直接正比于频率；二是介质极化作用随频率增加而加剧，致使 tanδ 增加。

从式（3-18）可知，绝缘电导与绝缘材料的介质损耗角正切值 tanδ 是成正比关系的。不同绝缘材料的介质损耗角正切值 tanδ 与频率的关系是不同的，具体见表 3-1。

为适应高频通信的要求，通常希望绝缘电导越小越好。因此，在选用绝缘材料和绝缘结构时，选择 tanδ 小的材料，如聚乙烯、聚苯乙烯等，并采用空气所占体积比较大的组合绝缘结构型式。

通过以上讨论，可以看出，对称通信电缆回路的一次传输参数是随电流的频率 f、回路两导线中心距离 a 及导线线芯直径 d 而改变的。参数之间的相互关系如图 3-22 所示。

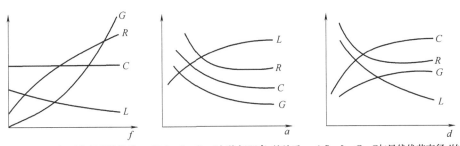

a）R、L、C、G 与频率的关系　　b）R、L、C、G 与线间距离 a 的关系　　c）R、L、C、G 与导线线芯直径 d 的关系

图 3-25　对称通信电缆一次参数与 f、a、d 的关系

3.3.5　对称通信电缆等效介电常数和等效介质损耗角正切值的计算

对称通信电缆的绝缘通常由介质与空气的组合构成。该组合绝缘的介电常数及介质损耗角正切值的等效值，主要依赖于电缆对绞组（或星绞组、缆芯）中空气与介质的电气特性（包括介电常数 ε 及损耗角正切值 tanδ）及其体积比例。在计算过程中，若电缆全程采用同一均匀绝缘，则体积比例可通过截面比例来近似表示。

1. 等效介电常数的计算

组合绝缘的等效介电常数 ε_D 粗略地取决于电缆对绞组（或星绞组，或缆芯）中空气和介质的截面比和它们各自的介电常数值。计算公式如下：

$$\varepsilon_D = \frac{\varepsilon_K S_K + \varepsilon_G S_G}{S_K + S_G} \tag{3-19}$$

式中　ε_K——空气的相对介电常数，约等于 1；

　　　ε_G——介质的介电常数；

　　　S_K——空气所占的截面积；

　　　S_G——介质所占的截面积。

因此，要计算组合绝缘的等效介电常数，首先要计算出电缆缆芯中或线组中空气和介质的截面积。对于高频对称通信电缆，可将线组作为计算的单元，并将线组看成是圆形的。如要精确计算，则还要考虑成缆包带、扎带（纱）的影响。

工程实践中，当绝缘为泡沫绝缘时，绝缘层部分的等效相对介电常数还可以按式（3-20）[2] 计算。

$$\varepsilon_D = \frac{2\varepsilon_1 + 1 - 2P(\varepsilon_1 - 1)}{2\varepsilon_1 + 1 + P(\varepsilon_1 - 1)}\varepsilon_1 \tag{3-20}$$

式中　ε_1——绝缘材料发泡前的相对介电常数；

　　　P——发泡度（泡孔在绝缘层中的体积占比）。

当绝缘为实心皮-泡沫-实心皮绝缘时，绝缘层部分的等效相对介电常数可按绝缘单线总的同轴电容与各部分同轴电容的关系求得。

2. 等效介质损耗角正切值 $\tan\delta_D$ 的计算

在组合绝缘介质中，等效介质损耗角正切值可用（3-21）[2] 计算

$$\tan\delta_D = \frac{\varepsilon_K S_K \tan\delta_K + \varepsilon_G S_G \tan\delta_G}{\varepsilon_K S_K + \varepsilon_G S_G} \tag{3-21}$$

式中　ε_K——空气的相对介电常数，等于 1；

　　　ε_G——介质的相对介电常数；

　　　S_K——空气所占的截面积；

　　　S_G——介质所占的截面积；

　　　$\tan\delta_K$——空气的介质损耗角正切值，近似等于零；

　　　$\tan\delta_G$——介质的介质损耗角正切值。

上述公式是假定电缆内电场是均匀的情况下求得的，实际上电缆内各处电场并非均匀，因而用上述公式对等效介电常数及等效介质损耗角正切值的计算是有一定近似性的。

工程实践中，当绝缘为泡沫绝缘时，绝缘层部分的等效介质损耗正切值可按式（3-22）[1] 计算。

$$\tan\delta_D = \tan\delta_1 + \frac{2\varepsilon_1 \tan\delta_1 (1-P)}{2\varepsilon_1 + 1 - 2P(\varepsilon_1 - 1)} - \frac{\varepsilon_1 \tan\delta_1 (2+P)}{2\varepsilon_1 + 1 + P(\varepsilon_1 - 1)} \tag{3-22}$$

式中　ε_1——绝缘材料发泡前的相对介电常数；

　　　$\tan\delta_1$——绝缘材料发泡前的介质损耗角正切值；

　　　P——发泡度（泡孔在绝缘层中的体积占比）。

当绝缘为实心皮-泡沫-实心皮绝缘时，绝缘层部分的等效介质损耗角正切值可按其总的绝缘电导与各部分绝缘电导之间的关系求得。

3.3.6　对称通信电缆二次传输参数的计算

对称通信电缆的二次传输参数与一次传输参数紧密相关，而后者则取决于电缆所采用的材料、结构形式以及电流的频率。一旦电缆结构得以确定，即可依据本节所提供的公式，计算出电缆的一次传输参数，包括有效电阻 R、电感 L、电容 C 及绝缘电导 G。随后，根据"第 2 章 2.2 电缆线路的二次传输参数"中所述的公式，可进一步计算出对称通信电缆的特性阻抗 Z_C、衰减常数 α 及相移常数 β 等二次传输参数。

对称通信电缆回路所传输的不同频率信号，无论是音频还是高频，均可采用 2.2 节中相应的简化公式，便可计算出该回路的二次传输参数。

工程实践中，对于高频非屏蔽对称通信电缆特性阻抗可按照式（3-23）[2] 进行简化计算，高频屏蔽对称通信电缆特性阻抗可按照式（3-24）[2] 进行简化计算。

$$Z_C = \frac{120}{\sqrt{\varepsilon_D}} \ln\left(\frac{2a - kd}{kd}\right) \tag{3-23}$$

$$Z_C = \frac{120}{\sqrt{\varepsilon_D}} \ln\left(\frac{2a}{kd} \times \frac{D_S^2 - a^2}{D_S^2 + a^2}\right) \tag{3-24}$$

式中　Z_C——特性阻抗（Ω）；

　　ε_D——绝缘等效相对介电常数；

　　a——线对导体中心距（mm）；

　　d——实心导体直径或绞合导体轮廓直径（mm）；

　　k——导体直径有效系数，实心导体时取 1，7 根和 19 根绞合导体时分别取 1、0.939、0.970；

　　D_S——线对屏蔽内径（mm）。

工程实践中，非屏蔽对称通信电缆衰减可按照式（3-25）[2] 进行简化计算，屏蔽对称通信电缆衰减可按照式（3-26）[2] 进行简化计算。

$$\alpha = \frac{2.6 \times 10^{-6} \sqrt{\varepsilon_D f}}{\lg \dfrac{2a - kd}{kd}} \left(\frac{K_S K_{\rho1}}{d} + \frac{d}{2a^2}\right) + 9.1 \times 10^{-8} f \sqrt{\varepsilon_D} \times \tan\delta_D \quad (\text{dB/m}) \tag{3-25}$$

$$\alpha = \frac{2.6 \times 10^{-6} \sqrt{\varepsilon_D f} K_3}{\lg\left(\dfrac{2a}{kd} \times \dfrac{D_S^2 - a^2}{D_S^2 + a^2}\right)} \left[\frac{K_S K_{\rho1}}{d} + \frac{d}{2a^2}\left(1 - \frac{4a^2 D_S^2 K_{\rho2} K_B}{D_S^4 - a^4}\right) + \frac{4a^2 D_S K_{\rho2} K_B}{D_S^4 - a^4}\right]$$

$$+ 9.1 \times 10^{-8} f \sqrt{\varepsilon_D} \times \tan\delta_D \quad (\text{dB/m}) \tag{3-26}$$

式中　f——频率（Hz）；

　　d——绞线导体的外径（mm）；

　　D_S——屏蔽内径（mm）；

　　a——对称通信电缆导体的中心距（mm）；

　　ε_D——绝缘的等效介电常数；

　　$\tan\delta_D$——绝缘的等效介质损耗角正切值；

　　K_B——编织屏蔽的电阻系数，$K_B = 2.0$；

　　$K_{\rho1}$——导体的射频电阻系数，按表 3-48 选取；

　　$K_{\rho2}$——屏蔽的射频电阻系数，按表 3-48 选取；

　　K_S——绞线导体的电阻系数，$K_S = 1.25$；

　　K_3——编织对阻抗影响的系数，$K_3 \approx 0.98 \sim 0.99$。

表 3-48　常用金属材料的电阻率及系数 K_ρ

金属材料	密度/(g/cm³)	电导率百分比(%)	电阻率/(μΩ·cm)	$\dfrac{\rho}{\rho_0}$	系数 $K_\rho = \sqrt{\rho/\rho_0}$
银	10.50	104	1.66	0.97	0.98
铜(软)	8.89	100	1.7241	1.00	1.00

（续）

金属材料	密度/(g/cm³)	电导率百分比(%)	电阻率/(μΩ·cm)	$\dfrac{\rho}{\rho_0}$	系数 $K_\rho = \sqrt{\rho/\rho_0}$
铜（硬）	8.89	96	1.79	1.04	1.02
铬铜	8.89	84	2.05	1.19	1.09
镉铜	8.94	79	2.18	1.27	1.13
铝	2.70	61	2.83	1.64	1.28
铍铜（软）	8.23	50	3.45	2.00	1.41
锌	7.05	28	6.10	3.55	1.88
镍	8.89	18	9.59	5.56	2.36
锡	7.30	15	11.5	6.67	2.58
低碳钢	7.80	15	11.5	6.67	2.58
铅	11.40	8.3	20.8	12.10	3.48
不锈钢	7.90	2.5	69	40	6.33

注：ρ_0 为国际标准软铜的电阻率，$\rho_0 = 1.7241 \times 10^{-6}\,\Omega \cdot cm$。导电率百分比则代表该材料的导电率与国际标准软铜的导电率之比。

当导体采用镀银、镀锡铜线或铜包钢线等双金属结构型式时，在射频条件下，通常可将其视为仅由表面层材料构成的单金属导体进行分析。然而，若表面层极为薄弱，或工作频率过低，则表面层与内部金属层均会共同参与导电过程。在此类情况下，双金属导体的电阻不仅与表面层金属材料的性质及其厚度紧密相关，同时还受到内部金属材料以及实际工作频率的影响。

第4章 同轴通信电缆

4.1 同轴通信电缆的结构元件

对称通信电缆的一个回路是由两根结构、尺寸相同且对地对称的绝缘芯线所构成。同轴通信电缆的一个回路则是由金属圆管（称为外导体）内配置另一圆形导体（称为内导体），用绝缘介质使两者相互绝缘并保持轴心重合的线对。同轴通信电缆具有高带宽和极好的噪声抑制特性，其结构示意图如图4-1所示。

图 4-1 同轴通信电缆结构示意图

4.1.1 内导体

内导体是同轴通信电缆的主要导电元件，由于内导体位于外导体内部，其尺寸比外导体小得多，因此电缆的金属衰减主要由内导体的有效电阻引起。通常要求内导体有较好的电气性能，一定的机械强度以及柔软性。

1. 内导体结构型式

为了满足各种不同的使用要求，内导体有以下几种结构型式。

（1）实心内导体

实心内导体指理想的圆柱形导体，其电气性能好，结构简单，加工方便，成本低廉，但在力学性能方面，特别是尺寸较大时，柔软性变差，重量也大。

（2）绞合内导体

通过采用多根导线绞合的设计，电缆的柔软性得到了显著提升，这种设计能够有效地防止因金属疲劳而导致的断线问题，因此特别适用于需要承受振动以及反复弯曲的使用场景。然而，这种绞合结构也带来了一定的缺点，即增加了金属的衰减，并且提高了制造成本。

绞线常采用"1+6"和"1+6+12"的结构形式。为了避免形成六角形截面，对于超过两层的绞合导体，优选的做法是采用相邻层绞向相反的配置。

（3）管状内导体

在大功率、低衰减同轴通信缆中，由于内导体尺寸很大，为了节省金属材料、减轻重量，往往采用管状内导体来代替实心导体。

（4）皱纹管内导体

为了改善管状内导体的弯曲性能及其在导体横截面方向上的稳定性，一种有效的方法是在管状内导体的表面轧制出螺旋形或环形的皱纹。这一工艺过程通常包括以下几个步骤：首先，将金属带进行纵向包裹成型，以制成光滑的管状导体；接着，利用氩气保护焊接技术，将金属带的边缘精确焊接，从而形成无缝的管状导体；最后，通过轧纹设备将管状导体轧成皱纹管。由于皱纹的存在使电流流过的路径加长，导致有效电阻增大（一般增大约15%）。

（5）其他结构型式

根据电缆的不同使用需求，还可采用其他结构型式的内导体。在高压脉冲电缆中，可采用多根细铜线编织或螺旋缠绕在塑料芯子上制成柔软的内导体，但其高频电阻较大。在一些中频下使用的同轴电缆，为提高导体截面利用率，减少趋肤效应的影响，还可采用"里茨线"制成内导体。这种内导体一般由三根及以上的漆包线绞合成线束，然后再逐次把线束绞合成更大的线束，最后将一个或多个线束缠绕到塑料芯上而制成。在这种结构的内导体中，每一根漆包线的空间位置几乎是相同的，在中频电流通过内导体时，电流不是只分布在表面，而是分布在整个截面上，削弱了趋肤效应的影响，故其有效电阻及金属衰减大大下降，一般可下降35%。但"里茨线"只能用在几兆赫以下，在更高的频率下漆包线间的并联电容会使电流在线间流动，失去了均化电流分布的作用。

2. 内导体材料

为有效降低电缆的衰减，需确保内导体具有尽可能低的电阻，因此，通常选用高导电率金属作为内导体的制造材料。此外，为了增强电缆的耐高温性能和机械强度，可以考虑采用合金材料、带镀层材料以及双金属材料等多种选择。

（1）裸铜

铜作为内导体材料，因其导电率高、导热性好、机械强度及耐腐蚀性强、易于焊接和压接等优点，被广泛应用。然而，裸铜导体的使用通常限于100℃及以下的工作温度环境，且工作频率不超过3GHz。

（2）铜包钢

铜包钢材料由铜材包覆在钢芯上制成，结合了铜的优良电性能和钢的高强度（可达裸铜的3倍以上）及耐疲劳特性。这种材料在微小型同轴通信电缆中得到了广泛应用。

（3）铜包铝

铜包铝材料由铜材包覆在铝（或铝合金）芯而成，既保留了铜的优良电性能，又具备了铝的轻量性。因此，它常被用于尺寸较大的同轴通信电缆，如大尺寸电视电缆。

（4）铜合金

在微小型同轴通信电缆中，由于内导体尺寸很小，为了提高导体的机械强度，除了铜包钢线外，还经常使用高强度的铜合金材料。常用的高强度铜合金包括锡铜、镁铜、银铜、铬铜、锆铜、镉铜等，它们的机械强度比纯铜高（如锡铜的抗拉强度可达纯铜的3倍以上），而导电率下降不多（80%~90% IACS），因此是微小型同轴电缆的理想导体材料。

（5）带镀层金属

银有很好的导电能力（108% IACS）而且耐高温，采用银作镀层来制成镀银铜（绞）线、镀银铜包钢（绞）线，可降低电缆衰减，提高其工作频率及使用温度。广泛应用于

3GHz 以上的场合，连续工作温度可达 200℃。

镀锡铜线比裸铜具有更好的抗氧化能力和耐腐蚀性，且便于焊接，工作温度可达 150℃。由于锡的电导率低（15% IACS），通常用于 3GHz 以下以及衰减要求不高的使用场合。

镀镍铜线主要用于耐高温同轴通信电缆，工作温度可达 260℃。由于镍的电导率低（25% IACS），通常用于 1GHz 以下的使用场合。

（6）高电阻率金属

高电阻率金属，如镍、铬或者其合金，主要用于制造特殊场合使用的大衰减同轴电缆的内导体。

4.1.2　绝缘

绝缘是高频信号传输的介质，绝缘型式和材料的选择应确保电缆具备尽可能低的衰减、足够的机械强度以保持内、外导体处于同轴位置以及良好的耐温性能。

1. 绝缘型式

（1）实心绝缘

实心绝缘作为最普遍的绝缘型式，广泛应用于可能遭遇弯曲与振动的柔软或半柔软同轴通信电缆中。其显著优点包括耐电强度高、机械强度大、热阻小以及结构稳定，这些特性确保了电缆在复杂环境下的可靠性和耐用性。然而，实心绝缘也存在一些缺点，首先是使用的介质材料较多，其次是介电常数和介质损耗角正切值较大，在高频条件下会导致介质损耗较大。

（2）空气绝缘

空气绝缘型式在电缆内外导体间主要依赖空气作为绝缘介质，除了以特定间隔或螺旋式固定在内导体上的支撑物外，其余部分均为空气。这种设计使得电缆的等效介电常数及介质损耗角正切值都较小，从而在保持相同特性阻抗的条件下，允许内导体做得更大，进而降低了金属衰减。空气绝缘电缆以低衰减、大功率、宽频带等优点著称，但耐电压较低，且由于外导体通常采用管状结构，柔软性相对较差。空气绝缘有多种型式，包括垫片绝缘、螺旋绝缘和叠带螺旋绝缘，每种型式都有其独特的应用场景和优势。典型的空气绝缘型式如图 4-2 所示。

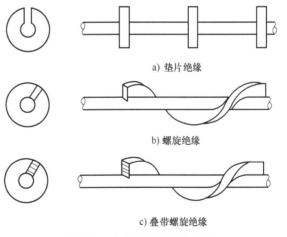

a) 垫片绝缘

b) 螺旋绝缘

c) 叠带螺旋绝缘

图 4-2　典型的空气绝缘型式

垫片绝缘：通过最少的介质材料牢固支撑内、外导体，使等效介电常数接近理想空气绝缘，从而使其等效介电常数接近于理想空气绝缘（ε_D 可降到 1.03），因此电缆具有最低的衰减。介质垫片可以制成多种形状，如图 4-3 所示。

螺旋绝缘：高频段较理想的一种绝缘型式，小尺寸电缆螺旋截面多为圆形，而大尺寸多

图 4-3　绝缘垫片的形状

为矩形、齿条形或工字型螺旋结构。螺旋绝缘与其他空气绝缘型式相比，不但能保证在电气上有较好的均匀性，而且在工艺上可以采用机械方法连续加工，有利于成批生产。

叠带螺旋绝缘：利用特殊加工的、厚度控制在 0.015～0.02mm 之间的柔软介质带，通过精密的加工工艺使这些介质带相互重叠，并以螺旋状紧密地绕包在内导体表面。这种独特的绝缘结构赋予了电缆多项显著优势：

首先，叠带螺旋绝缘能够有效地降低电缆的衰减。由于介质带之间的空气间隙以及螺旋形的绕包方式，减少了信号的传输损耗，从而确保了信号的高质量传输。

其次，电缆结构的均匀性得到了显著提升。叠带螺旋绝缘通过精确的加工和绕包技术，使得电缆在长度方向上具有一致的电气性能，这有助于减少信号传输过程中的畸变和干扰。

最后，叠带螺旋绝缘也存在一些不足之处。一方面，其加工流程相对复杂，需要高精度的设备和熟练的操作技术，这增加了生产成本和难度。另一方面，生产效率相对较低，由于需要逐层叠加和螺旋绕包，使得生产速度受到一定限制。

（3）半空气绝缘

半空气绝缘是介于空气和实心绝缘之间的结构型式，其绝缘层内空气介质占比略少于空气绝缘，且从内导体至外导体至少会通过一层固体介质。这种绝缘型式在衰减、耐电强度和柔软性方面均表现出介于空气绝缘和实心绝缘之间的特性。半空气绝缘电缆的衰减比空气绝缘大，但相较于实心绝缘有所改善；耐电强度优于空气绝缘，但不及实心绝缘；由于允许采用编织等柔软外导体，其柔软性比空气绝缘更好。常见的半空气绝缘型式如图 4-4 所示，其中实心皮-泡沫-实心皮绝缘、带材重叠绕包两种绝缘型式最为常见。

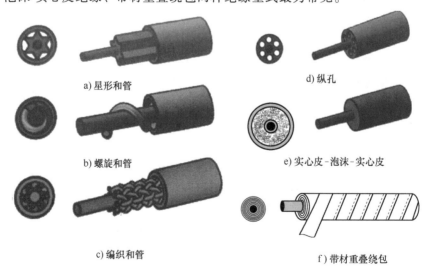

a) 星形和管　　　　　　　　　d) 纵孔

b) 螺旋和管　　　　　　　　　e) 实心皮-泡沫-实心皮

c) 编织和管　　　　　　　　　f) 带材重叠绕包

图 4-4　常见的半空气绝缘型式

2. 绝缘材料

同轴通信电缆通常工作在高频下，而在这一频段内，介质损耗在电缆整体衰减中所占比例随频率提升而显著增长。因此在选择绝缘材料时，首先要考虑其介电常数及介质损耗角正切值，其次要考虑其力学性能和耐环境性能。常用的材料如下：

（1）聚乙烯

电缆绝缘所采用的聚乙烯材料，依据密度差异，可细分为低密度、中密度及高密度三类，它们共同展现出较低的相对介电常数（典型值 2.28 ~ 2.32 @1MHz）与介质损耗角正切值（典型值 ≤ 0.0004 @1MHz），并具备优秀的耐电压强度（典型值 18 ~ 40kV/mm）、密度小（0.91 ~ 0.97g/cm³）、易于弯折、脆化温度低以及卓越的耐油、酸、碱和大多数有机溶剂。同时，其价格低廉，因此聚乙烯在同轴通信电缆领域获得了极为广泛的应用。然而，该材料亦存在易燃及在紫外线照射下易分解之不足。

常规聚乙烯的长期最高工作温度限定为 85℃。若通过化学处理或电子辐照技术诱导聚乙烯线性分子间发生交联反应，则其长期最高工作温度可提升至 120℃。

聚乙烯材料广泛应用于实心绝缘、空气绝缘及半空气绝缘结构中的纵孔，实心皮-泡沫-实心皮绝缘形式。当前，采用高、低密度聚乙烯混合料进行物理发泡时，发泡度最高可达 80%。

（2）聚丙烯

聚丙烯是丙烯通过加聚反应而成的无色半透明聚合物。具有较低的相对介电常数（典型值为 2.2 ~ 2.4 @1MHz）和介质损耗角正切值（典型值 ≤ 0.0002 @1MHz），优秀的耐电压强度（典型值 30kV/mm）、密度小（0.89 ~ 0.91g/cm³），在 80℃ 以下能耐酸、碱、盐液及多种有机溶剂的腐蚀，具有高强度的力学性能和良好的耐磨性能。其加工性能不如聚乙烯优秀，经过改性后可长期工作在 -40 ~ 125℃。近几年来，改性聚丙烯在车载同轴缆中得到广泛应用。

聚丙烯常用于实心绝缘和半空气绝缘中的实心皮-泡沫-实心皮绝缘型式。

（3）氟塑料

氟塑料是对分子链中含有氟原子塑料的统称，一般是部分或全部氢被氟取代的链烷烃聚合物。目前，可用于同轴通信电缆绝缘的氟塑料主要有：聚四氟乙烯（PTFE）、聚全氟乙丙烯（FEP）和可溶性四氟乙烯（PFA）。

聚四氟乙烯简称 PTFE 或 F4，俗称"塑料王"，密度为 2.14 ~ 2.30g/cm³，熔点 327℃，相对介电常数和介质损耗角正切值分别在 2.04 和 0.0002 左右，且在较宽的频率范围内几乎与频率无关。其长期工作温度可达 250℃。因此，F4 是目前比较理想的高频电缆介质材料。

聚四氟乙烯主要用于高品质同轴通信电缆（如稳相同轴电缆）的绝缘。通常以推挤-烧结方式来实现实心绝缘。由于聚四氟乙烯本身难于发泡，为了制得聚四氟乙烯半空气绝缘电缆，可采用打孔的聚四氟乙烯带重叠绕包方式或通过推挤-拉伸-烧结新工艺来形成带微孔的半空气绝缘。此外，聚四氟乙烯也用于空气绝缘中的垫片绝缘、螺旋绝缘等型式。

聚全氟乙丙烯是四氟乙烯与六氟丙烯的共聚物，简称 FEP 或 F46。密度 2.15g/cm³，熔点 265 ~ 278℃，相对介电常数和介质损耗角正切值分别在 2.1 和 0.0007 左右，且在较宽的频率范围内几乎与频率无关，其长期工作温度可达 200℃。

聚全氟乙丙烯突出优点是具有较好的成型加工性能且可发泡，可以用热塑性塑料通用的成型加工方法如模压、挤出、注射等进行加工，适用于同轴缆的三种绝缘型式。

可溶性聚四氟乙烯是四氟乙烯-全氟烷氧基乙烯基醚共聚物，简称 PFA，密度 2.14 ~ 2.15g/cm³，熔点 305~310℃，相对介电常数和介质损耗角正切值分别在 2.1 和 0.0003 左右，且在较宽的频率范围内几乎与频率无关，其长期工作温度可达 250℃。

可溶性聚四氟乙烯兼有聚四氟乙烯与聚全氟乙丙烯的优点，它既有聚四氟乙烯优异的电气性能、耐化学腐蚀性和耐高温性能，又可像聚全氟乙丙烯一样用一般热塑性塑料加工方法成型加工，且比聚全氟乙丙烯更为方便。

需要提及的是，聚全氟乙丙烯和可溶性聚四氟乙烯具备良好电气性能和耐高温性能，在以挤出方式加工时其拉伸比可达 80 以上，非常适合微细电缆（如极细同轴缆）的绝缘。

（4）聚苯乙烯

聚苯乙烯无色透明，密度 1.04~1.10g/cm³，具有良好的电性能，体积电阻率和表面电阻率分别高达 10^{16} ~ 10^{18} Ω·cm 和 10^{15} ~ 10^{18} Ω。相对介电常数 2.45~2.6，介质损耗角正切值（典型值 0.0005）极低且不受频率、环境温度与湿度变化的影响，是仅次于聚四氟乙烯和聚苯醚的优异绝缘材料。

聚苯乙烯主要用于空气绝缘（如叠带螺旋绝缘）和半空气绝缘（如实心皮-泡沫-实心皮）绝缘型式。其发泡度较高时仍具有较高的机械强度。泡沫聚苯乙烯的等效相对介电常数可低至 1.20，大大降低了电缆的衰减。

（5）其他耐高温材料

在一些需耐高温的特殊场合，可能用到无机材料，如氧化镁粉、二氧化硅分别可承受 400℃、825℃ 的高温。

4.1.3 外导体

外导体和内导体一样也是起导电作用的结构元件。由于外导体尺寸比内导体大得多，故对外导体材料的电导率要求不如内导体那般严苛。其次，外导体还起着屏蔽作用。外导体的力学性能以及密封性能对电缆成品的质量有很大影响。常见的外导体结构如图 4-5 所示。

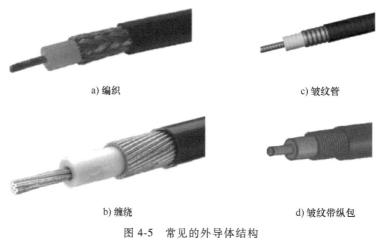

a) 编织   c) 皱纹管

b) 缠绕   d) 皱纹带纵包

图 4-5 常见的外导体结构

（1）编织外导体

编织外导体由多根细圆形截面导线相互交替地编织而成，其柔软性很好，可广泛用于各种柔软电缆。有时也用扁线或椭圆形截面的导线来编织，可使编织更加紧密并节省材料、降低电阻损耗，提高了屏蔽性能，其缺点是柔软性较差。

为了进一步提高电气性能，还可以采用二层或多层编织的外导体结构。必要时在编织层间增加绝缘层或金属箔层分隔，可以进一步改善屏蔽性能。由于编织屏蔽在高频时其屏蔽性能较差，对于性能要求较高的电缆，可采用金属复合箔（多为铝塑复合箔或铜塑复合箔，放在内层）与编织组合的结构。

编织用的导线材质可为裸铜、镀锡铜、镀银铜、铝镁合金等。在多层编织结构中，在非最内层编织时也可采用铁丝或铜包钢丝，以增强外导体的屏蔽性能。

对于单层编织外导体来讲，编织密度宜大于 90%，多层编织或金属箔+编织时，其编织密度宜大于 85%。编织密度按式（4-1）计算。

$$N = (2n_1 - n_1^2) \times 100\% \tag{4-1}$$

$$n_1 = \frac{\alpha nd}{h\cos\varphi} \tag{4-2}$$

$$\tan\varphi = \frac{h}{\pi(D+\delta)} \tag{4-3}$$

式中　N——编织覆盖率；

　　　α——一个方向的编织股数（即编织机锭数的一半）；

　　　n——并股的根数；

　　　d——编织单线线径或扁线的宽度（mm）；

　　　h——编织节距（mm）；

　　　D——电缆的绝缘外径（mm）；

　　　δ——编织层的径向厚度（mm）；

　　　φ——编织角，一般多取 $45° \sim 50°$。

（2）管状外导体

铜管或铝管作为外导体展现出显著的优势，它们不仅具有低的有效电阻和良好的屏蔽性能，而且还具备良好的机械强度和优异的密封防潮性。然而，这类结构的柔软性相对较差，无法承受频繁的弯曲，因此在敷设和使用过程中可能带来不便。鉴于此，铜管或铝管外导体通常被应用于对电气性能要求较高的空气绝缘或半空气绝缘电缆中。

（3）皱纹管外导体

皱纹管外导体是在上述管状外导体上轧出螺旋或环形皱纹，以改善电缆的弯曲性能并增加横向抗压强度。

（4）皱纹带纵包外导体

皱纹带纵包外导体是由金属带经过轧纹处理后纵向包裹而成，其边缘采用相互重叠而非焊接的方式连接。由于这种结构不具备密封性，因此在防潮性、机械强度和弯曲性能方面逊色于皱纹管外导体。然而，与编织外导体相比较，皱纹带纵包外导体在加工便捷性、低有效电阻以及优良的屏蔽性能上仍具有显著优势，使其适用于各种类型的实心或半空气绝缘同轴通信电缆。

（5）缠绕外导体

缠绕外导体是通过将多根扁线或圆形截面导线紧密地螺旋缠绕在绝缘芯线上制成的。为了增强其紧固性和导电性，还会在其上重叠绕包一层铜塑或铝塑复合箔。扁线有矩形截面和Z字形截面两种，其中Z字形截面能够确保制成更紧密的表面和良好的接触，从而有利于改善电气性能。尽管这种外导体的电性能略逊于管状外导体，但相较于编织结构，它具备更好的柔软性和加工便利性，尤其适于作绝缘外径在 0.5mm 及以下的同轴电缆外导体。缠绕丝材质可选用裸铜、镀锡铜、镀银铜、镀锡铜合金、镀银铜合金等。

（6）电镀外导体

在绝缘芯线表面先通过化学方法镀上一层薄银，然后再电镀一层铜而制成。这种外导体具有低损耗、高屏蔽、耐电晕、低噪声以及重量轻等优点。缺点是制造工艺相对复杂，加工成本也较高。

（7）镀银铜箔小节距绕包及镀银铜线编织外导体

这种外导体结合了镀银铜箔小节距绕包和镀银铜线编织的特点，具备损耗小、驻波比低、相位稳定以及屏蔽性能好的优势。它主要应用于柔软型稳相电缆中。

（8）编织浸锡外导体

通过浸锡工艺将编织线间隙充填锡并黏结成一体，其屏蔽性能大为改善，具有优良的无源交调性能。

4.1.4　护套

电缆护套的主要功能是保护电缆免受机械损伤，同时防潮、防腐蚀，并有效抵御热、光等外界环境因素的侵害。护套材料的选择严格依据电缆使用环境的特定要求。理想的护套材料应具备坚固、稳定、柔软且不透潮气的特性，同时需具备抗污染、耐化学腐蚀、抗辐射、耐热、防霉菌及阻燃等多重性能。

同轴通信电缆常用的护套材料包括聚氯乙烯、聚乙烯、聚氨酯以及多种氟塑料护套（例如聚四氟乙烯、聚全氟乙丙烯、可溶性四氟乙烯等）和橡胶护套（如硅橡胶、氯丁橡胶），此外还有尼龙护套和玻璃丝编织护套。其中，聚氯乙烯和聚乙烯护套应用广泛，而后几种护套则主要针对需要耐高温、防潮及对有害环境提供特殊防护的场合。

4.1.5　铠装

根据使用需要，有时还在护套外加铠装层，以提供高的机械强度或其他特殊保护，如钢丝缠绕铠装、钢带绕包铠装等。

4.2　常见的同轴通信电缆类型

4.2.1　无线通信基站用同轴电缆

1. 无线通信基站用同轴电缆常见型号规格

无线通信基站用同轴电缆主要用于无线通信设备至天线以及射频电子设备之间的相互连接，其标称特性阻抗为 50Ω，按外导体材质与结构不同分为皱纹铜管和皱纹铝管两大类，其工作频率范围分别为 100 ～ 5800MHz、150 ～ 2500MHz。常见型号规格分别见表 4-1 和表 4-2。电缆结构如图 4-6 所示。

表 4-1 常见无线基站用同轴电缆型号规格（皱纹铜管外导体）[7]

电缆型号	HCAHY-50-5	HCAAY-50-6	HCAHY-50-7	HCAAY-50-8	HCAHY-50-9	HCAAY-50-12
电缆俗称	1/4″超柔	1/4″馈线	3/8″超柔	3/8″馈线	1/2″超柔	1/2″馈线
内导体						
内导体材质	铜包铝线	铜包铝线	铜包铝线	铜包铝线	铜包铝线	铜包铝线
标称外径	1.90	2.60	2.60	3.10	3.55	4.80
绝缘						
绝缘型式	实心皮-泡沫-实心皮聚烯烃绝缘					
标称外径	5mm	6mm	7mm	8mm	9mm	12mm
外导体	螺旋皱纹铜管	环形皱纹铜管	螺旋皱纹铜管	环形皱纹铜管	螺旋皱纹铜管	环形皱纹铜管
护套	聚乙烯护套					
	采用低烟无卤阻燃聚烯烃护套代替聚乙烯护套时在"Y"后增加"Z"表示，如用 HCAAYZ-50-12 表示 1/2″阻燃馈线					
电缆型号	HCTAY-50-17	HHTAY-50-21	HCTAY-50-22	HCTAY-50-23	HCTAY-50-32	HHTAY-50-42
电缆俗称	5/8″馈线	7/8″超柔	7/8″馈线	7/8″低损馈线	11/4″馈线	15/8″馈线
内导体						
内导体材质	光滑铜管	螺旋皱纹铜管	光滑铜管	光滑铜管	光滑铜管	螺旋皱纹铜管
标称外径	7.00	9.40	9.00	9.45	13.10	17.30
绝缘						
型式	实心皮-泡沫-实心皮聚烯烃绝缘					
标称外径	17mm	21mm	22mm	23mm	32mm	42mm
外导体	环形皱纹铜管	环形皱纹铜管	环形皱纹铜管	环形皱纹铜管	环形皱纹铜管	环形皱纹铜管
护套	聚乙烯护套					
	采用低烟无卤阻燃聚烯烃护套代替聚乙烯护套时在"Y"后增加"Z"表示，如用 HCAAYZ-50-12 表示 1/2″阻燃馈线					

表 4-2 常见无线基站用同轴电缆型号规格（皱纹铝管外导体）[11]

电缆型号	HCATALY-50-12	HCATALY-50-22	HCATALY-50-23	HCATALY-50-32
内导体				
内导体材质	铜包铝管	铜包铝管	铜包铝管	铜包铝管
标称外径	4.80mm	9.00mm	9.45mm	13.10mm
绝缘				
绝缘型式	实心皮-泡沫-实心皮聚烯烃绝缘			
标称外径	12mm	22mm	23mm	32mm
外导体	环形皱纹铝管			
护套	聚乙烯护套			
	当采用低烟无卤阻燃聚烯烃护套代替聚乙烯护套时,则在"Y"后增加"Z"表示			

2. 无线通信基站用同轴电缆的结构

内导体分为 4 种类型：铜包铝线、光滑铜管、光滑铜包铝管和螺旋形皱纹铜管。其中铜包铝线主要适用于绝缘外径在 12mm 及以下的同轴电缆；绝缘外径介于 12mm 与 32mm 之间的电缆多用光滑铜管或光滑铜包铝管；绝缘外径在 32mm 以上或绝缘外径在 21mm 以上且要求柔软场合，则宜先用螺旋形皱纹铜管。

绝缘结构可为实心皮-泡沫、实心皮-泡沫-实心皮结构型式，实用中多选后者。绝缘材料为聚乙烯，其中泡沫层多选用低密度与高密度混合料发泡。

外导体由环形或螺旋形皱纹铜管或铝管构成。

图 4-6 无线通信基站用同轴电缆

护套则选用线性低密度聚乙烯（LLDPE）、中密度聚乙烯（MDPE）或高密度聚乙烯（HDPE）或低烟无卤阻燃聚烯烃料挤包而成。

3. 无线通信基站用同轴电缆的主要电性能

表 4-1 中的无线通信基站用同轴电缆的主要电性能分别见表 4-3、表 4-4。

表 4-3 无线通信基站用同轴电缆主要电性能（皱纹铜管外导体）[7]

序号	要求	单位	频率/MHz	规格代号				
				5	6	7	8	9
1	内导体最大直流电阻（20℃）	Ω/km	—	10.45	5.52	5.52	4.19	2.97
2	外导体最大直流电阻（20℃）	Ω/km	—	7.02	4.63	4.97	3.75	3.70
3	绝缘介电强度（DC,1min）	V	—	2000	2000	2500	2500	2500
4	最小绝缘电阻	MΩ·km	—	5000				10000
5	护套火花试验（AC,有效值）	V	—	3000	3000	3000	5000	5000
6	电容	pF/m	—	80	77	82	76	83
7	相对传输速度	%	30~200	83	86	82	88	81
8	平均特性阻抗	Ω	—	50±2				
9	最大衰减常数（20℃）	dB/100m	150	8.07	5.50	5.40	4.58	4.35
			450	14.22	9.88	9.70	8.16	7.83
			800	19.22	13.55	13.29	11.13	10.74
			900	20.45	14.47	14.19	11.86	11.47
			1800	29.60	21.45	21.03	17.41	17.02
			2000	31.33	22.80	22.35	18.48	18.10
			2200	32.99	24.10	23.63	19.51	19.14
			2400	34.59	25.37	24.86	20.50	20.15
			2500	35.37	25.99	25.47	20.98	20.64
			2700	36.89	27.20	26.65	21.93	21.60
			3000	39.08	28.95	28.37	23.30	23.01
			5800	56.42	43.31	42.40	34.37	34.25

（续）

序号	要求		单位	频率/MHz	规格代号				
					5	6	7	8	9
10	最大电压驻波比	工作频段	—	320~480	1.20	1.20	1.20	1.20	1.20
				820~960					
				1700~1880					
				1880~2180	1.25	1.25	1.25	1.20	1.20
				2300~2500					
				2500~2700	1.25	1.25	1.25	1.20	1.20
				5700~5900	1.30	1.30	1.30	1.30	1.30

序号	要求		单位	频率/MHz	规格代号						
					12	17	21	22	23	32	42
1	内导体最大直流电阻(20℃)		Ω/km	—	1.62	2.48	3.44	1.50	1.42	0.97	1.50
2	外导体最大直流电阻(20℃)		Ω/km	—	2.42	1.70	1.34	1.34	1.32	0.66	0.52
3	绝缘介电强度(DC,1min)		V	—	6000	6000	6000	10000	10000	10000	15000
4	最小绝缘电阻		MΩ·km	—	10000						
5	护套火花试验(AC,有效值)		V	—	8000	8000	8000	8000	8000	10000	10000
6	电容		pF/m	—	76						
7	相对传输速度		%	30~200	88						
8	平均特性阻抗		Ω	—	50±2						
9	最大衰减常数(20℃)		dB/100m	150	3.00	2.02	1.69	1.54	1.45	1.23	1.01
				450	5.32	3.64	3.03	2.77	2.60	2.23	1.86
				800	7.22	4.99	4.14	3.83	3.57	3.08	2.60
				900	7.70	5.33	4.42	4.08	3.81	3.29	2.78
				1800	11.23	7.92	6.51	6.08	5.65	4.93	4.22
				2000	11.90	8.42	6.92	6.47	6.00	5.25	4.51
				2200	12.55	8.91	7.31	6.85	6.34	5.56	4.79
				2400	13.17	9.37	7.69	7.20	6.67	5.86	5.06
				2500	13.48	9.60	7.87	7.39	6.84	6.01	5.19
				2700	14.07	10.05	8.23	7.74	7.15	6.30	—
				3000	14.93	10.71	8.76	8.24	7.61	6.72	—
				5800	21.82	16.06	—	—	—	—	—
10	最大电压驻波比	工作频段	—	320~480	1.20	1.20	1.20	1.15	1.20	1.20	1.20
				820~960							
				1700~1880							
				1880~2180	1.20	1.20	1.20	1.20	1.20	1.20	1.20
				2300~2500							
				2500~2700	1.20	1.20	1.20	1.20	1.20	1.20	—
				5700~5900	1.30	1.30	—	—	—	—	—

注：电缆应在合同规定的 2 个"工作频段"内符合相对应的要求。用户有两个以上"工作频段"要求时，应在合同中进行规定。相对传输速度、电容为标称值，作为电缆的工程使用教据，测试但不考核。

表 4-4　无线通信基站用同轴电缆主要电性能（皱纹铝管外导体）[11]

序号	要求	单位	频率/MHz	规格代号（HCATALY-50 型）			
				12	22	23	32
1	内导体最大直流电阻（20℃）	Ω/km	—	4.17	1.80	1.71	1.11
2	外导体最大直流电阻（20℃）	Ω/km	—	3.45	1.66	1.62	1.07
3	绝缘介电强度（DC 1min）	V	—	6000	10000		
4	最小绝缘电阻	MΩ·km	—	5000			
5	护套火花试验（AC，有效值）	V	—	8000			10000
6	电容	pF/m	—	76			
7	相对传输速度	%	30~200	88			
8	平均特性阻抗	Ω	150~2500	50±2			
9	最大衰减常数（20℃）	dB/100m	150	3.24	1.69	1.57	1.33
			280	4.48	2.37	2.18	1.86
			450	5.75	3.05	2.81	2.41
			800	7.80	4.21	3.86	3.33
			900	8.32	4.49	4.11	3.55
			1500	10.97	6.02	5.49	4.77
			1800	12.13	6.69	6.10	5.32
			2000	12.85	7.12	6.48	5.67
			2400	14.22	7.92	7.20	6.33
			2500	14.56	8.13	7.40	6.49
10	工作频段内的最大电压驻波比	—	260~300	1.20	1.15	1.20	1.20
			320~480	1.20	1.15	1.20	1.20
			820~960	1.20	1.15	1.20	1.20
			1400~1650	1.20	1.15	1.20	1.20
			1700~1900	1.20	1.15	1.20	1.20
			1860~2100	1.20	1.15	1.20	1.20
			2100~2250	1.20	1.20	1.20	1.20
			2300~2500	1.20	1.20	1.20	1.20

注：1. 电缆应在合同规定的 1 个或 2 个"工作频段"内符合相对应的要求。
　　2. 顾客对特定工作频段下的电气性能有特殊要求时，应在合同中进行规定。
　　3. 相对传输速度、电容为标称值，作为电缆的工程应用数据，测试但不考核。

4.2.2　漏泄同轴电缆

漏泄同轴电缆，作为同轴电缆的一种特殊形式，其独特之处在于外导体表面设计有一系列微小孔隙，这些孔隙赋予了它辐射和接收电磁波的能力。具体而言，该电缆通过内、外导体有效导引电磁波，实现信号的传输与接收，而有规律分布的孔隙则承担起辐射和接收无线信号的任务，进而实现广泛的无线通信覆盖。

在无线通信领域，漏泄同轴电缆的应用尤为广泛，尤其在需要覆盖大面积区域的情况下，如地铁隧道、地下停车场、航空飞机场及矿山井下等场所。它不仅具备信号传输的功能，还兼具天线的作用，能有效覆盖电磁场盲区，确保移动通信的顺畅进行。

漏泄同轴电缆结构如图 4-7 所示。图 4-8 为一发射站位于隧道口的典型图例。

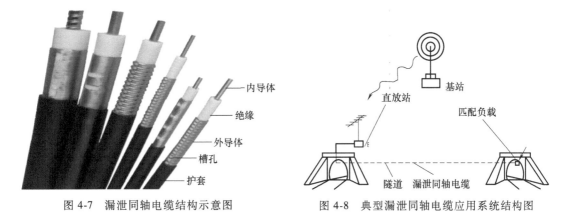

图 4-7　漏泄同轴电缆结构示意图　　　　图 4-8　典型漏泄同轴电缆应用系统结构图

漏泄同轴电缆中传输的电磁波通过外导体上的槽孔向外辐射。电缆的传输与辐射特性不仅受其自身结构尺寸和使用频率的影响，还取决于外导体槽孔的形状及间隔。

根据辐射特性，漏泄同轴电缆主要分为耦合型和辐射型两种。

耦合型电缆（CMC）的外导体槽孔间距远小于工作波长。电缆内部的电磁场通过小孔衍射，激发外导体外部的电磁场，使电流沿外导体外表面传输，从而产生电磁辐射。电磁能量以同心圆方式在电缆周围扩散，或按相反方向进行耦合。其典型结构包括皱纹铣孔、稀编织、纵包长槽、栅形束绞和间隙绕包等，适用于宽频谱传输。由于泄漏的电磁能量无方向性，并随距离增加而迅速衰减，因此耦合型电缆特别适用于室内分布系统。

辐射型电缆（RMC）的外导体上开有与波长（或半波长）相当的周期性槽孔，槽孔结构使得信号在槽孔处产生同相位叠加，主要以辐射模式发射或接收信号。其典型结构有"八"字槽、"1"字槽、"U"形槽、"L"形槽和"V"形槽等。这类电缆的使用频带相对较窄，泄漏的电磁能量具有方向性，通过相位叠加在辐射方向上能量得到增强，不会随距离增加而迅速减少，因此适用于隧道、铁路等闭域或半闭域系统，以增加信号覆盖。

漏泄同轴电缆主要有三个电气性能指标：使用频带、纵向衰减和耦合损耗。使用频带是指漏泄同轴电缆在满足"仅有单模辐射，其他高次模处于非辐射状态"时的频率范围。通常，根据使用环境的不同，对漏泄同轴电缆使用频带的要求也会有所不同。使用频带与电缆外导体上槽孔的排列方式密切相关，而与槽孔的大小和形状关系不大。

纵向衰减指的是信号在漏泄同轴电缆传输过程中经历的损耗，具体由三部分组成：导体衰减 α_c、介质损耗 α_d 以及因电缆在传输电磁波能量时不断向外辐射而产生的辐射损耗 α_r，这一关系由式（4-4）表达。

$$\alpha = \alpha_c + \alpha_d + \alpha_r \tag{4-4}$$

其中，导体衰减 α_c 与工作频率的二次方根成正比，这主要是由于导体的"趋肤效应"损耗所致。随着工作频率的增加，趋肤效应增强，导致有效导电截面积减小，从而加大了衰减。介质损耗 α_d 则与介质损耗角正切值及工作频率成正比。至于辐射损耗 α_r，它主要取决于槽孔结构（包括大小和倾斜角度），同时也受到传输频率及电缆周边环境的影响。

此外，在评估漏泄同轴电缆性能时还会用到耦合损耗这个指标，它是描述漏泄同轴电缆与外界环境之间电磁波能量耦合强度的特性参数，定义为在特定距离下电缆的发射功率与标准测试天线接收功率之比，即式（4-5）。

$$L_c = 10\lg \frac{P_t}{P_r} \tag{4-5}$$

式中　L_c——耦合损耗（dB）；

　　　　P_t——漏泄同轴电缆的发射功率（W）；

　　　　P_r——标准测试天线的接收功率（W）。

在实际测量过程中，标准天线常选用半波偶极子天线，亦称半波对称振子天线。该天线由两根几何尺寸完全一致的导体构成，每根导体长度为测试波长的1/4，且空间布局对称。天线中心点的高度与电缆悬挂高度保持一致，而与电缆的水平距离设定为2m。此外，为确保测量准确性，除电缆和天线本身外，以电缆轴线和天线中心点为中心，直径至少2m的圆柱范围内应避免存在任何金属物体。

耦合损耗通常沿漏缆变化，因此，整根漏缆的耦合损耗常以概率方法定义。具体而言，耦合损耗通过局部耦合损耗$L_c 50\%$和$L_c 95\%$来表征：$L_c 50\%$意味着50%的局部耦合损耗测量值低于此数值，而$L_c 95\%$则表示95%的局部耦合损耗测量值低于此值。通常，采用$L_c 95\%$耦合损耗作为评估电缆耦合性能优劣的标准。

耦合损耗受多种因素影响，包括槽孔的排列方式、大小、形状以及外界环境对信号的干扰或反射。一般而言，槽孔长度和倾斜角度的增加、槽孔间距的减小，会导致辐射能量增强，进而使耦合损耗降低。值得注意的是，耦合损耗的减小意味着辐射衰减和电缆纵向衰减的增大。

在狭长系统，如隧道或地铁中，由于这些结构本身有助于提升漏泄同轴电缆的耦合性能，因此降低电缆的纵向衰减，以确保信号在电缆中传输更远的距离显得尤为重要。在此类场景中，电缆的耦合损耗通常设计为75~85dB。相比之下，在建筑楼宇内应用的漏泄同轴电缆，由于单向长度通常在50~100m之间，纵向衰减的重要性相对较低。为了让电缆能尽可能多地发射信号并穿透周围区域，其耦合损耗通常设计为55~65dB。

不同结构和用途的漏泄同轴电缆，在使用频带、纵向衰减和耦合损耗等方面的要求各不相同。表4-5列出了适用于物理发泡聚烯烃绝缘皱纹铜管外导体并连续铣孔的耦合型移动通信用漏泄同轴电缆的结构尺寸，其使用频带为100~3550MHz[8]。表4-6列出了适用于物理发泡聚烯烃绝缘纵包铜带外导体辐射型移动通信用漏泄同轴电缆的结构尺寸，其使用频带为70~2620MHz[12]。表4-7~表4-10分别列出了上述两类电缆的电气性能参数。

表 4-5　耦合型移动通信用漏泄同轴电缆的结构尺寸[8]

规格代号	42	32	23	22	17	12
内导体标称直径/mm	17.30	13.10	9.45	9.00	7.00	4.80
内导体结构与材质	螺旋形皱纹铜管	光滑铜管				铜包铝
绝缘标称外径/mm	42	32	23	22	17	12
绝缘型式	物理发泡聚烯烃					
外导体波峰外径/mm	46.50±0.40	35.80±0.30	25.40±0.30	24.90±0.30	19.70±0.30	13.90±0.25
环型皱纹节距/mm	10.20	8.60	7.20	7.00	6.00	5.10
轧纹前管壁最小厚度/mm	0.31	0.30	0.21	0.21	0.21	0.21
护套	黑色线性低密度、中密度或高密度聚乙烯或低烟无卤阻燃聚烯烃					

表 4-6　辐射型移动通信用漏泄同轴电缆的结构尺寸[12]

规格代号	42	32	22
内导体标称外径/mm	17.30	13.10	9.00
内导体结构与材质	螺旋形皱纹铜管	光滑铜管	
绝缘标称外径/mm	43	33	22
绝缘型式	物理发泡聚烯烃		
外导体结构	外导体铜带上开有节距与使用频率波长相当的周期性排列的槽孔,纵包搭接成型,根据需要铜带可辊点状纹、横纹等		
护套	黑色线性低密度、中密度或高密度聚乙烯或低烟无卤阻燃聚烯烃		

表 4-7　耦合型漏泄同轴电缆电气性能[8]

序号	项目		单位	频率/MHz	规格代号					
					42	32	23	22	17	12
1	内导体直流电阻(20℃,max)	铜包铝线	Ω/km	—	—	—	—	—	—	1.62
		光滑铜管		—	—	0.97	1.42	1.50	2.48	—
		螺旋皱纹铜管		—	1.50	—	—	—	—	—
2	绝缘介电强度(DC,1min)		V	—	—	15000	10000	10000	10000	6000	6000
3	绝缘电阻(min)		MΩ·km	—	10000					
4	护套火花试验(AC,有效值)		V	—	10000	10000	8000	8000	8000	8000
	护套火花试验(DC)		V	—	15000	15000	12000	12000	12000	12000
5	电容		pF/m	—	75					
6	平均特性阻抗		Ω	—	50±2					
7	纵向衰减(20℃,max)		dB/100m	150	1.1	1.4	1.7	1.8	2.4	3.3
				450	2.0	2.5	3.1	3.3	4.3	6.0
				700	2.6	3.1	4.0	4.2	5.5	7.7
				800	2.9	3.4	4.4	4.6	6.0	8.3
				900	3.1	3.7	4.7	4.9	6.4	8.8
				960	3.2	3.8	4.9	5.1	6.6	9.2
				1700	4.5	5.4	6.9	7.2	9.3	12.7
				1800	4.6	5.6	7.1	7.5	9.6	13.1
				1900	4.8	5.8	7.4	7.7	10.0	13.6
				2000	5.0	6.0	7.6	8.0	10.2	14.0
				2200	5.3	6.4	8.1	8.5	10.9	14.9
				2400	5.6	6.8	8.6	9.0	11.4	15.7
				2600	—	7.2	9.0	9.4	12.0	16.4
				3000	—	—	9.9	10.3	13.2	17.9
				3500	—	—	10.9	11.4	14.5	19.7
8	耦合损耗(50%/95%)(2m)		dB ±10dB	150	72/84	70/80	66/75	68/78	70/80	62/78
				450	79/88	77/87	72/80	74/86	74/83	70/80

（续）

序号	项目	单位	频率/MHz	规格代号					
				42	32	23	22	17	12
8	耦合损耗（50%/95%）（2m）	dB ±10dB	700	79/89	77/87	73/81	74/86	74/84	70/80
			800	80/89	78/88	73/83	75/86	74/84	70/80
			900	78/88	77/89	72/82	74/85	72/83	71/82
			960	78/88	80/89	72/83	75/86	71/82	70/81
			1700	79/89	80/89	71/81	73/83	70/80	70/81
			1800	79/89	77/88	70/81	75/85	68/79	77/88
			1900	79/89	77/88	70/80	72/83	69/80	71/82
			2000	78/89	78/88	71/81	72/83	71/81	73/84
			2200	79/89	77/88	70/81	73/83	73/82	76/85
			2400	81/88	78/88	69/80	74/84	73/82	77/87
			2600	—	79/89	70/80	71/82	73/83	71/82
			3000	—	—	70/81	73/82	73/82	78/88
			3500	—	—	71/82	74/83	74/84	75/85
9	电压驻波比（max）	—	260~480	1.25					
			690~810						
			820~960						
			1700~1860						
			1900~2050	1.39					
			2100~2200						
			2300~2500						
			2500~2700						
			3400~3550	—	1.35				
10	相对传输速度	%	30~200	88					

注：1. 电容、相对传输速度和 50% 的耦合损耗仅作为电缆的工程使用数据，进行测试但不作为考核项目。
2. 用户对电气性能有特殊要求时，应在合同中进行规定。
3. 电压驻波比应在本表规定的任意 2 个频段内符合相应要求。

表 4-8 辐射型漏泄同轴电缆电气性能[12]

序号	项目		单位	频率/MHz	指标要求		
					42	32	22
1	最大内导体直流电阻（20℃）	光滑铜管	Ω/km	—	—	1.00	1.50
		螺旋形皱纹铜管		—	1.50	—	—
2	最大内导体直流电阻（20℃）		Ω/km	—	1.60	3.00	3.50
3	平均特性阻抗		Ω	—	50±2		
4	电压驻波比（max），"M"频段		—	100~200	1.30		
				320~480			
				680~700			
				790~960			

（续）

序号	项目	单位	频率/MHz	指标要求		
				42	32	22
4	电压驻波比(max),"H"频段	—	790～960	1.30		
			1700～1900			
			1920～2025	1.40		
			2110～2200			
			2300～2500			
			2560～2620			
5	最小绝缘电阻	MΩ·km	—	5000		
6	绝缘耐压(DC,1min)	V	—	15000	10000	10000
7	护套火花试验(AC,有效值)	V	—	10000	10000	8000
8	相对传输速率	%	30～200	88		
9	电容	pF/m		76		

注：电缆应在供需双方约定的"工作频段"内符合相应的要求。用户对特定工作频段下的电气性能有特殊要求时，可另行约定。电容和相对传输速率为标称值，作为电缆工程使用数据进行测试但不作为考核项目。

表 4-9　辐射型漏泄同轴电缆"M"段电气性能[12]

频率/MHz	42			32			22		
	纵向衰减 (20℃)	耦合损耗 α_{c50}	耦合损耗 α_{c95}	纵向衰减 (20℃)	耦合损耗 α_{c50}	耦合损耗 α_{c95}	纵向衰减 (20℃)	耦合损耗 α_{c50}	耦合损耗 α_{c95}
	dB/100m (max)	dB (max)	dB (max)	dB/100m (max)	dB (max)	dB (max)	dB/100m (max)	dB (max)	dB (max)
75	0.6	72	80	0.7	61	69	1.4	69	75
150	1.0	76	82	1.1	70	79	1.7	69	78
350	1.6	72	80	1.8	74	82	3.0	63	72
450	1.8	73	80	2.1	71	78	3.3	65	74
700	2.1	69	74	2.7	72	80	4.1	68	74
800	2.7	68	76	3.0	64	68	4.7	67	75
900	2.9	70	77	3.3	64	69	5.2	67	75
960	3.0	65	71	3.4	72	80	5.3	66	73

注：耦合损耗值 α_{c50} 只作统计，但不考核。

表 4-10　辐射型漏泄同轴电缆"H"段电气性能[12]

频率/MHz	42			32			22		
	纵向衰减 (20℃)	耦合损耗 α_{c50}	耦合损耗 α_{c95}	纵向衰减 (20℃)	耦合损耗 α_{c50}	耦合损耗 α_{c95}	纵向衰减 (20℃)	耦合损耗 α_{c50}	耦合损耗 α_{c95}
	dB/100m (max)	dB (max)	dB (max)	dB/100m (max)	dB (max)	dB (max)	dB/100m (max)	dB (max)	dB (max)
700	2.3	78	83	2.3	76	82	3.7	77	85
800	2.4	70	75	2.7	71	78	4.3	75	80
900	2.6	70	74	3.1	69	73	4.7	74	80
960	2.7	70	74	3.2	65	68	4.8	69	77
1800	4.3	66	72	5.0	66	72	8.8	68	75
1900	4.6	66	73	5.6	62	68	8.9	64	70
2000	4.9	67	71	5.8	67	72	10.0	67	73
2200	5.5	66	71	6.2	66	72	11.5	69	75
2400	6.3	64	70	7.8	64	71	13.3	67	73
2600	7.3	64	68	8.0	69	76	13.9	63	68
2620	8.1	65	70	8.3	68	76	15.1	64	70

注：耦合损耗值 α_{c50} 只作统计，但不考核。

4.2.3 极细同轴电缆

1. 极细同轴电缆的用途

极细同轴电缆主要用于通信设备及类似电子装置内部模块间或设备间的短距离连接，其工作频率范围覆盖 DC 至 6000MHz。这类电缆的尺寸已逼近当前的加工极限，具体而言，常见单芯同轴电缆的外径介于 0.15 ~ 1.4mm 之间，而绞合导体单丝的直径最小可达 0.0098mm。尽管电缆的工作电压通常较低，但由于绝缘层极薄，因此要求绝缘材料必须具备较高的击穿场强耐受能力。此外，鉴于电缆在多数情况下使用空间狭窄且散热条件不佳，因此还需具备较高的耐温等级。常见的极细同轴电缆结构如图 4-9 所示。

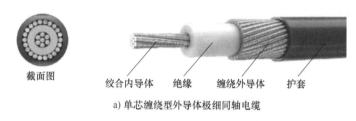

a) 单芯缠绕型外导体极细同轴电缆

b) 单芯编织型外导体极细同轴电缆

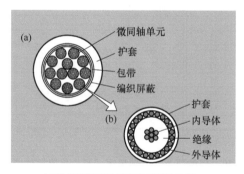

c) 300 芯缠绕型外导体极细同轴电缆

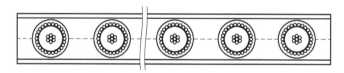

d) 多芯缠绕型外导体带状极细同轴电缆

图 4-9　常见的极细同轴电缆结构

2. 极细同轴电缆的结构

内导体通常采用"1+6"绞合结构，旨在提升电缆的柔软性和可靠性；而为了进一步优化柔软性能，有时也会采用"1+6+12"绞合结构。构成绞合导体的单丝直径范围在 0.0098 ~ 0.102mm 之间。对于外径较小或弯折寿命要求较低的电缆也可采用实心导体结构。内导体材料一般选用镀银或镀锡铜（合金）线，而在某些特殊应用场合，则会采用镀银铜包钢线。

绝缘材料方面，可溶性全氟烷氧基共聚物（PFA）和聚全氟乙丙烯（FEP）是两种常用的选择。具体而言，PFA 更适用于柔软性要求高或绝缘外径小于 0.3mm 的极细同轴电缆，而 FEP 则更适合柔软性要求较低或绝缘外径大于 0.3mm 的极细同轴电缆。绝缘型式大多为实心结构，但在医疗设备或工业机器人用电缆中，为了进一步缩减电缆尺寸，可能会采用泡沫或泡沫-实心皮绝缘结构。

绝缘颜色通常保持为绝缘材料的本色，以减少颜料对电缆加工和传输性能的不良影响。对于尺寸较小的单芯同轴电缆，由于加工过程中常采用激光剥线，为了充分发挥激光的热效应，绝缘颜色宜选用浅灰色或浅蓝色。

电缆的外导体一般由镀锡铜合金线或镀银铜合金线缠绕或编织而成。对于电磁屏蔽要求较高的电缆，还会在缠绕层或编织层外额外绕包一层几微米厚的单面铜塑复合箔。

单芯电缆的护套形式主要有两种：一种是挤包一层塑料，常用的塑料材料包括 FEP、PFA、ETFE（乙烯-四氟乙烯共聚物）或 PVC（聚氯乙烯）；另一种是绕包一层自黏型 PET（聚对苯二甲酸乙二醇酯）薄膜。根据实际需求，护套层的颜色可以是白、红、黑、黄、紫、蓝、橙、绿、棕、灰等，但在实际应用中，黑、灰、蓝和红色更为常见。

根据具体使用需求，可以将若干根单芯同轴电缆采用同心式或单位式绞合成缆芯，然后在缆芯外进行编织屏蔽，最后挤包一层塑料护套。常见的护套材料包括 PVC、橡胶、氟塑料等。而带状电缆则是将多根单芯同轴电缆并列排列，并用 PET 薄膜或镀铜 PET 薄膜黏结成带状。

常用极细同轴电缆结构尺寸见表 4-11。

表 4-11　常用极细同轴电缆结构尺寸[23]　　　　　　（单位：mm）

电缆型号规格	内导体结构	绝缘直径	屏蔽结构	芯数	电缆标称尺寸
UCF1F1-50-0.12-11	7/φ0.016	0.12	φ0.02 金属丝缠绕	单芯	φ0.21
UCF1F1-45-0.18-11	7/φ0.025	0.18	φ0.025 金属丝缠绕	单芯	φ0.30
UCF1F1-50-0.20-15	7/φ0.025	0.20	φ0.025 金属丝缠绕	单芯	φ0.34
UCF1F1-50-0.25-15	7/φ0.030	0.25	φ0.03 金属丝缠绕	单芯	φ0.38
UCF1F1-50-0.32-11	7/φ0.040	0.32	φ0.04 金属丝缠绕	单芯	φ0.50
UCF1F2-50-0.40-13	7/φ0.050	0.40	φ0.05 金属丝编织	单芯	φ0.81
UCF2F2-50-0.69-13	7/φ0.080	0.69	φ0.05 金属丝编织	单芯	φ1.13
UCF2F2-50-0.89-13	7/φ0.102	0.89	φ0.05 金属丝编织	单芯	φ1.37
UCF2F1-50-0.80-63	φ0.26	0.80	φ0.05 金属丝编织	单芯	φ1.25
UCF1F1-75-0.84-63	φ0.16	0.84	φ0.05 金属丝编织	单芯	φ1.48
UCF2F1-75-0.66-63	φ0.12	0.66	φ0.05 金属丝编织	单芯	φ1.32
UCF1F1F1-42-0.17-15×40	7/φ0.025	0.17	φ0.03 金属丝缠绕	40 芯	φ0.29/φ2.50
UCF1F1F1-42-0.17-15×60	7/φ0.025	0.17	φ0.03 金属丝缠绕	60 芯	φ0.29/φ2.90
UCF1F1F1-42-0.17-15×100	7/φ0.025	0.17	φ0.03 金属丝缠绕	100 芯	φ0.29/φ3.80
UCF1F1F1-50-0.20-15×40	7/φ0.025	0.20	φ0.03 金属丝缠绕	40 芯	φ0.34/φ2.90
UCF1F1F1-50-0.20-15×60	7/φ0.025	0.20	φ0.03 金属丝缠绕	60 芯	φ0.34/φ3.40
UCF1F1F1-50-0.20-15×100	7/φ0.025	0.20	φ0.03 金属丝缠绕	100 芯	φ0.34/φ4.30

（续）

电缆型号规格	内导体结构	绝缘直径	屏蔽结构	芯数	电缆标称尺寸
UCF1F1F1-50-0.24-15×40	7/φ0.030	0.24	φ0.03 金属丝缠绕	40 芯	φ0.35/φ2.90
UCF1F1F1-50-0.24-15×60	7/φ0.030	0.24	φ0.03 金属丝缠绕	60 芯	φ0.35/φ3.50
UCF1F1F1-50-0.24-15×100	7/φ0.030	0.24	φ0.03 金属丝缠绕	100 芯	φ0.35/φ4.50
UCF1F1V-50-0.12-11×196P	7/φ0.016	0.12	φ0.02 金属丝缠绕	196 芯	φ0.205/φ4.40
UCF1F1F1PET-50-0.25-11×20F	7/φ0.030	0.24	φ0.03 金属丝缠绕	20 芯	单芯外径：0.31；相邻单芯中心距（P）：0.50；电缆总宽：（芯数＋1）×P；电缆厚度（T）：0.5。
UCF1F1F1PET-50-0.25-11×30F				30 芯	
UCF1F1F1PET-50-0.25-11×40F				40 芯	
UCF1F1F1PET-50-0.25-11×50F				50 芯	
UCF1F1F1PET-50-0.25-11×60F				60 芯	

注：1. 内导体结构中"/"前的数字表示绞合导体中单丝根数，"/"后的数字表示单丝直径。

2. 电缆标称尺寸中"/"前的数字表示单芯电缆直径，"/"后的数字表示电缆直径。

3. 极细同轴电缆的主要电性能

（1）特性阻抗

极细同轴电缆的标称特性阻抗有 42Ω、45Ω、50Ω 和 75Ω 4 种类型。在 10MHz 频率下，前三种类型特性阻抗允许波动范围为 ±2Ω，最后一种为 ±3Ω。

（2）电压驻波比

当电缆用于传输高频信号时，在 500～3000MHz 范围内，VSWR≤1.3；在 3001～6000MHz 范围内，VSWR≤1.5。

（3）衰减

表 4-12 列出了常用极细同轴电缆的衰减常数。

表 4-12　常用极细同轴电缆的衰减常数[23]

电缆型号	频率/MHz	衰减常数/(dB/m)(20℃,max)
UCF1F1-50-0.12-11	0.01	7.10
UCF1F1-45-0.18-11	10	1.50
UCF1F1-50-0.20-15	1.0	0.39
	3.5	0.52
	5.0	0.55
	7.5	0.59
	10	0.63
	15	0.69
	20	0.72
UCF1F1-50-0.25-15	10	0.60
UCF1F1-50-0.32-11	100	1.40
UCF1F2-50-0.40-13	100	0.88
	900	2.78

（续）

电缆型号	频率/MHz	衰减常数/(dB/m)(20℃,max)
UCF1F2-50-0.40-13	2000	4.70
	3000	5.80
UCF2F2-50-0.69-13	900	2.09
	1500	2.73
	1900	3.11
	2400	3.51
	3000	3.94
	4000	4.53
	5000	5.12
	5800	5.62
	6000	5.93
UCF2F2-50-0.89-13	1000	1.5
	2000	2.2
	2400	2.6
	3000	2.8
	4000	3.4
	5000	3.8
	6000	4.3
UCF2F1-50-0.80-63	100	0.57
	900	1.61
	2000	2.46
	3000	3.10
UCF2F1-75-0.84-63	100	0.52
	900	1.62
UCF2F1-75-0.66-63	100	0.55
	900	1.91
UCF1F1F1-42-0.17-15×40	1000	7.1
UCF1F1F1-42-0.17-15×60	1000	7.1
UCF1F1F1-42-0.17-15×100	1000	7.1
UCF1F1F1-50-0.20-15×40	1000	6.0
UCF1F1F1-50-0.20-15×60	1000	6.0
UCF1F1F1-50-0.20-15×100	1000	6.0
UCF1F1F1-50-0.24-15×40	1000	5.5
UCF1F1F1-50-0.24-15×60	1000	5.5
UCF1F1F1-50-0.24-15×100	1000	5.5
UCF1F1V-50-0.12-11×196P	0.010	8.6

（续）

电缆型号	频率/MHz	衰减常数/（dB/m）（20℃,max）
UCF1F5-50-0.25-11×20F	10	0.5
	100	1.7
	1000	5.7

4.2.4 局用同轴电缆

1. 局用同轴电缆用途

局用同轴电缆主要用于连接通信系统机房内通信设备内部、通信设备之间以及通信设备与配线架，其工作频率为 1~200MHz，标称特性阻抗 75Ω。电缆型式、规格代号见表 4-13、表 4-14，常见的芯数为 1、8、16、32，结构如图 4-10 所示。

表 4-13　局用同轴电缆型式代号及含义[9]

分类		内导体		绝缘		外导体		护套		特性阻抗	
代号	含义	代号	含义	代号	含义	代号	含义	代号	含义	代号	含义
HJ	通信电缆——局用电缆	（省略）	铜线	Y	实心聚乙烯	（省略）	铝塑复合屏蔽带+金属编织	V	聚氯乙烯	75	标称特性阻抗75Ω
		SC	镀银铜线	FY	内层实心聚全氟乙丙烯+外层实心聚乙烯	1	单层金属编织	YZ	低烟无卤阻燃聚烯烃		
		TC	镀锡铜线	YF	泡沫聚乙烯	2	双层金属编织				

表 4-14　局用同轴电缆规格代号及含义[9]　　　　　　　（单位：mm）

规格代号	绝缘标称外径	规格代号	绝缘标称外径
1.2	1.2	3.0	3.0
1.5	1.5	3.2	3.2
1.9	1.9	3.8	3.8
2.0	2.0	4.0	4.0
2.5	2.5	5.1	5.1

注：多芯局用同轴电缆表示方法为单芯电缆规格代号后加上×芯数，如 HJYFV-75-1.2×8。

图 4-10　局用同轴电缆

2. 局用同轴电缆的结构

内导体主要由单根裸铜、镀银或镀锡软圆铜线构成，其中裸铜线使用最为广泛。内导体直径为 0.25mm、0.31mm、0.34mm、0.40mm、0.50mm、0.60mm 和 0.80mm，其适用的电缆型号规格见表 4-15。

表 4-15　内导体直径及其适用的电缆型号规格[9]

内导体直径/mm	适用电缆型号规格
0.25±0.01	HJYFV-75-1.2、HJYFV-75-1.2-1、HJYV-75-1.5-1、HJYV-75-1.5-2、HJSCFYV-75-1.5-1、HJT-CYV-75-1.5-1
0.31±0.01	HJYFV-75-1.5、HJYV-75-1.9-1
0.34±0.01	HJYV-75-2.0-1、HJYV-75-2.0-2、HJSCFYV-75-2.0-1
0.40±0.01	HJYFV-75-2.0、HJYV-75-2.5-1、HJSCFYV-75-2.5-1、HJSCFYV-75-2.5-2
0.50±0.02	HJYFV-75-2.5、HJYV-75-3.2-2
0.60±0.02	HJYFV-75-3.0、HJYFV-75-3.0-1、HJYV-75-3.8-2
0.80±0.03	HJYFV-75-4.0、HJYV-75-5.1-2

绝缘采用实心或泡沫绝缘型式。采用实心绝缘时，可选用聚乙烯单层绝缘，或内层聚全氟乙丙烯（FEP）加外层聚乙烯的复合结构；采用泡沫绝缘时，可选用泡沫-实心皮或实心皮-泡沫-实心皮结构，所用材料为聚乙烯。

外导体的结构型式可分为以下 3 种：

1）内层为铝塑复合屏蔽带、外层为镀锡铜线编织，编织密度应不小于 65%；

2）一层镀锡铜线或裸铜线编织，编织密度应不小于 95%；

3）两层镀锡铜线或裸铜线编织，第一层，编织密度应不小于 90%，第一层，编织密度应不小于 85%。

护套采用聚氯乙烯或低烟无卤阻燃聚烯烃料挤包而成单芯同轴电缆。

多芯局用同轴电缆则由多根同一型号规格的单芯同轴缆绞合后包覆一层聚酯带，最后在缆芯外挤包一层聚氯乙烯或低烟无卤阻燃聚烯烃外护套。为便于识别不同的单芯同轴缆，应在每根单芯同轴缆护套表面加印线芯序号。

3. 局用同轴电缆的电气性能

局用同轴电缆（单芯和多芯）的电气性能见表 4-16。

4.2.5　稳相同轴电缆

1. 稳相同轴电缆概述

稳相同轴电缆是具备卓越相位稳定性的一类同轴电缆，其相位常数对环境温度及机械变化（如弯曲、振动、冲击、扭转）的敏感度极低。此外，该类电缆还具备低衰减、高传输效率、频带宽及低驻波比等优良特性。通过精确控制信号在电缆中的传播速度，稳相同轴电缆确保了信号传输的稳定性和准确性。因此，它广泛应用于相位稳定度要求极高的领域，如相控雷达阵、射电望远镜、卫星跟踪及电子对抗，同时也适用于科学实验、天文观测、医学诊断等高精度测量系统。

相位稳定性是稳相同轴电缆的关键技术指标，包含温度相位稳定性和机械相位稳定性。

表4-16　局用同轴电缆电气性能[9]

序号	项目	单位	频率/MHz	HJY FV -75 -1.2	HJY FV-75 -1.2-1	HJ YV-75 -1.5-1	HJ YV-75 -1.5-2	HJS CFYV -75 -1.5-1	HJT CYV -75 -1.5-1	HJY FV-75 -1.5	HJ YV-75 -1.9-1	HJ YV-75 -2.0-1	HJ YV -75 -2.0-2	HJS CFYV -75 -2.0-1	HJY FV-75 -2.0	HJ YV -75 -2.5-1	HJ SCF YV -75 -2.5-1	HJS CF YV -75 -2.5-2	HJ YFV -75 -2.5	HJ YFV -75 -3.0	HJ YFV -75 -3.0-1	HJ YV-75 -3.2-2	HJ YV -75 -3.8 -2	HJ YFV -75 -4.0	HJ YV -75 -5.1 -2
1	内导体直流电阻(20℃,max)	Ω/km	—	386.40	386.40	386.40	386.40	375.80	268.00	268.00	268.00	268.00	208.80	150.80	150.80	150.80	137.20	137.20	96.60	67.10	67.10	96.60	67.10	37.10	37.10
2	绝缘介电强度(DC,1min)	V	—	1500	1500	1500	1500	1500	1500	1500	1500	1500	1500	1500	1500	1500	1500	1500	1500	1500	1500	1500	1500	1500	1500
3	绝缘电阻	MΩ·km	—	5000	5000	5000	5000	5000	5000	5000	5000	5000	5000	5000	5000	5000	5000	5000	5000	5000	5000	5000	5000	5000	5000
4	平均特性阻抗	Ω	1~4	75±5	75±5	75±5	75±5	75±5	75±5	75±5	75±5	75±5	75±5	75±5	75±5	75±5	75±5	75±5	75±5	75±5	75±5	75±5	75±5	75±5	75±5
			5~200	75±3	75±3	75±3	75±3	75±3	75±3	75±3	75±3	75±3	75±3	75±3	75±3	75±3	75±3	75±3	75±3	75±3	75±3	75±3	75±3	75±3	75±3
5	衰减常数(20℃,max)	dB/100m	1	2.77	2.96	2.56	2.56	2.30	2.35	2.88	1.86	1.83	1.83	1.68	1.64	1.52	1.39	1.39	1.30	1.06	1.18	1.45	1.10	0.85	0.85
			4	5.54	5.86	5.13	5.13	4.60	4.71	5.75	3.72	3.67	3.67	3.37	3.27	3.04	2.79	2.79	2.60	2.12	2.32	2.80	2.09	1.65	1.50
			10	8.75	8.90	8.11	8.11	7.30	7.45	9.10	5.89	5.80	5.80	5.33	5.18	4.81	4.41	4.41	4.11	3.36	3.74	4.50	3.20	2.58	2.38
			17	11.40	11.84	10.60	10.60	9.50	9.72	11.90	7.68	7.57	7.57	6.95	6.75	6.27	5.76	5.76	5.73	4.38	4.75	5.85	4.15	3.69	3.10
			23	13.30	13.68	12.30	12.30	11.10	11.30	13.80	8.93	8.80	8.80	8.08	7.85	7.30	6.70	6.70	6.24	5.09	5.38	6.80	4.90	4.20	3.61
			50	19.60	19.90	18.20	18.20	16.30	16.70	20.40	13.20	13.00	13.00	11.90	11.60	10.80	9.88	9.88	9.21	7.52	7.88	10.15	7.25	5.98	5.53
			78	24.50	24.84	22.70	22.70	20.50	20.80	25.52	16.50	16.20	16.20	14.90	14.50	13.50	12.40	12.40	11.50	9.40	9.75	12.74	9.24	7.80	7.10
			100	27.70	28.10	25.70	25.70	23.42	23.60	28.84	18.72	18.42	18.42	16.90	16.40	15.30	14.00	14.00	13.00	10.60	10.90	14.40	10.40	8.70	8.20
			200	39.20	39.54	36.40	36.40	32.10	33.40	40.83	26.65	26.11	26.11	23.90	23.20	21.60	19.80	19.80	18.50	15.10	16.20	20.22	14.40	12.20	11.50
6	结构回波损耗	dB	1~78	21	21	21	21	21	21	21	21	21	21	21	21	21	21	21	21	21	21	21	21	21	21
			79~200	18	18	18	18	18	18	18	18	18	18	18	18	18	18	18	18	18	18	18	18	18	18

射频条件下，同轴电缆的相移常数和相移可以分别简化为式（4-6）和式（4-7）。

$$\beta = \omega\sqrt{LC} = \frac{2\pi f}{c}\sqrt{\varepsilon_D} \tag{4-6}$$

$$\varphi = \beta l = \omega\sqrt{LC}\, l = \frac{2\pi f l}{c}\sqrt{\varepsilon_D} \tag{4-7}$$

式中　β——相移常数（弧度/m）；

　　　φ——相位（rad）；

　　　ω——角频率（rad/s）；

　　　L——电缆的电感（H/m）；

　　　C——电缆的电容（F/m）；

　　　c——电磁波在真空中的传播速度，为 3×10^8 m/s；

　　　f——频率（Hz）；

　　　ε_D——绝缘等效相对介电常数；

　　　l——电缆长度。

当温度变化时，相位对温度的微分见式（4-8）。

$$\frac{\mathrm{d}\varphi}{\mathrm{d}T} = \varphi\left(\frac{1}{l}\frac{\mathrm{d}l}{\mathrm{d}T} + \frac{1}{2\varepsilon_D}\frac{\mathrm{d}\varepsilon_D}{\mathrm{d}T}\right) \tag{4-8}$$

式中　T——电缆温度。

从式（4-8）可看出，在不同温度环境下，内、外导体金属的线膨胀不同以及绝缘材料的等效相对介电常数 ε_D 变化是引起相位变化的两种因素。选用适当的材料和电缆结构可以使电缆的线膨胀系数与绝缘相对介电常数的随温度变化系数（通常为负数）相抵消，从而可得到电缆优良的温度相位特性。

为描述电缆温度相位稳定特性，通常以温度相位变化系数 η_T 来表示，即以电缆在 25℃ 相位 φ_{25} 作为基准，将 T（℃）时的相位值 φ_T 相对于 25℃ 的相位 φ_{25} 的变化率作为 η_T，单位为 1×10^{-6} 或者 ppm，即式（4-9）。

$$\eta_T = (\varphi_T - \varphi_{25})/\varphi_{25} \tag{4-9}$$

通常根据式（4-9）计算并作出不同温度下 η_T-T 的关系曲线，而温度相位的稳定性的考核指标为使用温度范围内曲线的波峰 η_{max} 与波谷 η_{min} 之间的差值 $|\Delta\eta_T|$。通常情况下（温度 $-10\sim+50$℃），稳相同轴电缆的温度相位变化范围在 500×10^{-6} 以内。图 4-11 为稳相同轴电缆典型的相位温度关系图。

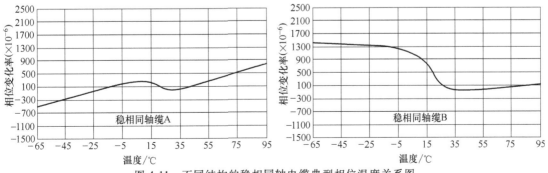

图 4-11　不同结构的稳相同轴电缆典型相位温度关系图

另外，稳相同轴电缆在遭受弯折、扭转及反复弯曲等机械应力作用时，其内部各部件会因应力而发生尺寸变化、相对位移，或导致绝缘介质受到挤压与拉伸，进而引起电缆长度或绝缘介质的等效相对介电常数发生变化，最终导致电缆相位的变化。在工程实际应用中，通常依据电缆在经历弯折、扭转或反复弯曲前后的相位变化幅度，来评估其机械稳相性能的优劣。

鉴于上述考量，在设计稳相同轴电缆时，首要任务是甄选合适的电缆材料与结构，旨在实现低衰减与卓越的相位稳定性。其次，优化外导体结构对于提升电缆的电磁屏蔽效能至关重要。基于此，电缆设计应遵循以下原则：

1）在高频环境下，确保内外导体的有效电阻降至最低；

2）绝缘介质的等效相对介电常数与介质损耗角正切值应尽可能小，并且这两个参数需在电缆的工作温度与频率范围内保持较小波动；

3）通过采用创新的结构设计与合理的材料组合，确保电缆在遭遇温度变化或机械应力时，各部件间仍能维持结构稳定，或通过材料间的相互补偿机制来保持相位稳定；

4）持续优化屏蔽结构，以确保其屏蔽性能达到最佳状态。

在电缆制造过程中，需严格控制电缆材料特性的一致性及结构尺寸公差。避免结构尺寸、绝缘绕包张力、编织张力等出现周期性波动，从而确保电缆的电压驻波比满足稳相电缆的严格要求。

当前，DC 至 110GHz 范围内的高性能稳相电缆已实现规模化生产，产品已系列化且型号规格多样，其中温度相位稳定性多处于 $600 \times 10^{-6} \sim 800 \times 10^{-6}$ 之间，而机械相位稳定性则多控制在 ±3° 以内。

典型的稳相同轴电缆结构如图 4-12 所示。

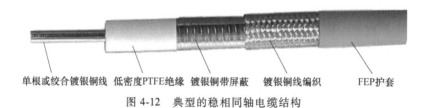

单根或绞合镀银铜线　低密度PTFE绝缘　镀银铜带屏蔽　镀银铜线编织　　　FEP护套

图 4-12　典型的稳相同轴电缆结构

2. 稳相同轴电缆的结构

稳相同轴电缆的内导体材料选择至关重要，优选在高频下具有较低有效电阻的单根镀银铜圆线或镀银铜包钢圆线。当内导体直径超出 2.5mm 时，更推荐使用由上述材料绞制而成的绞合导体。绞合导体不仅柔软性好，还能有效避免地因金属疲劳导致的断裂问题，尽管相较于实心结构，它可能会带来电缆衰减的增加。

对于稳相同轴电缆的绝缘材料，应选用介电性能和电绝缘性能优异，且基本不受温度、湿度和频率变化影响的介质材料。综合考虑材料的使用温度、介质衰减及相位稳定性等因素后，聚四氟乙烯（PTFE）被视为稳相电缆绝缘材料的理想选择。然而，由于 PTFE 不适合挤塑加工，故稳相同轴电缆的绝缘通常采用带孔 PTFE 带进行多层绕包。这种结构中的孔隙能有效降低绝缘的等效相对介电常数和介质损耗，并减少温度和材料密度不均对电缆性能的影响。在绕包过程中，为了确保绕包层结构的稳定性，相邻层的绕向应相反。此外，近年来还发展出了一种通过"推挤-拉伸-烧结"形成微孔的 PTFE 加工新工艺，该技术虽能克服绕包方式在外径均匀性和外表平整性方面的难题，但掌握起来较为困难。另一种逐渐得到应用的材料是膨化二氧化硅，它具有良好的介电性能，其热膨胀系数与金属导体相近，且没有PTFE 的相变问题，因此温度相位曲线更为线性。在 -60~100℃ 范围内，其温度相位变化仅为 $295×10^{-6}$，性能优于 PTFE。然而，由于二氧化硅材料易吸湿，因此仅适用于完全气密的管状外导体稳相同轴电缆中。

稳相同轴电缆的外导体通常采用两层及以上的复合结构。内层常用镀银铜带绕包，以确保电缆具有良好的屏蔽效率和径向尺寸稳定性。特别是在温度变化导致绝缘材料受热膨胀时，这一结构能有效减少由此带来的电缆外导体外径的变化，从而保证电性能的稳定性。外层则通常采用温度相位特性优于圆线的扁线（镀银铜带或铝带）的编织材料[31]。有时，还会在扁线编织外再加一层圆铜线编织，两层编织之间可用聚酰亚胺铝塑带绕包，或在外层编织上浸涂锡以增强防护效果。

至于护套材料，应选择具有良好耐温性能、低热膨胀系数的材料，以保持外导体的稳定，确保电缆的耐焊性，并为电缆提供有效的防护。常用的护套材料包括可溶性聚四氟乙烯（PFA）、全氟乙烯丙烯共聚物（FEP）、乙烯-四氟乙烯共聚物（ETFE）、聚氨酯（PU）等。

3. 稳相同轴电缆的结构尺寸与性能

稳相同轴电缆存在多种型号规格，且针对不同使用场景，其技术指标亦有所差异。此处列出超低损耗稳相同轴电缆、半柔低损耗稳相同轴电缆各三个规格的结构尺寸与电性能参数，具体见表 4-17~表 4-18。

表 4-17　超低损耗稳相同轴电缆结构尺寸与电气性能

型号规格		LPS-1-110	LPS-2.9-40	LPS-6.2-18
内导体	材质	镀银铜	镀银铜	镀银铜
	直径/mm	0.31	1.05	2.30
绝缘	材质与结构	低密度 PTFE 带绕包	低密度 PTFE 带绕包	低密度 PTFE 带绕包
	直径/mm	0.88	2.85	6.20
内屏蔽层	材质与结构	镀银铜带绕包	镀银铜带绕包	镀银铜带绕包
	直径/mm	1.00	3.05	6.44
外层屏蔽	材质与结构	镀银铜丝编织	镀银铜丝编织	镀银铜丝编织
	直径/mm	1.23	3.40	7.05
护套	材质	灰色 PFA	灰色 PFA	灰色 PFA
	直径/mm	1.50	4.00	7.90
弯曲半径，最小安装/mm		6.0	24.0	39.5
弯曲半径，重复弯曲/mm		14.5	48.0	79.0
使用温度/℃		-55~+125	-55~+165	-55~+165
工作频率/GHz		110	40	18
截止频率/GHz		128	41	19
特性阻抗/Ω		50±2	50±2	50±2
传播速率		80%	82%	83%
屏蔽效率/dB		≥90	≥90	≥90

（续）

型号规格	LPS-1-110	LPS-2.9-40	LPS-6.2-18
	≤500	≤500	≤500
温度相位稳定性(×10⁻⁶)	相位变化率(×10⁻⁶)：1500 1000 500 0 −500；温度/℃：−60 −40 −20 0 20 40 60 80 100		
机械相位稳定性(°)	±5	±5	±5
衰减(dB/100m) 100MHz	35.70	11.40	4.60
300MHz	61.99	19.80	8.00
1000MHz	113.73	36.20	14.75
3000MHz	198.53	62.90	25.95
6000MHz	282.91	89.30	37.26
8500MHz	338.39	106.50	44.79
12400MHz	411.32	129.00	54.78
18000MHz	499.31	156.00	66.98
26500MHz	611.52	190.20	—
33000MHz	686.60	221.80	—
40000MHz	760.40	235.00	—
50000MHz	856.60	—	—
67000MHz	1002.71	—	—
110000MHz	1314.28	—	—
k_1	3.5578460	1.138828	0.456300
k_2	0.0012207	0.000180	0.000320
其他频点衰减	$k_1\sqrt{f}+k_2f$ （f 单位：MHz）		

表 4-18　半柔低损耗稳相同轴电缆结构尺寸与电气性能

型号规格		SPS-2.2-40	SPS-5.9-18	SPS-12.5-6
内导体	材质	镀银铜	镀银铜	镀银铜
	直径/mm	0.72	2.06	4.40
绝缘	材质与结构	低密度 PTFE 带绕包	低密度 PTFE 带绕包	低密度 PTFE 带绕包
	直径/mm	2.21	5.89	12.50
内屏蔽层	材质与结构	镀银铜带绕包	镀银铜带绕包	镀银铜带绕包
	直径/mm	2.40	6.05	12.82
中间屏蔽层	材质与结构	PTFE/高温铝箔绕包	PTFE/高温铝箔绕包	PTFE/高温铝箔绕包
	直径/mm	2.80	6.17	12.95

（续）

型号规格		SPS-2.2-40	SPS-5.9-18	SPS-12.5-6
外层屏蔽	材质与结构	镀银铜丝编织	镀银铜丝编织	镀银铜丝编织
	直径/mm	3.15	6.81	13.67
护套	材质	FEP	FEP	FEP
	直径/mm	3.60	7.62	14.70
弯曲半径,最小安装/mm		18	38	74
弯曲半径,重复弯曲/mm		36	76	147
使用温度/℃		−55 ~ +165	−55 ~ +200	−55 ~ +200
工作频率/GHz		40	18	6
截止频率/GHz		48	18	8
特性阻抗/Ω		50	50	50
传播速率		74%	76%	76%
屏蔽效率/dB		≥90	≥100	≥100
温度相位稳定性(×10^{-6})		≤1500	≤1500	≤1500
		相位变化率(×10^{-6})随温度/℃变化曲线(横轴 −60～120,纵轴 −500～1500)		
机械相位稳定性(°)		±3.5	±3.5	±3.5
衰减/(dB/100m)	500	30.87	12.29	7.10
	1000	43.79	17.55	10.21
	2000	62.18	25.17	14.79
	4000	88.45	36.29	21.60
	6000	108.82	45.10	27.11
	8000	141.47	52.71	—
	12000	155.44	65.85	—
	16000	180.43	77.31	—
	18000	191.82	82.61	—
	20000	202.65	—	—
	26500	234.80	—	—
	40000	291.75	—	—
	k_1	1.3707349	0.536417	0.304208
	k_2	0.00044	0.000591	0.000591
	其他频点衰减	$k_1\sqrt{f}+k_2 f$　（f 单位：MHz）		

4.2.6　其他同轴电缆

1. 大功率射频同轴电缆

在中短波无线广播、电视广播、高频雷达及微波中继通信系统中，均需采用能够承受大功率且衰减低的同轴电缆，以有效传输大功率射频能量至发射天线。此类电缆的特征在于尺寸大，最大直径可达246mm。具体而言，其内部结构包括皱纹铜管作为内导体，绝缘层则采用聚乙烯齿条形螺旋或聚全氟乙烯（FEP）撑脚绝缘，而外导体则由皱纹铜管、钢管或铝锰合金管构成。典型结构如图4-13所示。

图4-13　空气绝缘型大功率射频同轴电缆

2. 电视电缆

电视电缆，作为组建有线电视网络（CATV）的关键组件，属于射频同轴电缆，其最高传输频率1000MHz，标称特性阻抗75Ω。依据在网络中的具体应用场景，电视电缆可细分为干线电缆、支线电缆和用户电缆。干线电缆，其绝缘外径通常在9~13mm，对衰减有严格要求，对柔软性要求不高；支线电缆，绝缘外径一般为7~9mm，同样要求衰减小，但更强调良好的柔软性；用户电缆，绝缘外径通常为5mm，对衰减的要求相对较低，但要求具有良好的柔软性。

电视电缆的内导体通常采用实心圆铜线、铜包铝线或铜包钢线。干线电缆多采用聚乙烯物理发泡、螺旋聚乙烯管及纵孔（见图4-14）等半空气绝缘；支线电缆则倾向于使用实心聚乙烯或泡沫聚乙烯绝缘；用户电缆则主要采用泡沫聚乙烯绝缘。

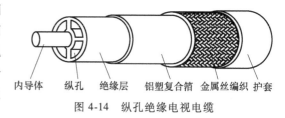

内导体　纵孔　绝缘层　铝塑复合箔　金属丝编织　护套

图4-14　纵孔绝缘电视电缆

对于外导体，干线电缆多采用光滑铝管结构，而支线电缆和用户电缆则通常采用铝箔纵包结合铜丝或铝镁合金丝编织的结构。在护套材料上，干线和支线电缆多采用聚乙烯或聚氯乙烯挤包，而用户电缆则更倾向于使用聚氯乙烯挤包。

3. 低噪声电缆

低噪声电缆是专为在振动、冲击、弯曲及环境温度变化等严苛条件下，用于测量系统中传输弱信号而设计的。它们同样适用于各种需要测量微小直流或脉冲信号的仪表中。

低噪声电缆的显著特点在于，即使受到机械振动和冲击，其产生的干扰噪声也相对较低。这一特性确保了传输的弱信号不会因噪声的干扰而出现误差或失真，从而提高了在复杂环境下信号传输的准确性。这对于宇宙航行、火箭系统等对电子设备要求极高的领域来讲，具有至关重要的意义。

电缆产生噪声并引发有害作用的主要原因，通常在于导体与绝缘层之间的摩擦，以及机械作用导致的电缆绝缘形变。在摩擦过程中，导体和绝缘层之间会产生静电荷，这是噪声产生的根源。为了有效减小和避免噪声，一种常见的方法是在电缆的编织外导体与绝缘层之间填充石墨或银粉等半导电介质层。这些介质层能够吸收因摩擦而产生的静电荷，从而降低噪声水平。此外，为更有效地降低噪声水平，采用一种创新工艺，即在塑料表面镀一层金属，以此作为外导体，这一方案被公认为是一种理想的低噪声电缆解决方案。

4.3　同轴通信电缆的传输参数计算

4.3.1　同轴电缆的特点及电气过程

1. 理想同轴电缆的电磁场

同轴电缆属于二导体传输线，传输的是横电磁波，电磁波沿同轴对传输时，由于内导体和外导体轴心重合，内外导体电磁场相互作用，使得同轴对外面的电磁场等于零。同轴电缆的内外导体的合成磁场如图 4-15 所示，图中 H_φ^a 和 H_φ^b 分别表示内导体 a 和外导体 b 中的电流产生的磁场强度，r 表示离开导体中心的距离，I 表示导体中流过的电流。

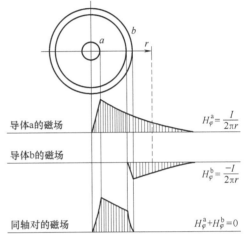

据安培环路定律可以求出，在内导体 a 的内部磁场强度 H_φ^a 随半径逐渐增加，而在内导体 a 的外部则按 $H_\varphi^a = \dfrac{1}{2\pi r}$ 的规律减小。

根据电磁学原理，在空心圆柱的内部是没有磁场的。在外导体 b 的内部（壁厚之内）的磁场也是随半径的增加而逐渐增加，而在空心圆柱体的外部则和实心导体的一样为 $H_\varphi^b = -\dfrac{1}{2\pi r}$。

图 4-15　同轴电缆的电磁场

由于半径 r 的值对内导体和外导体都是一样的，都从轴心算起，内、外导体上的电流大小相等，方向相反，因此在同轴对外部空间任意一点上，内导体和外导体的磁场 H_φ^a 和 H_φ^b 在数值上相等，方向相反，在电缆外部的合成磁场等于零。

$$H_\varphi = H_\varphi^a + H_\varphi^b = \frac{I}{2\pi r} + \left(-\frac{I}{2\pi r}\right) = 0$$

在同轴线的内部，其磁力线按同心圆形式分布，而在它的外部不存在磁场。

同轴线的电场在内外导体之间沿径向分布，即它的电力线闭合于正负电荷之间呈辐射状，在同轴线的外部也不存在电场。所以同轴线所传输的能量全部集中在它的内外导体间的空间内。同轴回路和对称回路相比较，其电磁场的分布有很大差别，如图 4-16 所示。

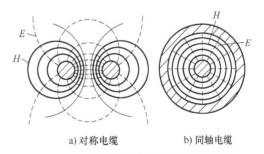

a) 对称电缆　　　b) 同轴电缆

图 4-16　对称电缆与同轴电缆的电磁场

对称回路电磁场的电力线和磁力线可以作用到离电缆很远处，从而造成对邻近回路的干扰；同时在相邻的回路铅套、铠装等金属材料中产生涡流，这部分能量将转化为热能而消耗。另外邻近的干扰源，其电磁场也同样会在该回路上产生感应电流，因此对称回路受干扰的影响较大。

由于同轴回路没有外部电磁场，就不会在临近回路造成附加的衰减，对其他回路的干扰也小，同时同轴回路本身有自我屏蔽作用，因而防干扰性能好。

2. 内外导体中的电流分布

由于外导体中的电流不会在内导体上产生磁场，因而不能影响内导体中的电流分布，内导体 a 中电流密度的分布情况取决于趋肤效应的作用。由于趋肤效应的作用，越靠近内导体表面，电流的密度越大，如图 4-17 所示。

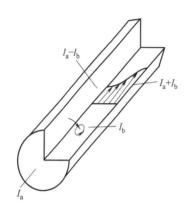

图 4-17　内导体中电流密度分布

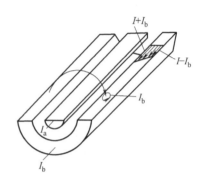

图 4-18　外导体中电流密度分布

外导体 b 上电流密度的分布情况则取决于内导体 a 对它的邻近效应及本身的趋肤效应作用之和。由于合成磁场 H_{φ} 的作用的结果，使外导体 b 中的电流分布越接近内表面，电流密度越大，如图 4-18 所示。

由于趋肤效应和邻近效应作用的结果，同轴回路的电流密度分布分别集中在内外导体的相向表面上，如图 4-19 所示。电流的频率越高，则电流向内导体的外表面和外导体的内表面集中的情况越严重，此时能量就像由金属内部向外被排挤出来一样，集中在同轴对的介质中，而导体内只限定了电磁波的传播方向。趋肤效应与电流的频率、导线的电导率、磁导率及直径有关。电流频率越高，趋肤效应就越显著，电流几乎仅通过导线的表面。

当邻近回路或其他干扰源所造成的高频干扰电磁场，作用在同轴对外导体上时，按趋肤效应的原理，干扰电流也不是均匀分布在整个截面上的，而是集中在外导体的对着干扰源的那一面的外表面上。随着频率的增加，趋肤效应和邻近效应也更加显著，因此工作电流越趋于内导体的外表面和外导体的内表面，而干扰电流越趋于外导体的外表面，如图 4-20 所示，使得外导体中的工作电流和干扰电流分开，而传输的信号不受干扰。邻近效应除与电流频率、导线的电导率、磁导率及导线直径有关外，还与两导线的距离有关。

由此看来，同轴对外导体起着两种作用：①作为传输回路的一根导体；②具有屏蔽作用，而且随着频率的增高，同轴对防止外界干扰的作用越好。

但是，在直流和低频情况下，电流通过导体的全部截面，同轴回路抗干扰的特点便消失了。不仅如此，由于同轴回路对其他回路和大地是不对称的，所以在低频时，同轴电缆在各个方面都不如对称通信电缆。

综上所述，同轴电缆不适合于低频通信。一般同轴通信电缆通信频率的下限，对于小同轴电缆规定在 60kHz 以上，对中同轴电缆则在 300kHz 以上。

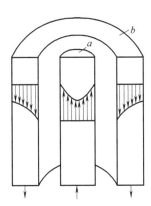

图 4-19　同轴对中电流密度分布

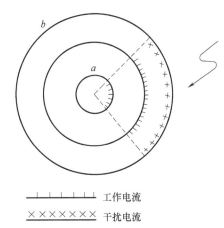

图 4-20　同轴对中干扰电流与工作电流

3. 透入深度

趋肤效应可以有效地解释电磁场在导体内部的渗透现象。具体而言，随着频率的增加，电流更倾向于集中在导体表面，这意味着电磁场穿透到金属内部的深度会逐渐减小。

透入深度，定义为导体内部电磁场（或电流）强度减小至表面值 $1/e$（其中 $e = 2.718$）时的深度，用符号 θ 表示。该透入深度的具体数值可通过以下公式计算得出。

$$\frac{H_0}{H_x} = \frac{I_0}{I_x} = e^{K\theta} = e^{\theta\sqrt{w\mu\sigma\frac{1}{2}}}\, e^{j\theta\sqrt{w\mu\sigma\frac{1}{2}}} \tag{4-10}$$

式中　H_0 和 I_0——导体表面的磁场强度及电流值；

$\quad\quad H_x$ 和 I_x——深度处的磁场强度及电流值；

$\quad\quad K$——涡流系数，$K = \sqrt{\omega\mu\sigma}$。

于是 $\left|\dfrac{H_0}{H_x}\right| = \left|\dfrac{I_0}{I_x}\right| = e^{\theta\sqrt{\frac{1}{2}\omega\mu\sigma}} = e^1 = 2.718$，相应的 $\theta\sqrt{\dfrac{1}{2}\omega\mu\sigma} = 1$，因此透入深度如下：

$$\theta = \sqrt{\frac{2}{\omega\mu\sigma}} \tag{4-11}$$

透入深度与所用材料及频率有关。常用金属的透入深度与频率的关系见表 4-19。

表 4-19　常用金属的透入深度与频率的关系

f/Hz	透入深度 θ/mm				
	银	铜	铝	钢	铅
10^3	2.03	2.1	2.7	0.6	7.6
6×10^4	0.26	0.272	0.35	0.077	0.98
10^5	0.203	0.21	0.27	0.06	0.76
3×10^5	0.117	0.122	0.157	0.035	0.44
10^6	0.064	0.067	0.086	0.019	0.24
10^7	0.0203	0.021	0.027	0.006	0.076
10^8	0.0064	0.0067	0.0086	0.0019	0.024

（续）

f/Hz	透入深度 θ/mm				
	银	铜	铝	钢	铅
10^9	0.00203	0.0021	0.0027	0.00060	0.0076
10^{10}	0.00064	0.0067	0.00086	0.00019	0.0024
f	$64/\sqrt{f}$	$67/\sqrt{f}$	$86/\sqrt{f}$	$19/\sqrt{f}$	$240/\sqrt{f}$

4.3.2　同轴电缆的一次传输参数计算

1. 同轴回路的有效电阻

同轴电缆的有效电阻等于内外导体有效电阻之和。但与对称通信电缆不同的是，同轴电缆是不对称结构。在同轴电缆中内外导体的有效电阻、内电感不同，因此要分别进行计算。

由于同轴电缆中传输 60kHz，满足 $K_{\mathrm{ra}}>5$ 时，此时内导体的阻抗可用式（4-12）表示：

$$Z_{\mathrm{a}} = R_{\mathrm{a}}+\mathrm{j}\omega L_{\mathrm{a}} = \frac{\sqrt{2}\,K_{\mathrm{a}}}{4\pi r_{\mathrm{a}}\sigma_{\mathrm{a}}} + \frac{1}{4\pi r_{\mathrm{a}}^2\sigma_{\mathrm{a}}} + \mathrm{j}\,\frac{\sqrt{2}\,K_{\mathrm{a}}}{4\pi r_{\mathrm{a}}\sigma_{\mathrm{a}}} \tag{4-12}$$

进而可得到内导体的有效电阻与内电感分别为：

$$R_{\mathrm{a}} = \frac{\sqrt{2}\,K_{\mathrm{a}}}{4\pi r_{\mathrm{a}}\sigma_{\mathrm{a}}} + \frac{1}{4\pi r_{\mathrm{a}}^2\sigma_{\mathrm{a}}} \quad (\Omega/\mathrm{m}) \tag{4-13}$$

$$L_{\mathrm{a}} = \frac{\sqrt{2}\,K_{\mathrm{a}}}{4\pi r_{\mathrm{a}}\sigma_{\mathrm{a}}\omega} = \frac{\sqrt{2}\,\mu_{\mathrm{a}}}{4\pi r_{\mathrm{a}}K_{\mathrm{a}}} \quad (\mathrm{H}/\mathrm{m}) \tag{4-14}$$

式中　K_{a}——内导体的涡流系数，$K_{\mathrm{a}}=\sqrt{\omega\mu_{\mathrm{a}}\sigma_{\mathrm{a}}}$；

　　　σ_{a}——内导体材料的电导率；

　　　μ_{a}——内导体材料的磁导率；

　　　r_{a}——内导体的半径（mm）。

外导体的有效电阻和内电感可用下式表示：

$$Z_{\mathrm{b}} = R_{\mathrm{b}}+\mathrm{j}\omega L_{\mathrm{b}} = \frac{K_{\mathrm{b}}\sqrt{\mathrm{j}}}{2\pi r_{\mathrm{b}}\sigma_{\mathrm{b}}}\left[\mathrm{cth}(\sqrt{\mathrm{j}}K_{\mathrm{b}}t) - \frac{1}{8\sqrt{\mathrm{j}}K_{\mathrm{b}}}\left(\frac{3}{r_{\mathrm{c}}} + \frac{1}{r_{\mathrm{b}}}\right)\right] \tag{4-15}$$

式中　t——外导体的厚度，$t=r_{\mathrm{c}}-r_{\mathrm{b}}$（mm）；

　　　r_{c}——外导体的外半径（mm）；

　　　r_{b}——外导体的内半径（mm）。

将上式的实部和虚部分开，可得外导体的有效电阻和内电感分别为：

$$R_{\mathrm{b}} = \frac{1}{2\pi r_{\mathrm{b}}\sigma_{\mathrm{b}}}\left[\frac{K_{\mathrm{b}}}{2}\,\frac{\mathrm{sh}u+\sin u}{\mathrm{ch}u-\cos u} - \frac{4r_{\mathrm{b}}+t}{8(r_{\mathrm{b}}+t)r_{\mathrm{b}}}\right] \tag{4-16}$$

$$L_{\mathrm{b}} = \frac{1}{2\pi r_{\mathrm{b}}\sigma_{\mathrm{b}}\sqrt{2}\,\omega}\,\frac{K_{\mathrm{b}}}{2}\,\frac{\mathrm{sh}u-\sin u}{\mathrm{ch}u-\cos u} \tag{4-17}$$

式中 $u=\sqrt{2}\,K_{\mathrm{b}}t$。

对于 60kHz 以上频率，即当 $u\geqslant5$ 时，$\sin u$ 与 $\mathrm{sh}u$、$\cos u$ 与 $\mathrm{ch}u$ 比较起来可以略去，并且

$\mathrm{sh}u \approx \mathrm{ch}u$，故

$$R_{\mathrm{b}}=\frac{1}{2\pi r_{\mathrm{b}}\sigma_{\mathrm{b}}}\left[\frac{K_{\mathrm{b}}}{\sqrt{2}}-\frac{4r_{\mathrm{b}}+t}{8(r_{\mathrm{b}}+t)r_{\mathrm{b}}}\right]\quad(\Omega/\mathrm{m}) \tag{4-18}$$

$$L_{\mathrm{b}}=\frac{\sqrt{2}\mu_{\mathrm{b}}}{4\pi r_{\mathrm{b}}K_{\mathrm{b}}}\quad(\mathrm{H}/\mathrm{m}) \tag{4-19}$$

在式（4-18）中后一项比前一项要小得多，因此一般情况下可以忽略，于是外导体的有效电阻：

$$R_{\mathrm{b}}=\frac{K_{\mathrm{b}}}{2\sqrt{2}\pi r_{\mathrm{b}}\sigma_{\mathrm{b}}}\quad(\Omega/\mathrm{m}) \tag{4-20}$$

综上所述，同轴电缆回路的有效电阻：

$$R=R_{\mathrm{a}}+R_{\mathrm{b}}=\frac{1}{4\pi r_{\mathrm{a}}^{2}\sigma_{\mathrm{a}}}+\frac{\sqrt{2}K_{\mathrm{a}}}{4\pi r_{\mathrm{a}}\sigma_{\mathrm{a}}}+\frac{\sqrt{2}K_{\mathrm{b}}}{4\pi r_{\mathrm{b}}\sigma_{\mathrm{b}}}=\frac{\rho_{\mathrm{a}}}{\pi d^{2}}+\sqrt{\frac{f}{\pi}}\left(\frac{\sqrt{\mu_{\mathrm{a}}\rho_{\mathrm{a}}}}{d}+\frac{\sqrt{\mu_{\mathrm{b}}\rho_{\mathrm{b}}}}{D}\right)\quad(\Omega/\mathrm{m}) \tag{4-21}$$

式中　　d——内导体的直径（mm）；

　　　　D——外导体的直径（mm）；

　　　　ρ_{a}——内导体材料的电阻率；

　　　　ρ_{b}——外导体材料的电阻率；

　　　　μ_{a}——内导体材料的磁导率，$\mu_{\mathrm{a}}=\mu_{\mathrm{ar}}\mu_{0}$；

　　　　μ_{b}——外导体的磁导率，$\mu_{\mathrm{b}}=\mu_{\mathrm{br}}\mu_{0}$；

　　　　μ_{ar}——内导体材料的相对磁导率；

　　　　μ_{br}——外导体材料的相对磁导率；

　　　　μ_{0}——真空磁导率，其值为 $4\pi\times10^{-7}\mathrm{H}/\mathrm{m}$；

　　　　f——频率（Hz）。

如果内外导体由同一材料制成，则同轴回路的有效电阻：

$$R=\frac{\rho_{\mathrm{a}}}{\pi d^{2}}+\sqrt{\frac{\mu\rho f}{\pi}}\left(\frac{1}{d}+\frac{1}{D}\right)\quad(\Omega/\mathrm{m}) \tag{4-22}$$

若内外导体均由铜制成，并化为每公里的值，则同轴回路的有效电阻：

$$R=\frac{5.5}{d^{2}}+8.30\times10^{-2}\sqrt{f}\left(\frac{1}{d}+\frac{1}{D}\right)\quad(\Omega/\mathrm{km}) \tag{4-23}$$

若内导体用铜制成，外导体用铝制成，可得：

$$R=\frac{5.5}{d^{2}}+\sqrt{f}\left(\frac{8.30}{d}+\frac{10.6}{D}\right)\times10^{-2}\quad(\Omega/\mathrm{km}) \tag{4-24}$$

2. 同轴回路的电感

同轴回路的外电感决定于磁通 ϕ，而磁通又决定于电缆内导体的电流所引起的磁场强度，内导体间的磁场强度为 $H_{\varphi}^{\mathrm{a}}=\dfrac{1}{2\pi r}$，因此磁通为

$$\phi=\mu_{\mathrm{i}}\int_{r_{\mathrm{a}}}^{r_{\mathrm{b}}}H_{\varphi}\mathrm{d}r=\mu_{\mathrm{i}}\int_{r_{\mathrm{a}}}^{r_{\mathrm{b}}}\frac{I}{2\pi r}\mathrm{d}r=\frac{\mu_{\mathrm{i}}I}{2\pi}\ln\frac{r_{\mathrm{b}}}{r_{\mathrm{a}}}$$

因此，回路的外电感为

$$L_i = \frac{\phi}{I} = \frac{\mu_i}{2\pi} \ln \frac{r_b}{r_a}$$

同轴回路的电感由内外导体的内电感 L_a、L_b 和内外导体间的外电感 L_i 所组成

$$L = L_i + L_a + L_b = \frac{\mu_i}{2\pi} \ln \frac{r_b}{r_a} + \frac{\sqrt{2}\mu_a}{4\pi r_a K_a} + \frac{\sqrt{2}\mu_b}{4\pi r_b K_b} \quad (H/m) \tag{4-25}$$

$$= \frac{\mu_i}{2\pi} \ln \frac{D}{d} + \frac{1}{2\pi} \frac{1}{\sqrt{\pi f}} \left(\frac{\sqrt{\mu_a \rho_a}}{d} + \frac{\sqrt{\mu_b \rho_b}}{D} \right)$$

式中 μ_i——绝缘介质的磁导率，$\mu_i = \mu_{ir}\mu_0$；

μ_{ir}——绝缘介质的相对磁导率。

若内外导体都是铜，则通常的空气塑料组合绝缘的 $\mu_i = \mu_0 = 4\pi \times 10^{-4} H/km$，再由式（4-25）可得：

$$L = \left[2\ln \frac{D}{d} + \frac{132}{\sqrt{f}} \left(\frac{1}{d} + \frac{1}{D} \right) \right] \times 10^{-4} \quad (H/km) \tag{4-26}$$

如果内导体用铜，外导体用铝时，则：

$$L = \left[2\ln \frac{D}{d} + \left(\frac{132}{d\sqrt{f}} + \frac{169}{D\sqrt{f}} \right) \right] \times 10^{-4} \quad (H/km) \tag{4-27}$$

在高频范围内，内电感远远小于外电感，因此式（4-26）和式（4-27）可简化为

$$L = 2\ln \frac{D}{d} \times 10^{-4} \quad (H/km)$$

3. 同轴回路的电容

由于同轴对无外部电场，故同轴对的内外导体间的部分电容，其电容可按电工原理中圆柱形电容器的电容公式来计算：

$$C = \frac{2\pi\varepsilon}{\ln \frac{D}{d}} \quad (F/m) \tag{4-28}$$

式中 ε——组合绝缘的等效介电常数，$\varepsilon = \varepsilon_D \varepsilon_0$；

ε_D——组合绝缘的等效相对介电常数；

ε_0——真空的介电常数，其值为 $\frac{1}{36\pi \times 10^9}$ （F/m）。

将 ε_0 代入式（4-28），并化为每公里的值：

$$C = \frac{\varepsilon_D \times 10^6}{18\ln \frac{D}{d}} \quad (F/km) \tag{4-29}$$

若将自然对数化为常用对数，且以 nF/m 来表示，则：

$$C = \frac{24.13\varepsilon_D}{\lg \frac{D}{d}} \quad (nF/m) \tag{4-30}$$

当电缆的内外导体不是理想圆柱体，而且绝缘为组合形式时，则式（4-30）应变为

$$C = \frac{24.13\varepsilon_{\mathrm{D}}}{\lg \dfrac{D_{\mathrm{e}}}{d_{\mathrm{e}}}} \ (\text{nF/m}) \tag{4-31}$$

式中　ε_{D}——绝缘的等效相对介电常数;

　　　D_{e}——外导体的等效内直径(mm);

　　　d_{e}——内导体的等效直径(mm),$d_{\mathrm{e}}=K_1 d$。

对于绞线内导体,$d_{\mathrm{e}}=k_1 d$,k_1 为有效直径系数(可查表 4-20),d 为内导体直径(mm)。对于编织外导体,$D_{\mathrm{e}}=D+1.5d_{\mathrm{w}}$,$D$ 为外导体内径(mm),d_{w} 为编织丝直径(mm)。

对于皱纹内外导体同轴电缆,电容仍可用式(4-31)计算,但 d_{e} 及 D_{e} 应用皱纹内外导体的电容等效直径 d_{c} 及 D_{c} 来代替。

4. 同轴回路的绝缘电导

同轴对的绝缘电导 G 主要由两部分构成:其一是由于绝缘介质的极化效应所产生的交流电导 $G_\sim$,其二则是由绝缘材料的不完善性导致的直流电导 G_0。具体而言

$$G = G_\sim + G_\approx = \frac{1}{R_{\text{绝}}} + \omega C\tan\delta \ (\text{S/km}) \tag{4-32}$$

式中　$R_{\text{绝}}$——同轴对的直流绝缘电阻(Ω/km);

　　　C——同轴对电容(F/km);

　　　$\tan\delta$——组合绝缘的等效介质损耗角正切值;

　　　ω——$\omega=2\pi f$,f 频率(Hz)。

在同轴对的实用频带内,$G_\sim \gg G_0$,故

$$G \approx G_\sim = \omega C\tan\delta \ (\text{S/km}) \tag{4-33}$$

绝缘材料的电导率与频率密切相关,通常呈现出随频率增加而增大的趋势。然而,这种增大的程度因材料的不同而有所差异。为了减少同轴电缆在高频下运行时因介质损耗所导致的能量衰减,选用高性能的介质材料作为绝缘层显得尤为重要。

5. 一次参数与频率及结构尺寸的关系

从同轴回路一次参数的各个公式,可以得出同轴回路的一次参数与频率以及随结构尺寸比例 D/d 变化的关系曲线,分别如图 4-21 和图 4-22 所示。

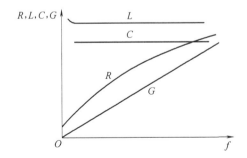

图 4-21　同轴回路的一次参数与频率的关系

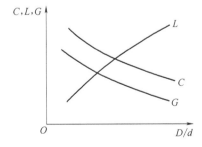

图 4-22　同轴回路的一次参数与频率以及随结构尺寸比例 D/d 变化的关系

由图 4-21 可观察到以下几点:

1)有效电阻:受趋肤效应和邻近效应的影响,有效电阻随频率的增加而增大,其数值

与频率的二次方根成正比。

2）电感：电感随频率的升高而减小。由于随频率的升高，趋肤效应和邻近效应导致导体中心部分的磁通减弱而致使内电感减小。而外电感又与频率无关，因此在高频条件下，同轴回路的电感近似等于外电感。

3）电容：同轴电缆通常采用的塑料材料包括聚乙烯、聚丙烯和氟塑料。在同轴电缆的工作频带内，其介电常数基本上与频率无关，因此电容也与频率无关。

4）绝缘电导：同轴电缆常用绝缘介质的介电常数和介质损耗角正切值基本上与频率无关，故绝缘电导与频率基本上成正比。

由图 4-22 可观察到以下几点：

1）电感与直径比的关系：电感随内外导体直径比的增大而增大，这是因为内外导体间空间面积的增大导致磁通增大。

2）电容与绝缘电导：电容和绝缘电导都随直径比的增大而减小。内外导体间距离的加大相当于电容器极板距离的加大，从而导致电容减小。由于绝缘电导与电容成正比，因此它也随直径比的增大而减小。

3）有效电阻与直径比：有效电阻与内外导体的直径比没有直接关系。然而，当内外导体各自的直径增大时，有效电阻会减小。此外，内导体的有效电阻大于外导体的有效电阻。

上述公式仅适用于内外导体为圆柱形的情况。在实际应用中，为了满足通信需求，往往存在许多非理想结构。对于这些非理想结构，可以通过将公式中的 d、D、ε 以及 $\tan\delta$ 替换为对应结构的等效内外导体直径、介电常数与介质损耗角正切值，并引入相应的修正系数来进行计算。

4.3.3　同轴电缆的二次传输参数计算

1. 特性阻抗

特性阻抗作为射频同轴电缆的核心参数，对电缆的传输质量具有显著影响。当线路均匀匹配时，能量无反射传输，从而达到最高传输效率。反之，线路失配会导致能量反射，进而降低传输效率。尤为重要的是，线路上的反射波与入射波相互干扰会形成驻波，这不仅加剧了线路衰减和功率损失，还可能导致电缆发生电击穿和热损坏，同时引发传输信号的畸变。因此，为了信号传输质量和电缆的安全，必须确保线路在匹配条件下运行，这要求对电缆的特性阻抗值及其偏差进行严格限定。

（1）理想结构同轴电缆的特性阻抗

当同轴对内、外导体为圆柱形结构时，特性阻抗为

$$Z_\mathrm{C} = \sqrt{\frac{L}{C}} = \frac{60}{\sqrt{\varepsilon_\mathrm{D}}} \ln\frac{D}{d} = \frac{138}{\sqrt{\varepsilon_\mathrm{D}}} \lg\frac{D}{d} \ (\Omega) \tag{4-34}$$

式中　D——外导体内径（mm）；

　　　d——内导体直径（mm）；

　　　ε_D——组合绝缘的等效相对介电常数。

（2）柔软同轴电缆的特性阻抗

在柔软同轴通信电缆中，由于内、外导体不再保持理想的圆柱形结构，因此在使用特性阻抗计算式（4-34）时，必须引入相应的修正系数，以准确反映导体结构对阻抗的影响。

由绞合内导体和编织外导体构成的柔软同轴通信电缆，其特性阻抗的计算公式如下：

$$Z_C = \frac{138}{\sqrt{\varepsilon_D}} \lg \frac{D+1.5d_w}{k_1 d} \ (\Omega) \tag{4-35}$$

式中　ε_D——等效相对介电常数；

　　　　D——绝缘外径（或外导体内径）（mm）；

　　　　d_w——外导体编织丝直径（mm）；

　　　　d——内导体直径（mm），$d = pd_0$；

　　　　k_1——内导体有效直径系数，见表 4-20。

需要注意的是，如果外导体是金属复合箔+金属丝编织时，则用 $D+2t$ 替换上式中的 $D+1.5d_w$，其中，$t =$ 塑料层厚度（单面金属箔包覆、金属面向外）或 $t = 0$（双面金属复合箔包覆或单面金属复合箔包覆时金属面向内）。

表 4-20　与内导体有关的结构常数

符号	说明	绞线股数（n）				
		1	7	12	19	37
k_1	有效直径系数	1	0.939	0.957	0.970	0.980
k_2	绞线的衰减系数	1	1.25	1.25	1.25	1.25
k_s	电压梯度系数	1	1.408	1.403	1.397	1.395
p	d 与 d_0 之比	1	3	4.16	5	7

（3）皱纹同轴电缆的特性阻抗

皱纹同轴电缆，内导体可以是光管，也可以是皱纹管，外导体皱纹管的皱纹深度及形状也多种多样，结构比较复杂，因此尚无精确的特性阻抗计算公式，下面针对图 4-23 所示皱纹外导体同轴电缆介绍其特性阻抗的近似计算公式。

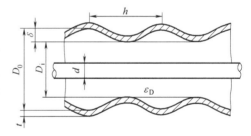

图 4-23　皱纹外导体同轴电缆

1）利用电感电容来计算：皱纹管外导体同轴电缆的电感可用下式计算：

$$L = 4.6 \times 10^{-7} \lg \frac{D_m}{d} \ (H/m) \tag{4-36}$$

式中　D_m——皱纹管外导体的平均内直径，$D_m = D_i + \delta$；

　　　　D_i——皱纹管外导体最小处内直径；

　　　　δ——皱纹管外导体最大内直径与最小内直径差值的一半；

　　　　d——内导体的有效直径。

皱纹管外导体同轴电缆的电容可看成皱纹波峰处的电容 C_2 和皱纹波谷处的电容 C_1 的算术平均值，即：

$$C = \frac{1}{2}(C_1 + C_2) \tag{4-37}$$

波谷处的电容 C_1 可按下式计算：

$$C_1 = \frac{24.13\varepsilon_D}{\lg \dfrac{D_i}{d}} \qquad (4\text{-}38)$$

波峰处电容 C_2：

$$\frac{1}{C_2} = \frac{1}{C_1} + \frac{1}{24.13}\lg \frac{D_i + 2\delta}{D_i} \qquad (4\text{-}39)$$

计算出电感与电容后，其特性阻抗可通过公式 $Z_C = \sqrt{\dfrac{L}{C}}$ 来求出。

2）利用几何平均值来计算：当皱纹深度不大时，电容及电感的等效直径（计算电容及电感时，具有等效直径的光管与皱纹管是等效的）D_C 及 D_L 都等于皱纹管的几何平均直径，即

$$D_C = D_L = \sqrt{D_i D_0} \qquad (4\text{-}40)$$

式中，$D_0 = D_i + 2\delta$（见图 4-23）。

由于电容、电感的等效直径按同样公式计算，因此特性阻抗的等效直径亦为 $D_e = \sqrt{D_i D_0}$。

可得皱纹外导体同轴电缆的特性阻抗：

$$Z_C = \frac{60}{\sqrt{\varepsilon_D}}\ln \frac{D_e}{d} = \frac{138}{\sqrt{\varepsilon_D}}\lg \frac{D_e}{d}\ (\Omega) \qquad (4\text{-}41)$$

当皱纹深度较大时，电感等效直径仍可依据式（4-40）进行计算。然而，对于电容的等效直径而言，其适用性则受到限制。电容的等效直径会比通过式（4-40）计算得出的值更小。在皱纹极深的情况下，这一等效直径近似等同于皱纹管外导体的最小内径 D_i。

当皱纹深度为中间情况时，电容等效直径可用以下的经验公式：

$$D_C = D_i + (1-k)\delta \qquad (4\text{-}22)$$

式中　k——与皱纹管有关的修正系数，它与皱纹节距与深度的比值 h/δ 有关，一般可在 $0.4\sim0.8$ 范围内选取，而 h/δ 越小，则 k 应取得越大。

确定电容及电感等效直径 D_C 及 D_L 后，电容 C 及电感 L 和特性阻抗 $Z_C = \sqrt{\dfrac{L}{C}}$ 均可求出。

3）利用算术平均值来计算：在计算皱纹外导体同轴电缆的特性阻抗时，采用其算术平均直径作为特性阻抗的等效直径，即

$$D_e = D_i + \delta \qquad (4\text{-}43)$$

由此可得特性阻抗的计算公式为

$$Z_C = \frac{60}{\sqrt{\varepsilon_D' k}}\ln \frac{D_e}{d} = \frac{138}{\sqrt{\varepsilon_D' k}}\lg \frac{D_e}{d}\ (\Omega) \qquad (4\text{-}44)$$

式中　ε_D'——皱纹管内径 D_i 以下部分的等效相对介电常数；

　　　k——介电常数的修正系数，常取值 $1.05\sim1.15$，与纹路深度有关。

修正系数 k 可用实验方法来确定，即通过电桥谐振法实测长度为 L 米的皱纹同轴缆第一次谐振频率 f_1（MHz），则根据 $\sqrt{\varepsilon_D} = \dfrac{75}{f_1 L}$ 可得到 $k = \dfrac{\varepsilon_D}{\varepsilon_D'}$。

对于内导体为皱纹的情况，亦可按上述方法进行处理。

（4）漏泄同轴电缆的特性阻抗计算

漏泄同轴电缆和与其具有相同内部结构的射频同轴电缆相比，区别仅是外导体上开有槽孔，这些槽孔对其特性阻抗的影响较小，故漏泄同轴电缆的特性阻抗仍按普通射频同轴缆的公式计算。

2. 衰减

同轴电缆的衰减由金属衰减 α_R 和介质衰减 α_G 两部分组成，射频下可用下式表示：

$$\alpha = \alpha_R + \alpha_G \approx \frac{R}{2}\sqrt{\frac{C}{L}} + \frac{G}{2}\sqrt{\frac{L}{C}} = \frac{R}{2Z_C} + \frac{GZ_C}{2} \tag{4-45}$$

式中　R——电缆的有效电阻；

　　　L——电缆的电感；

　　　C——电缆的电容；

　　　G——电缆的绝缘电导；

　　　Z_C——电缆的特性阻抗。

（1）内外导体为理想圆柱体时

射频同轴电缆的内外导体都是由铜制成的圆柱形导体时，其高频衰减可按下式进行计算：

$$\alpha = \frac{8.30\sqrt{f\varepsilon_D}\left(\dfrac{1}{d}+\dfrac{1}{D}\right)\times 10^{-3}}{12\ln\dfrac{D}{d}} + \frac{10}{3}\pi f\sqrt{\varepsilon_D}\tan\delta_D\times 10^{-6} \quad (\text{Np/km}) \tag{4-46}$$

如将上式中自然对数化为常用对数，并且高频衰减常数以 dB/m 来表示，上式将变为

$$\alpha = \frac{2.61\sqrt{f\varepsilon_D}\left(\dfrac{1}{d}+\dfrac{1}{D}\right)\times 10^{-6}}{\lg\dfrac{D}{d}} + 9.10f\sqrt{\varepsilon_D}\tan\delta_D\times 10^{-8} \quad (\text{dB/m}) \tag{4-47}$$

式中　D——外导体内径（mm）；

　　　d——内导体直径（mm）；

　　　ε_D——组合绝缘等效相对介电常数；

　　$\tan\delta_D$——绝缘的等效介质损耗角正切值；

　　　f——频率（Hz）。

（2）内导体为绞合导体，外导体为编织时

当内导体为绞合内导体，外导体为编织，且内外导体的电阻率分别为 ρ_1 和 ρ_2 时，则高频衰减公式[1]：

$$\alpha = \frac{2.61\sqrt{f\varepsilon_D}\times 10^{-6}}{\lg\dfrac{D+1.5d_w}{k_1 d}}\left(\frac{k_2 k_{\rho 1}}{d}+\frac{k_b k_{\rho 2}}{D}\right) + 9.10f\sqrt{\varepsilon_D}\tan\delta_D\times 10^{-8} \quad (\text{dB/m}) \tag{4-48}$$

式中　k_1——内导体有效直径系数（见表4-20）；

　　　k_2——内导体绞线的衰减系数（见表4-20），表示相同直径的绞线与实心导体衰减的

比值；

k_b——外导体为编织时引起射频电阻增大的编织效应系数，表示相同直径编织外导体与理想圆管外导体的衰减之比；

$k_{\rho1}$——内导体相对于国际标准软铜的射频电阻增大或减小的系数；

$k_{\rho2}$——外导体相对于国际标准软铜的射频电阻增大或减小的系数；

d_w——编织丝直径（mm）。

编织效应系数 k_b 可由式（4-49）[1]计算，它适合在 700MHz 以下的频率范围内使用。更高频率时，k_b 值将比图示值大 1.2～1.5 倍。编织线间存在的接触电阻在频率升高时开始参与导电过程。随着频率的增加，通过接触电阻的电流逐渐增大，甚至可能在高频时成为主要的导电通道。由于接触电阻本身较大，高频时这一现象将导致外导体电阻的有效增加，进而引起 k_b 值的相应上升。接触电阻的大小受线表面状况和接触压力的影响，并且会随着电缆的弯曲及长期使用过程中的老化而发生变化。这些变化将导致电缆的衰减增大，且衰减特性变得不稳定。

$$k_b = \frac{2\pi(D+2d_w)}{mnd_w\cos\varphi} \tag{4-49}$$

式中 m——编织锭数；

n——每锭编织丝根数；

φ——编织角（编织导线的方向与电缆轴线方向之间的夹角）。

当内外导体不是标准软铜，而是其他金属材料时，其衰减增大或减小的系数 k_ρ 值及相应材料的电阻率见表 4-21[1]。

表 4-21　常用金属材料的电阻率及系数 k_ρ

金属材料	密度/(g/cm³)	电导率(%)	电阻率($10^{-8}\Omega\cdot m$)	$\dfrac{\rho}{\rho_0}$	$k_\rho = \sqrt{\dfrac{\rho}{\rho_0}}$
银	10.50	104	1.66	0.97	0.98
铜（软）	8.89	100	1.724	1.00	1.00
铜（硬）	8.89	96	1.790	1.04	1.02
铬铜	8.89	84	2.05	1.19	1.09
镉铜	8.94	79	2.18	1.27	1.13
铝	2.70	61	2.83	1.64	1.28
皱铜（软）	8.23	50	3.45	2.00	1.41
锌	7.05	28	6.10	3.55	1.88
镍	8.9	18	9.59	5.56	2.36
锡	7.30	15	11.5	6.67	2.58
低碳钢	7.80	15	11.5	6.67	2.58
铅	11.40	8.3	20.8	12.10	3.48
不锈钢	7.90	2.5	69	40	6.33
钢	7.85	12.4	13.9	8.06	2.84

当导体采用镀银铜线、镀锡铜线或铜包钢线等双金属结构形式时，与纯铜线相比，其衰减特性的变化可通过系数 k_ρ 来衡量。k_ρ 值的大小取决于镀层的厚度以及使用的频率。在极高的射频条件下，双金属导体可以近似视为仅由表面层材料构成的单金属导体。然而，在表面层非常薄或频率较低的情况下，表面层和内部金属层都会参与导电。此时，双金属导体的衰减不仅与表面层的金属材料及其厚度有关，还受到内部金属材料以及使用频率的影响。为了直观展示这种关系，图 4-24 和图 4-25 分别描绘了镀锡铜线和镀银铜线的系数 k_ρ 与镀层厚度及频率的关系曲线。

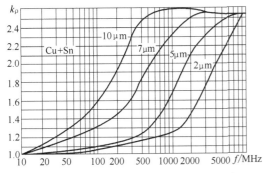

图 4-24　镀锡铜线 k_ρ 与频率的关系曲线

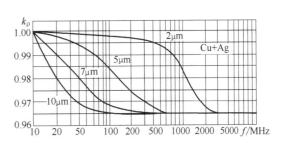

图 4-25　镀银铜线 k_ρ 与频率的关系曲线

由图 4-24 及图 4-25 可见，镀锡铜线适于较低频段，而镀银铜线适于较高频段。

（3）内导体为铜绞线，外导体为扁铜线缠绕时

内导体为铜绞线，外导体为扁铜线缠绕时，衰减的计算公式为[1]

$$\alpha=\frac{2.61\sqrt{f\varepsilon_D}\times10^{-6}}{\lg\dfrac{D}{k_1 d}}\left(\frac{k_2}{d}+\frac{k_{ps}}{D}\right)+9.10\times10^{-8}f\sqrt{\varepsilon_D}\tan\delta_D\quad(\text{dB/m})\qquad(4\text{-}50)$$

式中　k_{ps}——扁线缠绕结构引起电阻增大的系数，一般可取为 $1.07\sim1.10$；

　　　f——频率（Hz）。

（4）内外导体为皱纹管结构时

内外导体为皱纹管结构时，衰减计算公式为

$$\alpha=\frac{2.61\sqrt{f\varepsilon_D}\times10^{-6}}{\lg\dfrac{D_e}{d_e}}\left(\frac{k_{e1}}{d_e}+\frac{k_{e2}}{D_e}\right)+9.10\times10^{-8}f\sqrt{\varepsilon_D}\tan\delta_D\quad(\text{dB/m})\qquad(4\text{-}51)$$

式中　d_e——皱纹管内导体的等效直径，$d_e=d_0-\delta_1$（mm）；

　　　D_e——皱纹管外导体的等效直径，$D_e=D_i-\delta_2$（mm）；

　　　d_0——皱纹管内导体的外径（mm）；

　　　D_i——皱纹管外导体的内径（mm）；

　　　δ_1——皱纹管内导体的轧纹深度（mm）；

　　　δ_2——皱纹管外导体的轧纹深度（mm）；

k_{e1}、k_{e2}——分别为皱纹管内、外导体的衰减系数。皱纹铜管 k_{e1}、$k_{e2}=1.15\sim1.20$，对于皱纹铝管 k_{e1}、$k_{e2}=1.47\sim1.54$。

上述讨论的衰减计算公式均基于常温环境。然而，在大功率射频电缆的应用中，由于

内、外导体以及环境温度的升高，导体电阻会随之发生变化，进而导致衰减量也随之改变。为了准确反映电缆衰减随温度的变化情况，需要引入衰减温度系数这一概念。此外，上述公式在计算衰减时均假设电缆本身是均匀的。但在实际工作状态下，电缆本身可能存在不均匀性，且负载也可能不匹配，这些因素都会导致驻波的产生，从而进一步增大电缆线路的总衰减。

3. 射频同轴电缆的工作电压

同轴通信电缆在传输大功率信号时，需要施加较高的电压。由于内导体表面在较高电压作用下会产生较大的电场强度，因此该区域附近的绝缘材料最容易发生电晕现象，甚至导致击穿。为了避免这种情况，必须对射频电缆的工作电压进行精确计算。

当射频同轴电缆的内外导体均为理想圆柱体时，其容许的工作电压（峰值，kV）可以通过以下公式来确定：

$$U_{max} = \frac{E_{max}d}{2}\ln\frac{D}{d} \tag{4-52}$$

式中 E_{max}——最大允许工作场强（kV/mm）；

　　　　d——内导体外径（mm）；

　　　　D——外导体内径（mm）。

如果 E_{max} 用 kV/mm，并用常用对数来表示，则工作电压（峰值，kV）为

$$U_{max} = 1.15E_{max}d\lg\frac{D}{d} \tag{4-53}$$

工作电压有效值（有效值，kV）为

$$U = 0.814E_{max}d\lg\frac{D}{d} \tag{4-54}$$

如果电缆内导体为绞线时，还必须引入适当的系数，此时工作电压（峰值，kV）为

$$U_{max} = \frac{1.15}{k_s}E_{max}d\lg\frac{D}{k_1 d} \tag{4-55}$$

式中 k_1——内导体的有效直径系数（见表 4-20）；

　　　　k_s——电压梯度系数，它等于在相同的外加电压下绞合导体表面上的最大电场强度和理想圆柱导体表面的电场强度之比（见表 4-20）。

对于各种电缆结构，用聚乙烯及聚四氟乙烯为绝缘介质时，最大允许工作场强 E_{max} 可按表 4-22 选取，表中数据为经验数据，而且考虑了足够的裕量。

表 4-22   最大允许工作场强 E_{max}   （单位：kV/mm）

序号	内导体结构	绝缘结构	直流	脉冲	射频
1	实心导体	实心绝缘或内导体上包有介质层的半空气绝缘	40	10	5
2	绞合导体	实心绝缘或内导体上包有介质层的半空气绝缘	56	14	7
3	实心或绞合导体	空气、半空气绝缘及氧化镁矿物绝缘	1.0	1.0	1.0

从表 4-22 的数据中可以观察到，在实心绝缘或内导体外包介质层的半空气绝缘电缆中，绞合内导体所允许的最大电场强度相较于单线内导体高出 40%。这一提升归因于绞合结构中，聚乙烯介质或聚四氟乙烯与导线之间形成了更为紧密的接触，从而有效减少了在导体表面与聚

乙烯介质间形成气泡的可能性。气泡更多地被限制在导线间电场强度相对较低的区域。

此外，电缆的工作电压亦可通过实验方法加以确定。值得注意的是，电缆工作电压远低于其介质材料的击穿电压。这一现象主要源于介质与导体间或介质内部存在的气泡。在远低于介质击穿电压的条件下，这些气泡即可能引发电晕放电。电晕放电极具破坏性，会逐渐侵蚀聚乙烯或聚四氟乙烯介质，进而缩减电缆的使用寿命。同时，电晕放电还会带来衰减和噪声问题。因此，为确保电缆的安全运行，其工作电压应设定在低于电晕起始电压的水平，并可根据以下经验公式进行选择：

$$射频工作电压(峰值) = 工频电晕电压(峰值) \times 0.35 \tag{4-56}$$

其中，系数 0.35 的确定考虑了安全系数为 2，以及射频下耐电压强度相较于工频降低 70% 的因素。

工频电晕电压则可通过实验方法测得，具体应取电晕熄灭电压。实验方法如下：先施加电压以引发电晕，随后逐步降低电压，直至电晕熄灭为止，此时的电压值即为工频电晕电压。

4. 相移

在射频条件下，同轴电缆的相移常数可用如下简化公式来计算，即

$$\beta = \omega\sqrt{LC} = \frac{20}{3}\pi f\sqrt{\varepsilon_D} \ (\text{rad/km}) \tag{4-57}$$

式中　f——频率（MHz）；

ε_D——等效相对介电常数。

应该注意到，电缆的相移常数是与电缆的结构尺寸无关的一个物理量，它仅仅取决于电缆中使用的介质，并与频率成正比。

5. 延迟时间

信号沿着同轴电缆传输时，其单位长度上的延迟时间可按下式计算：

$$t = \sqrt{LC} = \frac{\sqrt{\varepsilon_D}}{3\times10^8}\text{s/m} = 3.33\sqrt{\varepsilon_D}\ \text{ns/m} \tag{4-58}$$

式中　ε_D——绝缘的等效介电常数。

从上式可见，当射频同轴电缆用作延迟线使用时，其延迟时间仅与绝缘等效相对介电常数有关，与结构尺寸无关。常见的射频电缆延迟时间见表 4-23。

表 4-23　常见的射频电缆延迟时间

电缆绝缘类型	等效介电常数 ε_D	延迟时间/(ns/m)
实心聚乙烯	2.28	5.0
聚四氟乙烯	2.10	4.8
泡沫聚乙烯	1.50	4.1
聚乙烯空气绝缘	1.10	3.5

4.4　射频同轴电缆的最高使用频率

频率的限制首先是由于衰减，其次是由于高次谐波和结构沿长度方向的不均匀性。

4.4.1　衰减指标对最高使用频率的限制

图 4-26 清晰地展示了同轴电缆在衰减性能上的优势，相较于对称通信电缆，同轴电缆通常能在更宽的频谱范围内表现出色。然而，在与波导的比较中，射频同轴电缆的优势主要体现在 2000~3000MHz 的频段内。当频率超过这一范围时，其在衰减性能上便不及波导。此外，衰减对使用频率的限制还受到具体产品结构的影响。以编织外导体的同轴电缆为例，其在微波频率下会出现衰减急剧增加的现象，且衰减值极不稳定，易受到电缆所承受的机械应力、弯曲状态以及长期老化过程的影响，从而产生显著变化。因此，这类电缆的

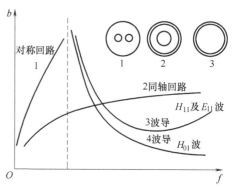

图 4-26　各种线路的衰减频率特性

最高使用频率相对较低。相比之下，介质电镀外导体的射频电缆则能在高达 18GHz 的频率范围内保持稳定应用。

4.4.2　射频同轴电缆的截止频率

同轴电缆在正常条件下主要用于传输横电磁波（即 TEM 波）。然而，当电缆的横向尺寸与工作频率下的波长接近时，会产生高次谐波。这些高次谐波会导致电缆的衰减急剧增加，进而严重干扰沿电缆传输的基波信号。此时对应的波长称为极限波长，而相应的频率则被称为同轴电缆的截止频率。它是沿电缆可能传输的频率范围的上限。

射频同轴电缆的截止频率为

$$f_0 = \frac{2c}{\pi(D+d)\sqrt{\varepsilon_D}} \quad (\text{Hz}) \tag{4-59}$$

式中　c——光速，为 3×10^{10} cm/s；

D——外导体内径（cm）；

d——内导体直径（cm）；

ε_D——绝缘的等效相对介电常数。

由公式可见，随着电缆直径的增大，截止频率 f_0 将下降；但若使用频率给定，则为降低衰减而增大电缆直径就要受到限制。

4.4.3　周期性不均匀对最高使用频率的限制

射频同轴电缆的内导体、绝缘层及外导体在结构或尺寸上，常呈现周期性变化或波动。常见实例：绞合内导体电缆的导体在绞线机绞合节距或收放线张力不稳定的情况下，会出现周期性的不均匀波动；皱纹管导体同轴电缆的导体直径亦呈现周期性变化；螺旋绝缘电缆尽管在理论上其绝缘结构沿长度方向应无周期性不均匀性，但实际上，由于加工工艺和材料的不均匀性，往往会导致以螺旋节距（或其倍数）为周期性波动；垫片式绝缘同轴电缆在长度方向上，其绝缘部分是非连续的周期性波动。这类结构或尺寸上的周期性波动会导致电缆的一次参数也呈现周期性变化，从而引发特性阻抗的周期性波动。当不均匀性周期为等于信

号半波长的整数倍时，会引发剧烈的反射现象，导致回波损耗指标恶化，严重时甚至影响电缆的正常使用。劣化点最低频率与波动周期间的关系如下：

$$f_h = \frac{c}{2h\sqrt{\varepsilon_D}} \ (\text{Hz}) \tag{4-60}$$

式中　h——不均匀性波动周期（cm）；

　　　c——真空中的光速，为 3×10^{10}cm/s；

　　　ε_D——绝缘等效相对介电常数。

由上式可知，不均匀性波动周期越大，则劣化点频率越低。

4.5　同轴电缆的最佳结构

在干线同轴电缆的设计中，一个核心要求便是确保衰减尽可能小。为实现这一目标，需要在衰减达到最小的条件下，精确计算出内外导体的最佳比值。然而，当涉及射频同轴电缆时，由于应用场景和需求的不同（例如，有的要求衰减最小，有的要求工作电压最高，还有的要求传输最大功率），其内外导体的最佳比值也会有所不同。值得注意的是，特性阻抗的大小与这些最佳比值密切相关。因此，在同轴电缆设计的众多参数中，特性阻抗无疑占据着举足轻重的地位。

4.5.1　衰减最小时的最佳直径比

由于内外导体所用材料及结构的不同，最佳直径比不同，因而衰减最小时的最佳阻抗值亦将不同。对于内外导体用相同材料且为理想圆柱结构时，最佳直径比 $D/d = 3.6$，此时最佳特性阻抗为

$$Z_C = \frac{60}{\sqrt{\varepsilon_D}}\ln 3.6 = \frac{77}{\sqrt{\varepsilon_D}} \ \Omega \tag{4-61}$$

4.5.2　额定电压最大时的最佳直径比

若射频同轴电缆的绝缘介质可以承受的最大电场强度为 E_{max}，那么最大额定工作电压相应于内导体表面达到该场强时的电压，它可按式（4-52）给出。

$$U_{max} = \frac{E_{max}d}{2}\ln\frac{D}{d}$$

设 $x = D/d$，则上式可变为

$$U_{max} = \frac{E_{max}D}{2}\frac{1}{x}\ln x \tag{4-62}$$

当 D 不变时，将式（4-62）对 x 求导数，可求得额定电压最大时的最佳直径比的条件是 $\ln x = 1$，即

$$x = \frac{D}{d} = 2.72$$

耐压最大时的最佳阻抗为

$$Z_C = \frac{60}{\sqrt{\varepsilon_D}} \ln 2.72 = \frac{60}{\sqrt{\varepsilon_D}} \qquad (4\text{-}63)$$

4.5.3　额定峰值功率最大时的最佳直径比

额定峰值功率可由式（4-64）计算。

$$P_{\text{峰}} = \frac{U_{\max}^2}{2Z_C} \qquad (4\text{-}64)$$

将式（4-62）及 $Z_C = \frac{60}{\sqrt{\varepsilon_D}} \ln \frac{D}{d}$ 代入式（4-64），并设 $x = \frac{D}{d}$，则可得：

$$P_{\text{峰}} = \frac{E_{\max}^2 \sqrt{\varepsilon_D} D^2}{480} \frac{1}{x^2} \ln x \qquad (4\text{-}65)$$

将式（4-65）对 x 求导，并使 $\dfrac{\mathrm{d}P_{\text{峰}}}{\mathrm{d}x} = 0$，可求得最佳直径比为

$$\frac{\mathrm{d}P_{\text{峰}}}{\mathrm{d}x} = \frac{E_{\max}^2 \sqrt{\varepsilon_D} D^2}{480} \left(-\frac{1}{x^3} \right) (2\ln x - 1) = 0$$

由上式可知：

$$2\ln x - 1 = 0$$

则

$$x = \frac{D}{d} = 1.65$$

由此，额定峰值功率最大时的最佳特性阻抗为

$$Z_C = \frac{60}{\sqrt{\varepsilon_D}} \ln 1.65 = \frac{30}{\sqrt{\varepsilon_D}} \qquad (4\text{-}66)$$

4.5.4　额定平均功率最大时的最佳直径比

额定平均功率与衰减常数和热阻密切相关，这些参数进而受到电缆结构和敷设条件的显著影响。当内外导体采用铜或其他材料，并且呈现不同结构时，其最佳直径比 $x = \frac{D}{d}$ 通常介于 2.3~3.1 之间。值得注意的是，当内外导体采用相同材料并构成理想圆柱体时，该最佳直径比 $x = 2.3$。

额定平均功率达到最大时，对于采用铜作为内外导体且具备理想圆柱结构的电缆，其最佳特性阻抗值为

$$Z_C = \frac{60}{\sqrt{\varepsilon_D}} \ln 2.3 = \frac{50}{\sqrt{\varepsilon_D}} \qquad (4\text{-}67)$$

4.5.5　射频同轴电缆特性阻抗的取值

从特性阻抗公式 $Z_C = \frac{60}{\sqrt{\varepsilon_D}} \ln \frac{D}{d}$ 可以看出，当取不同的最佳直径比时，特性阻抗的数值

是不同的。如采用空气绝缘 $\varepsilon_D = 1.1$ 及实心聚乙烯绝缘 $\varepsilon_D = 2.3$，按式（4-61）、式（4-63）、式（4-66）及式（4-67）计算各种最佳直径比时的特性阻抗值，具体见表4-24。

表 4-24　各种最佳直径比及特性阻抗值

最佳情形	最佳直径比 D/d	特性阻抗值/Ω	
		空气绝缘 $\varepsilon_D = 1.1$	实心聚乙烯绝缘 $\varepsilon_D = 2.3$
最低衰减	3.6	73(73.4)	50(50.8)
最大额定电压	2.72	57(57.2)	40(39.6)
最大时额定峰值功率	1.65	29(28.6)	20(19.8)
最大额定平均功率	2.3	48(47.6)	33(32.9)

从特性阻抗计算公式及上表数据可以观察到，采用不同的最佳直径比和绝缘类型时，特性阻抗值是不同的。在实际应用中，若采用多样化的特性阻抗值，将会给线路匹配、设备安装及制造带来诸多不便。为了便于设备制造及使用，实现特性阻抗的标准化显得尤为重要。目前已经确立了三种统一的特性阻抗等级，以适应不同需求下的综合要求。

1）特性阻抗标称值为50Ω：此值在射频同轴电缆中被广泛采用，它兼顾了功率与衰减两因素的最佳条件。在30MHz以上的频段，50Ω是首选的特性阻抗等级。此外，50Ω同轴接插件相对容易制造，进一步促进了其广泛应用。

2）特性阻抗标称值为75Ω：该值主要应用于对低衰减有严格要求的情况，如视频信号传输、脉冲数据传输以及长距离电缆系统（例如 CATV 电缆系统）。由于干线同轴电缆特别注重低衰减性能，因此其特性阻抗通常采用75Ω。

3）特性阻抗标称值为100Ω：此值主要用于要求有低电容的情况下，如某些脉冲电缆或其他特种用途的电缆。

在设计电缆时，选择电缆结构及所用材料需综合考虑多种因素，以确保在不同需求下获得优异的电气和力学性能。

第5章　通信电缆回路间的串音

电磁波从一个传输回路（即主串回路）侵入到另一个传输回路（即被串回路）的现象，被称为串音，亦称作电缆回路间的内部干扰。串音的存在会降低通信质量，在极端情况下，甚至可能破坏正常的通信以及信息的泄露。因此，回路间的串音问题被视为衡量传输质量的关键指标之一。

5.1　对称回路间的串音机理及干扰参数

5.1.1　串音机理

从物理本质而言，两个回路间因电磁耦合效应的存在，使得当电磁波沿着第一个回路（即主串回路）传输时，会在其周围形成一个电磁场。此电磁场会进一步在第二个回路（即被串回路）中引发感应电动势，从而导致干扰电流在该回路中出现。对称回路间相互干扰示意图如图 5-1 所示。

在图 5-1 中，当交流电流通过由 1-2 绝缘导线组成的回路Ⅰ时，会在由 3-4 绝缘导线组成的回路Ⅱ周围产生电场与磁场。由于回路Ⅱ的导线 3 和 4 位于主回路电场的不同位置，导致这两根导线间产生电位差，从而在回路Ⅱ中引发干扰电流。此类由电场作用引发的干扰被称为电干扰。同时，磁场的一部分磁

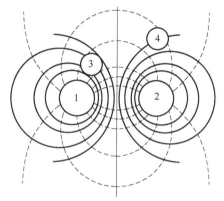

图 5-1　对称回路间相互干扰示意图

注：1-2 回路的电磁场，虚线为电力线，实线为磁力线。

力线与回路Ⅱ相交链，产生感应电动势，进而在回路Ⅱ中引发另一类干扰电流。此类由磁场作用引发的干扰则被称为磁干扰。然而，若回路Ⅱ的导线 3 和 4 恰好位于电场等势面上，则不会产生电干扰；同样，若交链至回路Ⅱ的磁通量为零，则不会引发磁干扰。因此，某一回路在干扰电磁场中的受干扰情况，取决于两回路的相对位置及其结构特征。

5.1.2　一次干扰参数

两回路间的电磁耦合等效电路图如图 5-2 所示。为便于分析和计算，将电干扰和磁干扰分别用电耦合和磁耦合来表征。

在主串回路 1 中，由于电场的作用，会产生对被串回路 2 的电干扰。这种干扰可以视为回路 1 中的部分电流 I_c，通过回路 1 与回路 2 之间的电耦合，串扰至回路 2 中，从而在回路 2 内引发干扰电流 I_{2c}。

电干扰用电耦合 K_{12} 表示，其定义为被串回路中的感应电流 I_2 与主串回路的电压 U_1 之比。

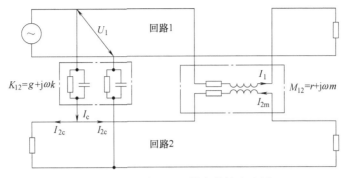

图 5-2　两回路间电磁耦合等效电路图

$$K_{12} = \frac{I_2}{U_1} = g + \mathrm{j}\omega k \tag{5-1}$$

式中　g——电耦合的实数部分，称为介质耦合；

　　　k——电容耦合。

介质耦合 g 是主串回路和被串回路线芯间的介质中能量损耗不平衡的结果。电容耦合 k 是主串回路和被串回路间部分电容不平衡的结果。

电耦合的等效电桥如图 5-3 所示，主串回路由①-②绝缘导线组成，被串回路③-④绝缘导线组成。其中导线间的部分电容为 C_{13}、C_{14}、C_{23} 和 C_{24}。线芯间等效的介质损耗电导为 g_{13}、g_{14}、g_{23} 和 g_{24}。由图 5-3 可见，它相当于一个电桥。如果两回路结构完全对称，即所有部分电容及等效介质损耗电导相同，相当于电桥处于平衡状态，此时主串回路加上电压，在被串回路并不产生感应电流。

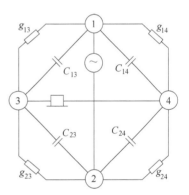

图 5-3　电耦合的等效电桥

如果结构（如绝缘厚度或导体中心距差异等）或介质电气特性（介电常数、介质损耗角正切值）不对称引起部分电容及部分等效介质损耗电导之间不平衡，导致电桥不平衡，在被串回路中产生感应电流。

电容耦合 k 是由部分电容不平衡决定的，即

$$k = \frac{(C_{13}+C_{24})-(C_{14}+C_{23})}{4} \tag{5-2}$$

在电缆的测量技术中，实际应用的不是电容耦合 k，而是电容耦合系数 k_1，其值为

$$k_1 = 4k = (C_{13}+C_{24})-(C_{14}+C_{23}) \tag{5-3}$$

若用 r 表示导线半径，ε_{D} 表示绝缘等效介电常数，a_{13}、a_{14}、a_{23}、a_{24} 分别表示导线①-③、①-④、②-③、②-④中心距，通过静电场理论计算，可求得电容耦合 k 与几何尺寸间的关系，如式（5-4）所示。

$$k = \frac{\pi\varepsilon_{\mathrm{D}}}{2} \cdot \frac{\ln\dfrac{a_{14}a_{23}}{a_{13}a_{24}}}{\ln\dfrac{a_{12}}{r}\ln\dfrac{a_{34}}{r}} \tag{5-4}$$

介质耦合 g 是由介质内能量损耗不平衡决定的，即

$$g = \frac{(g_{13}+g_{24})-(g_{14}+g_{23})}{4} \tag{5-5}$$

在电缆的测量技术中，实际应用的不是介质耦合 g，而是介质耦合系数 g_1 值，其值为

$$g_1 = 4g = (g_{13}+g_{24})-(g_{14}+g_{23}) \tag{5-6}$$

介质中的能量损耗与绝缘电导成正比。

同样，在主串回路 1 中，由于磁场的作用，会产生对被串回路 2 的磁干扰。这种干扰可以视为回路 1 中的电流 I_1，通过回路 1 与回路 2 之间的磁耦合，串扰至回路 2 中，从而在回路 2 内引发干扰电流 I_{2m}。

磁干扰用磁耦合表示，其定义为被串回路中的感应电动势 E_2 与主串回路的电流 I_1 之比。

$$M_{12} = -\frac{E_2}{I_1} = r + \mathrm{j}\omega m \tag{5-7}$$

式中　r——磁耦合的实数部分，称为导电耦合；

　　　m——电感耦合。

导电耦合 r 是主串回路和被串回路导电线芯金属损耗不平衡的结果。电感耦合 m 是主串回路和被串回路线芯间部分电感不平衡的结果。

电磁耦合的等效电桥如图 5-4 所示，主串回路由绝缘导线①-②构成，而被串回路则由绝缘导线③-④组成。这两个回路中的线芯间存在互感 m_{13}、m_{14}、m_{23} 和 m_{24}，以及相应的金属涡流损耗 r_{13}、r_{14}、r_{23} 和 r_{24}。从图 5-4 中可以清晰地看出，这一结构类似于一个电桥电路。当两个回路的结构完全对称，即所有部分互感及涡流损耗均相等时，电桥处于平衡状态。在这种情况下，若对主串回路施加电压，被串回路中将不会产生感应电流。然而，若回路结构出现不对称（例如，导体直径或导体中心距的差异）或导体本身的电气特性不均匀（如电阻率、磁导率的不同），将会导致部分电感及涡流损耗之间的不平衡，进而使电桥失衡，并在被串回路中引发感应电流的产生。

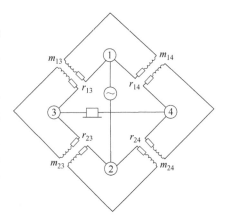

图 5-4　电磁耦合的等效电桥

导电耦合 r 是由线芯间金属涡流损耗不平衡决定的，即

$$r = (r_{14}+r_{23})-(r_{13}+r_{24}) \tag{5-8}$$

各线芯在有效电阻，以及相邻回路、屏蔽层和其他金属部分中的涡流损耗方面的差异越大，则 r 值越大。

电感耦合 m 由回路间部分电感不平衡决定的，即

$$m = (m_{14}+m_{23})-(m_{13}+m_{24}) \tag{5-9}$$

同样，若用 r 表示导线的半径，μ 表示线对间的磁导率，a_{13}、a_{14}、a_{23}、a_{24} 分别表示导线①-③、①-④、②-③、②-④中心距，通过磁场理论计算，可求得电感耦合 m 与几何尺寸间的关系，如式（5-10）所示。

$$m = \frac{\mu}{2\pi}\ln\frac{a_{14}a_{23}}{a_{13}a_{24}} \tag{5-10}$$

由式（5-4）、式（5-10）可知，电容耦合与电感耦合决定于所用绝缘材料和主、被串回路的相互位置。耦合的大小与 $\ln\frac{a_{14}a_{23}}{a_{13}a_{24}}$ 有关。如果回路间在结构上能达到 $\frac{a_{14}a_{23}}{a_{13}a_{24}}=1$，则理论上电容耦合和电感耦合均为零。对于理想的星绞组，组内实回路（相对的两根线分别构成一个回路）间 $a_{23}=a_{14}=a_{13}=a_{24}$ 可满足上述条件，因此回路间不存在系统性耦合，仅存在由于原材料及工艺的不均匀所引起的机遇性耦合。对于对绞组而言，结构上不能满足 $\frac{a_{14}a_{23}}{a_{13}a_{24}}=1$，则耦合一定存在，这种耦合属于系统性耦合，是由回路结构所决定的，无法通过提高材料和工艺的均匀性来消除。它既有系统性耦合又有因材料不均匀及工艺偏差引起的机遇性耦合。对称电缆线组间采用绞合节距配合的目的就是削弱线组间的系统性耦合。

上述对电磁耦合的研究是针对两个孤立回路的，实际中电缆中通常包含许多线组，同时还有金属套的影响，因此回路间的干扰要复杂得多。

根据实验，通常情况下，星绞组内回路间的耦合要比组间耦合大得多，因此要特别注意组内串音。

g、k、r、m 称为对称通信电缆的一次干扰参数。它们的大小是由主串和被串回路的导线相互位置以及所使用材料和工艺的均匀性所决定。

5.1.3　二次干扰参数

在通信电缆领域中，串音衰减与串音防卫度作为二次干扰参数，用于衡量串音的大小。串音衰减描述了能量从主串回路入侵到被串回路时的衰减程度。当串音衰减较大时，意味着在串音传输过程中，能量得到了较大的衰减，从而降低了串音对通信质量的影响；相反，若串音衰减较小，则串音对通信质量的干扰将比较显著。在数值表达上，串音衰减采用主串回路发送功率 P_1 与串入到被串回路中的功率 P_2 之比的对数来表示。即

$$B = \frac{1}{2}\ln\frac{P_1}{P_2}\ (\text{Np}) \tag{5-11}$$

或
$$B = 10\lg\frac{P_1}{P_2}\ (\text{dB}) \tag{5-12}$$

串音现象可被划分为近端串音与远端串音两大类。近端串音指的是被串回路中的受干扰端与主串回路中的信号发送端位于同一侧的情况。相反，当受干扰端与信号发送端不在同一侧时，称之为远端串音。相应地，串音衰减分为近端串音衰减和远端串音衰减，示意图如图 5-5 所示。

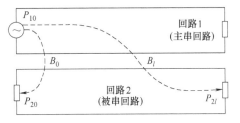

图 5-5　近、远端串音衰减示意图

近端串音衰减计算公式为

$$B_0 = \frac{1}{2}\ln\frac{P_{10}}{P_{20}}\ (\text{Np}) \tag{5-13}$$

或
$$B_0 = 10 \lg \frac{P_{10}}{P_{20}} \ (\text{dB}) \tag{5-14}$$

式中　P_{10}——主串回路的发送功率；

　　　P_{20}——串至被串回路近端的串音功率。

远端串音衰减计算公式为

$$B_l = \frac{1}{2} \ln \frac{P_{10}}{P_{2l}} \ (\text{Np}) \tag{5-15}$$

或
$$B_l = 10 \lg \frac{P_{10}}{P_{2l}} \ (\text{dB}) \tag{5-16}$$

式中　P_{2l}——串至被串回路远端的串音功率。

当主串回路特性阻抗为 Z_{C1}、被串回路特性阻抗为 Z_{C2} 时，近端与远端串音衰减若用电流或电压表示，则上述公式变为

$$B_0 = \ln \left| \frac{I_{10}}{I_{20}} \right| + \frac{1}{2} \ln \left| \frac{Z_{C1}}{Z_{C2}} \right| = \ln \left| \frac{U_{10}}{U_{20}} \right| + \frac{1}{2} \ln \left| \frac{Z_{C2}}{Z_{C1}} \right| \ (\text{Np}) \tag{5-17}$$

或
$$B_0 = 20 \lg \left| \frac{I_{10}}{I_{20}} \right| + 10 \lg \left| \frac{Z_{C1}}{Z_{C2}} \right| = 20 \lg \left| \frac{U_{10}}{U_{20}} \right| + 10 \lg \left| \frac{Z_{C2}}{Z_{C1}} \right| \ (\text{dB}) \tag{5-18}$$

$$B_l = \ln \left| \frac{I_{10}}{I_{2l}} \right| + \frac{1}{2} \ln \left| \frac{Z_{C1}}{Z_{C2}} \right| = \ln \left| \frac{U_{10}}{U_{2l}} \right| + \frac{1}{2} \ln \left| \frac{Z_{C2}}{Z_{C1}} \right| \ (\text{Np}) \tag{5-19}$$

或
$$B_l = 20 \lg \left| \frac{I_{10}}{I_{2l}} \right| + 10 \lg \left| \frac{Z_{C1}}{Z_{C2}} \right| = 20 \lg \left| \frac{U_{10}}{U_{2l}} \right| + 10 \lg \left| \frac{Z_{C2}}{Z_{C1}} \right| \ (\text{dB}) \tag{5-20}$$

　　I_{10}——主串回路发送端的电流；

　　U_{10}——主串回路发送端的电压；

　　I_{20}——串入被串回路近端的串音电流；

　　U_{20}——串入被串回路近端的串音电压；

　　I_{2l}——串入被串回路远端的串音电流；

　　U_{2l}——串入被串回路远端的串音电压。

当主串回路和被串回路特性阻抗相同时，则：

$$B_0 = \ln \left| \frac{I_{10}}{I_{20}} \right| = \ln \left| \frac{U_{10}}{U_{20}} \right| \ (\text{Np}) \tag{5-21}$$

或
$$B_0 = 20 \lg \left| \frac{I_{10}}{I_{20}} \right| = 20 \lg \left| \frac{U_{10}}{U_{20}} \right| \ (\text{dB}) \tag{5-22}$$

$$B_l = \ln \left| \frac{I_{10}}{I_{2l}} \right| = \ln \left| \frac{U_{10}}{U_{2l}} \right| \ (\text{Np}) \tag{5-23}$$

或
$$B_l = 20 \lg \left| \frac{I_{10}}{I_{2l}} \right| = 20 \lg \left| \frac{U_{10}}{U_{2l}} \right| \ (\text{dB}) \tag{5-24}$$

在通信领域，串音的程度对传输质量具有直接影响。然而，仅通过串音衰减的大小来评估其影响是片面的。实际上，串音对通话质量的影响程度，取决于接收到的有用信号功率与串音信号功率之间的相对大小。因此，即使串音功率较大，但接收的有用信号功率远超串音

功率，串音的影响相对而言并不显著；反之，若串音功率虽小，但接收的有用信号功率同样微弱，甚至接近串音功率，则串音的影响将变得显著。因此，在实践中，为了更准确地衡量串音的影响程度，广泛采用串音防卫度 B_{12} 这一概念来表示串间影响的程度。

在通信工程中常用的串音防卫度是指远端串音防卫度，它定义为被串回路远端（接收端）收到的信号电平 $p_{信}$ 与串到该接收端的串音电平 $p_{串}$ 之差，即

$$B_{12} = p_{信} - p_{串} = (p'_{10} - \alpha_2 l) - (p_{10} - B_l)$$

式中　p_{10}——主串回路发送端的发送电平；

　　　p'_{10}——被串回路发送端的发送电平；

　　　$\alpha_2 l$——被串回路的固有衰减；

　　　B_l——主串到被串的远端串音衰减。

当主串回路与被串回路相同（$\alpha_1 = \alpha_2 = \alpha$）及发送电平相同（$p_{10} = p'_{10}$）时，则远端串音防卫度为

$$B_{12} = B_l - \alpha l$$

如果用对数表示，则为

$$B_{12} = \frac{1}{2}\ln\frac{p_{10}}{p_{2l}} - \frac{1}{2}\ln\frac{p_{10}}{p_{1l}} = \frac{1}{2}\ln\frac{p_{1l}}{p_{2l}} \text{（Np）} \tag{5-25}$$

式中　P_{1l}——主串回路远端接收到得信号功率。

如果用电压来表示，则为

$$B_{12} = \ln\left|\frac{U_{1l}}{U_{2l}}\right| \text{（Np）} \tag{5-26}$$

或　　　　　　　　　　　$$B_{12} = 20\lg\left|\frac{U_{1l}}{U_{2l}}\right| \text{（dB）} \tag{5-27}$$

远端串音防卫度的测试即根据式（5-26）或式（5-27）进行。

一次干扰参数与二次干扰参数均用于表征回路间的干扰情况。一次干扰参数主要用于分析数十千赫兹频率下短电缆（接近制造长度）的干扰现象，能够揭示在一次干扰参数中起主导作用的因素。然而，在探讨高频电缆或长电缆线路中的串音问题时，一次干扰参数的确定变得困难，因此，我们转而采用二次干扰参数来评估串音的程度。

一次干扰参数（主要涉及电磁耦合）与二次干扰参数（即串音衰减）均受到多种因素的影响，包括主串回路与被串回路间的相对位置、通信方式、绞合方式、结构均匀性（无论是沿电缆长度方向还是截面方向）以及所用材料的质量等。此外，这两个参数还与电缆的长度以及传输信号的频率密切相关。

5.2　对称回路间的间接串音

根据对称电缆回路间的串音途径，可分为直接串音和间接串音两种。直接串音是电缆主串回路信号通过两回路间电磁耦合直接串到被串回路上所形成的串音。间接串音是主串回路信号通过较为复杂的间接途径串到被串回路上形成的串音。间接串音有两种：一种是经由第三回路的间接串音；另一种是由于反射而引起的间接串音。

5.2.1　经由第三回路的间接串音

能量的串扰若通过并列的其他相邻回路实现，则与回路Ⅰ和回路Ⅱ之间的直接相互作用存在显著差异。这种通过第三回路（即回路Ⅲ）产生的干扰，在图 5-6 中得到了清晰的展示。

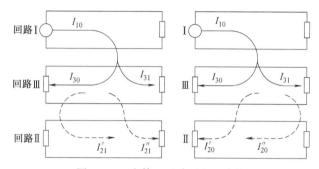

图 5-6　经由第三回路引起的串扰

观察图 5-6 可知，干扰源回路Ⅰ在相邻的回路Ⅲ上分别引起了流向近端和远端干扰电流 I_{30} 和 I_{31}。I_{30} 通过与被串回路Ⅱ之间的耦合，在被串回路Ⅱ中产生了流向近端的电流 I'_{20} 及流向远端的 I'_{21}。I_{31} 通过与被串回路Ⅱ之间的耦合，在被串回路Ⅱ中产生了流向近端的电流 I''_{20} 及流向远端的 I''_{21}。这样在被串回路Ⅱ的近端有附加的串音电流 I'_{20} 及 I''_{20}，而在远端则有附加串音电流 I'_{21} 及 I''_{21}。

理论和经验证明，经过第三回路产生的流向被串回路近端的附加串音电流 I'_{20} 及 I''_{20} 比相应的直接串音电流小得多，可忽略不计。而通过第三回路以双近端及双远端形式串到被串回路远端的附加串音电流 I'_{21} 及 I''_{21} 将产生较大影响。

5.2.2　由于反射引起的间接串音

如图 5-7 所示，主串回路负载不匹配会导致间接串音的产生。当回路Ⅰ中的电磁波抵达终端时，若终端阻抗不匹配，部分电流将发生反射。此反射电流通过两回路间的电磁耦合，以近端串音的形式传递到回路Ⅱ的远端；以远端串音的形式串入回路Ⅱ的始端，若回路Ⅱ的始端同样存在阻抗不匹配，该串音电流将再次反射，返回回路Ⅱ的远端。因此，负载不匹配会诱发附加串音。这种由反射引起的附加串音与阻抗失配程度密切相关，失配程度越大，反射引起的附加串音就越显著。

此外，主串回路电缆中的不均匀区域（即阻抗值不相等的部位）也会引发反射，从而在回路间产生附加干扰。图 5-8 展示了电缆不均匀引起的附加干扰的机理，与上述现象类似。

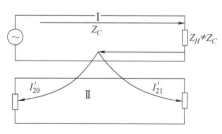

图 5-7　负载不匹配引起的附加干扰

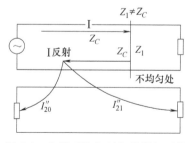

图 5-8　电缆不均匀引起的附加干扰

值得注意的是，在评估干扰时，必须综合考虑直接干扰和间接干扰的影响。这种综合效应会导致电缆近端及远端的串音衰减 B_0 和 B_l 相应减小，进而显著降低回路的干扰防卫能力。

对于对称电缆回路间的直接串音，其串音衰减随频率的升高而减小，在最高传输频率下达到最小值。然而，在存在间接串音的情况下，附加串音电流与直接串音电流的相位关系可能随频率变化，有时同相，有时反相。因此，串音衰减的最低值不一定出现在最高传输频率下，这相当于串音衰减的频率特性发生了畸变。因此，对称通信电缆的串音衰减测试应在全频带范围内进行。

在高频环境下，近端串音主要由直接串音构成，间接串音所占比重较小，因此，对于近端串音的测量，可以简化为仅测量Ⅰ串Ⅱ。然而，在远端串音方面，情况则截然相反，间接串音占的比重大，而直接串音所占比重较小。这一差异导致，当电缆均匀性不佳时，反射作用引发的间接串音问题尤为严重，常常出现近端串音衰减达标而远端串音防卫度不合格的现象。此外，间接串音的存在还打破了回路Ⅰ与回路Ⅱ之间远端串音的可逆性规律，进一步加剧了交换效应。因此，在对称电缆远端串音防卫度的测试中，为确保测试的准确性和全面性，应同时测量Ⅰ串Ⅱ和Ⅱ串Ⅰ。

5.3 对称回路间电磁耦合系数及频率的关系

5.3.1 电磁耦合系数对串音衰减的影响

在通信系统中，电磁耦合系数与串音衰减类似，同样可被细分为近端电磁耦合系数（N）和远端电磁耦合系数（F）。这两种系数均可通过电耦合系数 k_c 与磁耦合系数 k_m 的代数和来具体表达。

$$N = k_c + k_m$$

$$= \left(\frac{g}{\omega} + jk \right) + \frac{\dfrac{r}{\omega} + jm}{Z_C^2} \tag{5-28}$$

$$= \frac{k_{12}}{\omega} + \frac{M_{12}}{\omega Z_C^2}$$

$$F = k_c - k_m$$

$$= \left(\frac{g}{\omega} + jk \right) - \frac{\dfrac{r}{\omega} + jm}{Z_C^2} \tag{5-29}$$

$$= \frac{k_{12}}{\omega} - \frac{m_{12}}{\omega Z_C^2}$$

图 5-9 表示了对称星形四线组内近端和远端电磁耦合向量情况。

如果把 $\dot{N}$ 和 $\dot{F}$ 的实部与虚部分开表示：

$$\dot{N} = \left(\frac{g}{\omega} + \frac{r}{\omega Z_C^2} \right) + j\left(k + \frac{m}{Z_C^2} \right) \tag{5-30}$$

$$\dot{F} = \left(\frac{g}{\omega} - \frac{r}{\omega Z_C^2} \right) + j\left(k - \frac{m}{Z_C^2} \right) \tag{5-31}$$

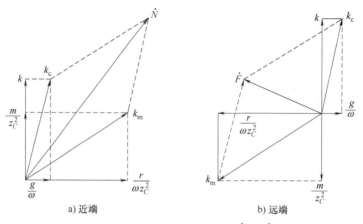

图 5-9 四线组内的耦合向量 $\dot{N}$ 和 $\dot{F}$

则：

$$| \dot{N} | = \sqrt{\left(\frac{g}{\omega} + \frac{r}{\omega Z_C^2} \right)^2 + \left(k + \frac{m}{Z_C^2} \right)^2} \tag{5-32}$$

$$| \dot{F} | = \sqrt{\left(\frac{g}{\omega} - \frac{r}{\omega Z_C^2} \right)^2 + \left(k - \frac{m}{Z_C^2} \right)^2} \tag{5-33}$$

在低频范围内，耦合影响主要决定于电耦合 k，此时 $| \dot{N} |$ 和 $| \dot{F} |$ 将相等，并且 $| \dot{N} | = | \dot{F} | = k$。

各四线组之间的串音衰减比四线组内的串音衰减大；远端串音衰减显著大于近端衰减，这在四线组内部尤为突出；串音衰减将随频率的增加而减少。

利用式（5-21）和式（5-23）可得到串音衰减与远、近端耦合系数的关系。

$$\begin{aligned} B_l - B_0 &= \ln \left| \frac{2}{\omega Z_C F} \right| - \ln \left| \frac{2}{\omega Z_C N} \right| \\ &= \ln \left| \frac{N}{F} \right| \end{aligned} \tag{5-34}$$

5.3.2 电磁耦合系数与频率的关系

在低频（小于 10kHz）范围内，电容耦合相较于电感耦合占据主导地位。然而，随着频率的增加，这两种耦合之间的比例关系逐渐发生变化，电感耦合的数值逐渐接近电容耦合。

随着频率的进一步提升，耦合（尤其是磁耦合）的实数部分开始显著增大（在直流情况下，它们均等于零）。相比之下，电耦合的实数部分$\left(\text{即介质耦合} \dfrac{g}{\omega}\right)$相对较小。

值得注意的是，电容耦合 k 随频率的增加略有增大，这种变化与介电常数的频率特性密切相关。而电感耦合 m 则因邻近效应的影响，在频率增大时呈现减小趋势。具体而言，磁耦合的实数部分 $\dfrac{r}{\omega}$ 随着频率的增加从零（直流时）开始增大，在 15~30kHz 范围内达到最大值，随后逐渐下降，最后趋于定值。这一现象可归因于涡流损耗极大时，涡流不平衡的不显著性。

此外，电耦合的实数部分 $\dfrac{g}{\omega}$ 仅在交流情况下开始作用，并在某一特定频率达到最大值。这一特性与所用介质材料的固有属性紧密相关。

在低频范围内，由于传输的信号频率较低，介质耦合 g、导电耦合 r 以及电感耦合 m 的影响均可忽略不计，因此电容耦合 k 成为主导因素。此外，由于回路间的间接串音相对较小，可忽略不计，故仅需考虑直接串音的影响。这解释了为何在一般对称通信电缆的制造过程中，通常通过测量其电容耦合系数 k_1 来控制串音衰减。在这种情况下，耦合系数 N 和 F 可以视为彼此相等，从而使得在制造长度相同的电缆段时，近端和远端的串音衰减也保持相等。

$$B_0 = B_l = \ln \left| \frac{2}{\omega Z_C k} \right| \tag{5-35}$$

将 $k = \dfrac{k_1}{4}$ 代入上式，得：

$$B_0 = B_l = \ln \left| \frac{8}{\omega Z_C k_1} \right| \tag{5-36}$$

相比之下，高频电缆的情况则更为复杂。在高频情况下，电感耦合 m 与电容耦合 k 的作用相当，且介质耦合 g 和导电耦合 r 的影响亦不容忽视。因此，回路间的串音由这 4 个一次干扰参数共同决定。值得注意的是，近端电磁耦合系数是电耦合与磁耦合之和，而远端电磁耦合系数则是电耦合与磁耦合之差，这导致高频时近端串音通常比远端串音更为严重。此外，经第三回路的直接耦合与频率成正比，而间接耦合则与频率的二次方成正比，这意味着间接耦合的作用在高频情况下尤为显著，不可忽略。间接串音途径的多样性，进一步加剧了回路间串音的复杂性和严重性。

造成高频串音的电磁耦合中，既有直接的电磁耦合，又有各种间接的电磁耦合。由于每个耦合都可视为一个矢量，因此，总体的电磁耦合效应可以视为这些矢量之和。总耦合矢量直接决定了串音衰减（或串音防卫度）。在多数情况下，近端总串音耦合矢量幅值大于远端的总串音电磁耦合的矢量幅值。总的串音耦合矢量与串音衰减（或串音防卫度）之间的关系如下

$$B_0(B_l) = \ln \left| \frac{8}{Y Z_C} \right| \ (\text{NP}) \tag{5-37}$$

式中　Z_C——回路的特性阻抗；

　　　Y——总串音电磁耦合矢量（西门子）。

5.4　对称通信电缆线组串音的改善

5.4.1　改善线组间串音常用措施

基于本章 5.1 节对串音产生机制的深入剖析，针对线组间的串音问题，主要采纳两大类改善策略。

首类策略聚焦于隔离或削弱主串回路在被串回路空间域内产生的电磁场。其具体实施路

径为，在主串回路与被串回路之间直接增设屏蔽层，以此消除或削弱两者间的电磁耦合效应，进而达成改善串音的目的。此外，亦可在主串线组外部以挤压式挤包一层与绝缘材料具有相同等效相对介电常数且损耗角正切值较低的挤压式内护套（为防止绝缘与内护套黏连，可涂抹合适的脱模剂，此举旨在避免因电磁场畸变及阻抗不均匀所引发的间接串音）。此做法能有效约束大部分电磁场于绝缘层与护套内部，显著降低被串回路空间域内的电磁场强度，从而在源头上削弱对相邻线组的串音干扰。然而，相较于直接施加屏蔽层，此法的改善成效稍显逊色。

另一类策略则侧重于在电磁耦合已经产生之后，如何有效削弱总串音耦合矢量。具体策略涵盖：

1）确保绝缘芯线的均匀性与对称性：此为基础性举措，旨在提升线组的抗干扰能力。对于理想的星绞组而言，线组内部的主串回路与被串回路呈相互垂直对称之态，自然满足式（5-4）与式（5-10）所规定的条件$\frac{a_{14}a_{23}}{a_{13}a_{24}}=1$，故不存在直接的系统性串音。然而，在实际生产制造过程中，受芯线尺寸偏差等因素影响，此垂直对称状态可能遭受局部性破坏，进而诱发系统性直接串音。因此，确保绝缘芯线的均匀性与对称性，成为改善星绞组内串音问题的关键所在。值得注意的是，当星绞组采用屏蔽层时，尽管屏蔽层可能引发电磁场畸变并产生直接系统性耦合，但此类耦合的数值通常较小，可以忽略不计。对于对绞组而言，尽管理论上主串回路与被串回路间难以满足条件$\frac{a_{14}a_{23}}{a_{13}a_{24}}=1$，但确保绝缘芯线的均匀性与对称性可减小介质损耗不平衡、涡流损耗不平衡、电容不平衡和电感不平衡，从而有效降低电磁耦合强度。

2）增大主串与被串回路间的距离：在条件允许的前提下，通过增大主串回路与被串回路间的空间距离，可削弱电磁耦合强度，进而改善线组间的串音状况。

3）合理匹配绞节距：通过合理匹配主串回路与被串回路的绞合节距，利用交叉效应原理减少被串回路的总串音耦合矢量，从而达到改善线组间串音的效果。

5.4.2　交叉效应

在电缆的制造过程中，将绝缘线芯绞合成线组，旨在达成多重目标：维持回路传输参数的恒定性，提升电缆的弯曲柔韧性，以及运用交叉效应原理有效削弱电缆线组间的电磁耦合效应，进而降低组间串音干扰。

电缆中绞合节距的配合机制，其原理与架空线中回路交叉所扮演的角色颇为相似。

图 5-10 展示了两个平行的架空线回路，其中线芯 1-2 构成主串回路，而 3-4 则构成被串回路。

在图 5-10a 情形中，主串回路在传输信号时，导线 1 中的电流 I_1 会在导线 3 和 4 中分别感应出电流 I_{13} 与 I_{14}。鉴于导线 3 相较于导线 4 更接近于导线 1，因此电流 I_{13} 大于 I_{14}，二者之差为 $I_{13}-I_{14}$。同样，导线 2 中的电流也会引发类似的感应作用，产生差额电流 $I_{23}-I_{24}$。这些差额电流在被串扰回路的接收端累积，形成干扰电流。

在图 5-10b 情形中，导线 3 与 4 上分别产生电流 $I_{13}+I'_{13}$、$I_{14}+I'_{14}$，在 l 段内，导线 3 的电流 I_{13} 大于导线 4 的电流 I_{14}，相反在 l' 段内，则呈现相反情况，即导线 3 的电流 I'_{13} 小于导

线 4 的电流 I'_{14}。由于两导线交叉部分的长度 $l=l'$，导线 3、4 的总电流 $I_{13}+I'_{13}$、$I_{14}+I'_{14}$ 大小相等、方向相反，因此其干扰作用相互抵消。同理，导线 2 中流经的电流在导线 3 与 4 中所引发的干扰电流亦相互抵消。

上述交叉效应是以 l 及 l' 两段上电流相等为基础的。然而，在实际情况下，由于电流沿电线传输过程中的衰减，始端电流大于终端电流（$I_{13}>I'_{14}$ 及 $I_{14}>I'_{13}$），因此在导线 3 与 4 中，这些电流无法完全相互抵消，被串扰回路中仍存在干扰电流。若回路在多个点交叉，则交叉效果更为显著。回路导线间的交叉次数越多，相邻段落电流的数值差异越小，回路间的干扰亦随之减轻。

在图 5-10c 情形中，主串回路与被串扰回路均在中点位置交叉，此时交叉作用相互抵消，交叉效应不复存在。

综上所述，适度的交叉有助于减轻干扰，但交叉节距需合理配合。且交叉节距越小，交叉效果越佳。

从本质上而言，电缆线组的绞合与交叉存在相似之处，不同之处在于交叉是在间隔一定距离的点上变换导线间的位置，而绞合则是沿电缆的整个长度方向上均匀变换导线的相互位置。因此，为了降低电缆内各线组间的干扰，相邻线组的绞合节距应各不相同，以实现交叉效应。

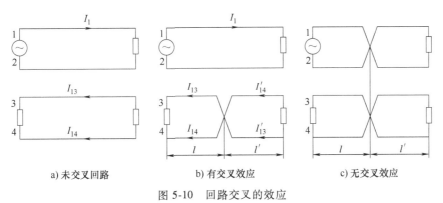

a) 未交叉回路　　　　b) 有交叉效应　　　　c) 无交叉效应

图 5-10　回路交叉的效应

5.4.3　线组节距设计方法

1. 低频电缆节距设计方法

基于交叉效应原理及平衡节（即主串、被串线组节距的最小公倍数）长度最小化原则，缆芯中同一层对绞、星绞节距配合可分别按式（5-38）与式（5-39）计算。

$$\frac{h_1}{h_2}=\frac{2v\pm1}{2w} \tag{5-38}$$

$$\frac{h_1}{h_2}=\frac{4v\pm1}{4w} \tag{5-39}$$

式中　h_1、h_2——相互配合的线组节距；

　　　v、w——大于零的任意整数。

需要特别指出，此处的线组节距 h_1、h_2 均指成品电缆中的实际线组节距。在电缆的成缆绞制工艺过程中，线组的节距会发生相应的变化，其近似值可通过式（5-40）进行计算。

当成缆绞制方向与线对绞制方向相同时，公式中的符号取"+"；方向相反时，则取"-"。由于成缆绞制方向与线组绞制方向相反时，会导致线组发生开扭现象，进而引发导线中心距的不稳定，最终致特性阻抗不稳定。因此，在通常情况下，应优先选择同向绞合方式。

$$\frac{1}{h_c}=\frac{1}{h_t}\pm\frac{1-k_c}{H} \tag{5-40}$$

式中　h_c——成缆后的线对节距；

　　　h_t——成缆前的线对节距；

　　　H——成缆节距；

　　　k_c——退扭成缆时线对退扭率，非退扭式成缆取值0。

关于线对节距分配的问题，在低频电缆中，回路间的相互干扰主要由电容耦合决定，而磁耦合的影响相对较小。电容耦合主要作用于相邻较近的线组之间，对于相距较远的线组，其电容耦合效应则微乎其微。特别是当两线组之间有第三线组隔开时，即使这两组绞合节距并不相互匹配，其电容耦合的影响也可忽略不计。电缆中的中间线组在电容耦合引起的干扰中起到了类似静电屏蔽层的作用，有效承受了干扰电场。因此，在低频电缆的设计中，只需重点关注相邻各组绞合节距的配合问题。为此，采用几个不同但相互协调的绞合节距，并使其交错排列，便足以满足需求。

2. 高频电缆节距设计方法

对于高频电缆，由于电磁耦合均起作用，而磁场的作用传得远，因此磁耦合产生的干扰会在电缆中各个线组间发生。串音问题变得更为复杂，给线组节距的确定带来很大的困扰。根据式（5-1）、式（5-4）、式（5-7）、式（5-10）及式（5-37）可推导出多对线缆中，线组间的直接电磁耦合可表示为式（5-41）[33]。

$$|Y|\approx\frac{A_1}{\left|\frac{1}{h_1}-\frac{1}{h_2}\right|D^2}+\frac{A_2}{\left|\frac{1}{h_1}+\frac{1}{h_2}\right|D^2}+A_0 \tag{5-41}$$

式中　h_1、h_2——主、被串线组节距；

　　　D——主、被串线对中心距；

A_0、A_1、A_2——与导体直径、绝缘外径、介质等效相对介电常数、线对直径、信号频率、线对阻抗和主、被串线组间是否有其他线对或屏蔽等相关的量。

式中，约等于号左边的| |表示复数取模，右边的| |则表示取绝对值。

从式中可以看出，增大线组回路间的节距差（即增加线组节距的倒数差）和减少线组节距（即增大线组节距的倒数和）均有利于减少回路间的串音耦合。另外，由于A_2通常小于A_1。因此，在确定线组节距时优先让相邻线组节距倒数差尽量大。

多对高频对称线组节距按下述步骤确定：

（1）确定节距取值范围和个数

线组节距取值范围需综合考虑以下因素：

1）节距过小会导致线组生产效率低、线芯变形过大，对星绞组来讲，节距过小还会引起组内串音变差；节距过大会因线组结构不稳定导致回波损耗变差。

2）电缆中是否有一些线对用于并行传输？若用于并行传输，应考虑不同线对因节距差异带来的传输时延差过大的问题。

　　3）串音衰减或防卫度要求低或线组有屏蔽时，线组节距可以取大一些，反之，线组节距范围可取小一些。

　　电缆中节距个数的选取通常需综合权衡以下因素：

　　1）电缆内含线对数目较大时，尤其是针对高频数据电缆而言，更倾向于采用小对数单位式结构作为优选方案。

　　2）由单位组成的电缆，原则上每个单位内部的线组应赋予不同的节距，以减小相互干扰。

　　3）对于不同单位内的线对而言，鉴于其线对中心距相对较远，且不同单位线对中心连线间存在其他线对的有效隔离，因此，可采用相近甚至相同的节距设计，以减少总的节距个数。

　　4）在大对数层绞式电缆中，同一层内线对，在间隔若干线对后，可采用相同或相近的节距，相邻层内（反向层绞合）或相间层内可采用相同或相近的节距。

　　5）当电缆中单元数量较多，线对间干扰现象较为严重时，可通过在每个单元外部增设屏蔽层或挤包一层内护套的方式，来降低线对间的电磁耦合效应。

　　（2）分配线组节距

　　在选定的最大、最小节距范围内按节距倒数等差方式确定剩余线组节距。将这些节距分配给电缆中线对，分配时按以下原则进行：

　　1）相邻线对节距的差值应大于线组节距的绞制公差。

　　2）同一单位或同一层中，相邻线对的节距倒数差尽可能大，且要尽量避开较小的整数节距比，尤其是 1∶1、1∶3、1∶5 等奇数比的情形。

　　3）两线组间距离较远或两线组连线间有其他线组或屏蔽时，可将线组节距倒数差值稍微调小一点。

　　（3）试生产并检测

　　将上述确定的线组节距进行样品试制，然后进行检测。

　　（4）节距微调

　　分析试制样品的检测结果。若大多数线对的串音指标较差，则可能需要调整线组节距范围或个数；若只是个别线对组合的串音指标较差，则只需对个别节距进行微调。重复第 3、4 步，直到电缆串音指标达到预期。

5.5　同轴电缆回路间的串音

5.5.1　同轴电缆回路间的相互干扰

1. 串扰机理

　　同轴电缆回路的电磁场被严格局限于其内外导体之间，与对称通信电缆相比，这一特性显著减少了回路外部空间的电磁干扰。因此，直观上可能认为同轴电缆回路间不存在相互干扰的问题。然而，实际情况却并非如此简单。当两个同轴电缆回路并列放置时，它们的外导体之间会形成一个中间回路，这一结构为相互干扰或外界电磁场的串入提供了途径。

如图 5-11 所示，同轴电缆中的干扰机制具体表现为：当电流沿主串同轴回路 I 的外导体流动时，受邻近效应和趋肤效应的影响，外导体内表面的电流密度大而外表面的电流密度小。这一电流分布导致在外导体表面形成了电压降，可视为一个电动势作用于中间回路 III，进而在中间回路中引发电流。该电流同样流经被串同轴回路 II 的外导体，形成干扰电流。由于趋肤效应的作用，干扰电流在被串同轴回路 II 的外导体中的分布呈现向内表面逐渐减少的趋势。尽管在外导体内表面的干扰电流相较于外表面的电流要小得多，但其值并不为零，且具有一定的数值。这部分干扰电流同样会在被

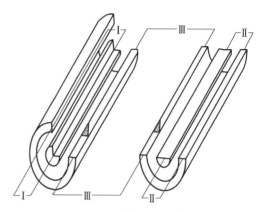

图 5-11　同轴电缆中干扰过程
I—干扰回路　II—被干扰回路　III—中间回路

串回路 II 的外导体内表面产生电压降，该电压降可视为作用于回路内外导体间的干扰电动势。最终，这一干扰电动势在回路的始端产生干扰电压，导致串扰现象的发生。

2. 影响干扰的因素

同轴电缆回路间的干扰强度主要取决于主串同轴电缆回路外导体外表面流过的电流大小。电流越大，相应的干扰电动势也越大，从而在中间回路中引发的电压与电流也随之增大，进而在被串回路中产生更大的干扰电流。然而，同轴电缆回路外导体外表面的电流受邻近效应影响，随着传输频率的增加而减少，因此，同轴电缆回路间的相互干扰也随之减弱。实验数据表明，当传输频率低于 50~60kHz 时，同轴电缆的抗干扰性能最差；而当传输频率极高时，由于电流几乎全部集中在同轴电缆内部，外导体外表面电流几乎为零，电缆形成了优异的自身屏蔽，从而表现出最佳的抗干扰性能。

此外，外导体的结构和厚度对同轴电缆回路间的相互作用具有显著影响。外导体结构越接近理想圆柱体且厚度越大，同轴电缆回路的抗干扰性能就越好。然而，过度增加外导体厚度以提高抗干扰性能既不合理也不经济，因为这不仅会大幅增加电缆成本，还会浪费大量贵金属铜。因此，在具体设计同轴电缆时，确定外导体厚度需综合考虑两个方面：一方面要确保电缆在最低使用频带时的"透入深度"满足要求并留有适当余量；另一方面，要保证电缆具有足够的机械强度，以维持良好的结构稳定性。

3. "透入深度"与涡流系数之间的关系

在同轴电缆回路中施加交流电流时，涡流效应显著影响导体的电流分布。内导体因涡流作用而产生趋肤效应，导致电流主要集中在其外表面的一个薄层内流动，该薄层厚度记为 θ_a。相比之下，外导体则同时受到邻近效应和趋肤效应的影响，使得电流主要集中在其内表面的一个薄层内流动，该薄层厚度记为 θ_b。涡流的强度与趋肤效应及邻近效应的显著性成正比，涡流越强，这两个效应越明显，相应的薄层厚度也就越小。因此，引入电流穿透至导体内部的透入深度 θ 作为衡量涡流作用强度及其引起的趋肤效应或邻近效应的指标。透入深度 θ 与涡流系数之间的具体关系可通过式（5-42）和式（5-43）进行量化描述。

$$\theta = \frac{\sqrt{2}}{k} \tag{5-42}$$

$$k = \sqrt{\omega\mu\sigma} \tag{5-43}$$

式中 μ——磁导率，$\mu = \mu_0\mu_r = \mu_r \times 4\pi \times 10^{-9}$（H/cm）；

$\quad\quad\sigma$——电导率（s/cm）；

$\quad\quad\omega$——传输频率，$\omega = 2\pi f$。

同轴电缆回路间的干扰不仅受频率、外导体结构和厚度的影响，还与电缆中各回路的布放情况以及外导体材料的选用密切相关。具体而言，材料的差异对屏蔽效果有显著影响，例如，钢相较于铜具有更优的屏蔽效应。因此，在需要防止低频干扰的场合，可以考虑在同轴电缆的外导体上螺旋状地缠绕两层钢带，以此作为增强的屏蔽层。

5.5.2 同轴电缆的串音防卫度

与对称通信电缆类似，同轴电缆回路中的相互干扰问题同样通过电缆的近端串音衰减（B_0）、远端串音衰减（B_l），或串音防卫度（B_{12}）来衡量与选择。这些参数均紧密关联于耦合阻抗（Z_{12}），为评估同轴电缆在抑制相互干扰方面的性能提供了关键依据。

1. 耦合阻抗 Z_{12}

耦合阻抗 Z_{12}（也称转移阻抗），它是干扰同轴回路外导体表面上所产生的电压 U_c 对回路中流动的电流 I 的比值，同轴电缆回路的耦合阻抗如图 5-12 所示。

由于电压 U_c 可看成为一个相当的电动势 E_g^c，所以

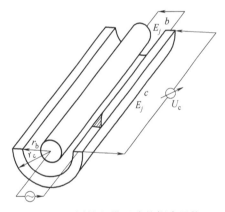

$$Z_{12} = \frac{U_c}{I} = \frac{E_g^c}{I} \text{（}\Omega\text{）} \tag{5-44}$$

在实际使用的频带内，单层金属管外导体的耦合阻抗计算公式为

图 5-12 同轴电缆回路的耦合阻抗

$$Z_{12} = \frac{\sqrt{j}\,k}{\sigma} \times \frac{1}{2\pi\sqrt{r_b r_c}} \times \frac{1}{\text{sh}\sqrt{j}\,kt} \tag{5-45}$$

式中 k——涡流系数，$k = \sqrt{\omega\mu\sigma}$，（$\sigma = \sigma_0 10^4$ s/cm，为外导体的电导率，对铜则为 5.7×10^6 s/cm，$\mu = 4\pi \times \mu_r \times 10^{-9}$ H/cm，为外导体的磁导率，对铜则为 $4\pi \times 10^{-9}$ H/cm）；

$\quad\quad r_b$——同轴电缆外导体的内半径（cm）；

$\quad\quad r_c$——同轴电缆外导体的外半径（cm）；

$\quad\quad t$——外导体厚度 $r_c - r_b$（cm）。

由上式可知，耦合阻抗 Z_{12} 会随着频率的升高和外导体厚度的增加而逐渐减小。这一减小趋势意味着，耦合阻抗越低，同轴回路的干扰防卫性能就越好。这一规律不仅适用于作为干扰源的同轴回路，也同样适用于受到干扰的同轴回路。

2. 无屏蔽同轴回路间的串音衰减及防卫度

1）对于比较短的电缆（如制造长度电缆），此时 $\alpha l \leqslant 1$，电缆的近端串音衰减 B_0 和远

端串音衰减 B_l 可认为是相同的。

$$B_0 = B_l = \ln \left| \frac{2Z_C Z_3}{Z_{12}^2 L} \right| \quad (\text{Np}) \tag{5-46}$$

式中　Z_C——同轴回路的特性阻抗（Ω）；

　　　Z_3——中间回路的阻抗，包括两个所研究同轴对的外导体（Ω/km）；

　　　Z_{12}——就是转移阻抗（Ω/km）；

　　　L——电缆长度（km）。

2）对于长电缆线路，此时 $\alpha l > 1$，

近端串音衰减为

$$B_0 = \ln \left| \frac{4Z_C Z_3 \gamma}{Z_{12}^2 (1 - e^{-2\gamma L})} \right| \tag{5-47}$$

式中　$\gamma = \alpha + j\beta$ 为同轴回路的传播常数。

同轴对之间的串扰防卫度为

$$B_{12} = \ln \left| \frac{2Z_C Z_3}{Z_{12}^2 L} \right| \tag{5-48}$$

而远端串音衰减为

$$\begin{aligned} B_l &= B_{12} + \alpha l \\ &= \ln \left| \frac{2Z_C Z_3}{Z_{12}^2 L} \right| + \alpha l \end{aligned} \tag{5-49}$$

式中　α——同轴电缆回路的衰减常数（Np/km）。

3）作为中间回路的阻抗 Z_3，是包括两个同轴回路外导体的固有阻抗 Z_b 及它们所组成的感抗：

$$Z_3 = 2Z_b + j\omega L_3 \tag{5-50}$$

在这里，L_3 为外电感，其值可参考图 5-13，按下式计算：

$$L_3 = 4\ln \frac{2a - D}{D} \times 10^{-4} \quad (\text{H/km}) \tag{5-51}$$

式中　a——同轴对中心间的距离（mm）；

　　　D——同轴外导体的外径（mm）。

当两个同轴对外导体互相接触时，外电感 $L_3 = 0$，因而中间回路的阻抗就等于两同轴回路外导体固有阻抗之和：

$$Z_3 = 2Z_b \tag{5-52}$$

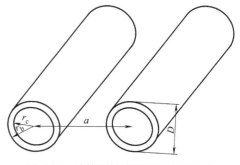

图 5-13　计算同轴线对间的串音衰减

两同轴回路外导体的固有阻抗 Z_b 包括实数阻抗以及由外导体内电感所引起的虚数阻抗，计算公式如下：

$$Z_b = \frac{\sqrt{j}\,k}{\sigma} \frac{1}{2\pi r_b} \operatorname{cth}(\sqrt{j}\,kt) \tag{5-53}$$

频率很高时，有 $\left| \sqrt{j}\,k \right| \geqslant 3$ 时，由于 $\left| \operatorname{cth}(\sqrt{j}\,kt) \right|$ 的值趋向于 1，则有 $Z_{12} \approx Z_b$。

3. 同轴对外导体上有屏蔽体时的串音衰减及防卫度

在计算串音衰减的公式中，尚未纳入同轴电缆外导体上的屏蔽效应。通常情况下，该屏蔽层由两层钢带或双金属带构成，这些材料以反向方式绕包在外导体表面。屏蔽效果的好坏主要取决于屏蔽材料的性质 ρ、μ 以及屏蔽层的厚度 t，这些参数的增加通常会带来屏蔽效果的增强。

实际工程应用中，我们采用屏蔽系数 S 来量化屏蔽效果。具体而言，屏蔽系数是指存在屏蔽层时，电缆外空间任意点的电场强度或磁场强度与同一点在无屏蔽条件下的电场强度或磁场强度之比。因此，屏蔽系数 S 的数值越小，表明屏蔽效果越优异。同轴电缆的屏蔽系数 S 可以通过由下式计算：

$$S = \frac{1}{\mathrm{ch}(\sqrt{\mathrm{j}}\,kt)} = \frac{1}{\mathrm{ch}(\sqrt{\mathrm{j}\omega\mu\sigma}\,t)} \tag{5-54}$$

式中　k——涡流系数；

　　　μ——屏蔽材料的磁导率；

　　　σ——屏蔽材料的电导率；

　　　t——屏蔽厚度（cm）。

相应地，屏蔽衰减 B_{S}，即可由下式确定。

$$\begin{aligned} B_{\mathrm{S}} &= \ln\left|\frac{1}{S}\right| \\ &= \ln|\mathrm{ch}\sqrt{\mathrm{j}}\,kt| \\ &= \ln|\mathrm{ch}\sqrt{\mathrm{j}\omega\mu\sigma}\,t| \end{aligned} \tag{5-55}$$

对于 60kHz 以上的频带，可用下列简化公式：

$$B_{\mathrm{S}} = \sqrt{\mathrm{j}}\,kt \tag{5-56}$$

屏蔽衰减越大，则表示屏蔽效果越高。图 5-14 表示了不同材料屏蔽的屏蔽效应与频率的关系；而图 5-15 则表示了屏蔽衰减与屏蔽体厚度的关系。

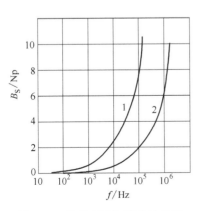

图 5-14　屏蔽衰减与频率的关系

1—钢屏蔽　2—铜屏蔽

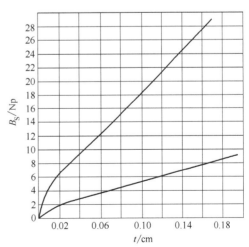

图 5-15　屏蔽衰减和屏蔽体厚度的关系

此时，同轴线对近远端的串音衰减及防卫度的最后结果应是：

$$近端串音衰减 = B_0 + B_S$$

$$串音防卫度 = B_{12} + B_S$$ （5-57）

$$远端串音衰减 = B_l + B_S = B_{12} + \alpha l + B_S$$

4. 串音衰减与传输频率和电缆长度的关系

同轴电缆串音衰减与传输频率的关系是随着频率的不断增加，串音衰减也会相应增大。这一特性使得同轴电缆对干扰的防卫能力随之提升。根据相关规定，在全部复用的频带范围内，同轴电缆对干扰的防卫度 B_{12} 必须不低于 9.8Np。因此，在考虑了电缆的固有衰减之后，为了满足这一防卫度要求，串音衰减的标准将等于 $B_{12} + \alpha l$。应满足上述要求同轴电缆只有在 60kHz 以上的频率下工作。

第6章　通信电缆的屏蔽

6.1　概述

在利用通信电缆传输信息时，通信质量及稳定性深受通信回路对外来及相互干扰的防卫能力影响。为有效减少通信电缆回路间的相互干扰及外部干扰，最根本的方法是在电缆中采用屏蔽结构。

屏蔽，即利用金属材料（如铜、铝、钢、铅等）将主串回路与被串回路隔离，以削弱干扰电磁场的影响。这种屏蔽措施既可应用于主串回路，也可应用于被串回路。一般而言，对主串回路进行屏蔽更为合理，因为它能直接限制干扰电磁场的作用范围。

电缆上的屏蔽体通常采用圆柱形设计，可由单层、双层、三层或多层重叠绕包的金属带组成，也可由金属丝编织层或挤压的金属套构成。根据电缆结构、干扰与被干扰回路的情况以及敷设条件，电缆的屏蔽形式可分为以下几种：

1）径向屏蔽：屏蔽层将缆芯分隔为两部分。

2）组间屏蔽：屏蔽层包围特定的线组。

3）环形屏蔽：屏蔽层将电缆按层次分隔。

4）总体屏蔽：缆芯全部置于同一屏蔽体内。

前三种屏蔽形式多用于高频对称通信电缆，而第四种形式则适用于外界强电干扰的环境，如铁道电气化信号电缆。

同轴对的外导体具有双重作用：一是作为导线，二是作为屏蔽层。因此，同轴对的屏蔽效果主要取决于外导体的结构及其电气特性。

在选择屏蔽的型式与结构时，应以屏蔽所能达到的附加串音衰减效果为依据。对于同轴电缆，应在最低频率下进行计算；而对于对称通信电缆，则应在全频率范围内进行计算。因为对称通信电缆的干扰防卫度随频率升高而降低，而屏蔽效果却随频率增加而增强。因此，在某一频率范围内，总的串音衰减可能出现最小值。屏蔽回路的串音衰减如图 6-1 所示，在频率为 f_1 时，串音防卫度、屏蔽衰减与干扰防卫度的总和达到最小，此时回路间存在最大的干扰。

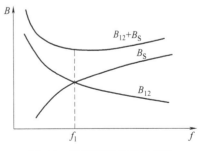

图 6-1　屏蔽回路的串音衰减

B_S—屏蔽衰减　B_{12}—串音防卫度

由于两个通信回路间存在电磁耦合，当电磁波沿着主串回路传输时，在其周围产生了电磁场，这个电磁场将在被串回路中产生感应电动势并在回路中出现干扰电流。屏蔽体的主要功能在于限制干扰源所生成的电磁场作用范围，从而确保通信线路在正常工作时能够免受彼此间以及外部环境的干扰。

6.2 屏蔽的基本原理

6.2.1 三种屏蔽形式的作用原理

根据屏蔽的作用原理不同，电缆的屏蔽可分为静电屏蔽、静磁屏蔽和电磁屏蔽三种形式。

静电屏蔽旨在将电场终止于屏蔽的金属表面，并通过接地将电荷导入大地。其效果主要取决于接地质量，通常使用铜、铝等逆磁性材料制作静电屏蔽体，静电屏蔽体如图 6-2 所示。

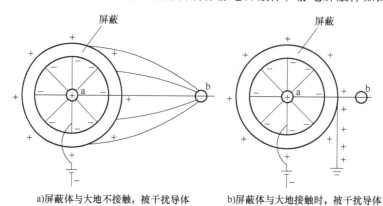

a)屏蔽体与大地不接触，被干扰导体　　　　b)屏蔽体与大地接触时，被干扰导体
b上受到静电感应影响　　　　　　　　　　b上不受静电感应影响

图 6-2　静电屏蔽体

静磁屏蔽则利用强磁性材料将磁场限制在屏蔽体厚度内。由于屏蔽体的磁导率高、磁阻小，干扰源产生的磁通大部分被限制在屏蔽体内，仅有少量传入被屏蔽的空间，静磁屏蔽体如图 6-3 所示。

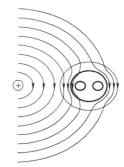

屏蔽体的磁导率越大、厚度越厚，屏蔽效果越好；而屏蔽体的半径越大，屏蔽效果则越差。需要注意的是，静电屏蔽体和静磁屏蔽体仅在低频时有效。随着频率的增加，屏蔽体内的涡流作用增强，从而转变为电磁屏蔽的工作状态。

在高频时，电磁波在屏蔽体表面的反射和屏蔽体金属厚度内的高频能量衰减是电磁屏蔽的基础。电磁能在屏蔽体中的传输过程与在通信线路中的传输过程相似，屏蔽过程中的吸收衰减相当于传输过程中的固有损耗，而反射衰减则相当于特性阻抗失配引起

图 6-3　静磁屏蔽体

的反射衰减。然而，电磁能在屏蔽体中的传输方向与在通信线路中的传输方向不同，它是通过介质、屏蔽体和介质的方向辐射出去的。

电磁能通过屏蔽体的穿越过程如图 6-4 所示，当干扰源产生的电磁能 W 达到屏蔽体时，由于屏蔽体与周围介质界面上的特性阻抗差异，部分能量会在界面上反射回来，该部分能量记为 W_1。介质与屏蔽体特性阻抗的差异越大，反射衰减越大，屏

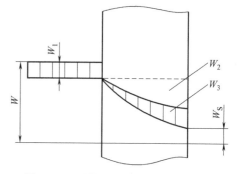

图 6-4　电磁能通过屏蔽体的穿越过程

蔽效果越好。同时，能量在穿越屏蔽体的过程中会损耗一部分能量 W_2，这是由于金属内涡流产生的热能损耗所致。因此干扰信号频率越高、屏蔽体越厚或磁导率越大，涡流损耗增加，屏蔽衰减增大，屏蔽效果也越好。强磁屏蔽体的屏蔽效果通常优于逆磁性屏蔽体。然而，由于强磁屏蔽体内能量损耗较大，对电缆传输效果产生负面影响，因此一般不使用强磁材料作为单层屏蔽体。同样厚度的逆磁性材料的屏蔽效果主要取决于其电导系数值，按金属电导系数的顺序，铜最优，铝次之，铅较差。

当能量穿过第二个界面（即屏蔽体与被干扰源所在介质）时，又会有部分能量 W_3 反射回来。剩余的能量穿过屏蔽体进入被屏蔽的空间，此时能量已由 W 衰减为 W_S。干扰电磁能穿过屏蔽体及其在界面反射的物理过程是一个多次反复的过程。

相较于单层屏蔽体，采用不同金属材料构建的多层屏蔽体展现出更为显著的屏蔽衰减效果。在涉及三层或更多层的组合屏蔽设计中，优化的策略是外层选用反射屏蔽衰减性能优异的非磁性材料（如铜、铝等），中间层则选择金属内部吸收衰减性能良好的强磁性材料（例如钢、坡莫合金等）。通过交替排列强磁性金属层与逆磁性金属层，所构建的多层混合屏蔽体实现更为出色的屏蔽效果。

6.2.2　电缆的屏蔽指标

1. 屏蔽系数

屏蔽体的效能通常通过屏蔽系数 S 来衡量。屏蔽系数 S 定义为：在有屏蔽层存在的情况下，被屏蔽空间内某特定点的电场强度 E_S 或磁场强度 H_S，与无屏蔽层时该点的电场强度 E_0 或磁场强度 H_0 之比。

$$S = \frac{E_S}{E_0} = \frac{H_S}{H_0} \tag{6-1}$$

屏蔽系数是个复数，它的角度表示电磁波经过屏蔽后的相移。

屏蔽系数的数值（模）范围介于 $1 \sim 0$ 之间。当 S 的数值趋近于 0 时，表示屏蔽效果最佳；相反，$S = 1$ 则意味着屏蔽体在该点几乎没有起到任何屏蔽作用。

2. 转移阻抗

转移阻抗又称耦合阻抗，它是评价电缆屏蔽性能的另一种常用指标。其大小时由屏蔽层一个表面上流通的电流 I 时，在另一个表面单位长度上引起的电压 U_t 的比值，即

$$Z_t = \frac{U_t}{I} \tag{6-2}$$

它与屏蔽系数 S、外导体阻抗 Z_b 之间的关系为

$$S = \frac{Z_t}{Z_b} \tag{6-3}$$

式中，$Z_b = R_b + j\omega L_b$，R_b 为外导体单位长度的高频电阻，L_b 为外导体单位长度的内电感。

转移阻抗适用于电缆物理长度与所传输电磁波波长之比（称为电长度）短的电缆。通常在评估或描述屏蔽电缆在 $1 \sim 30\text{MHz}$ 内的屏蔽性能时多用转移阻抗。转移阻抗越低，则屏蔽性能越好。

3. 屏蔽衰减

随着频率的升高，受试电缆的有效耦合长度相对波长不再电短，波传播现象逐渐影响测

试过程，转移阻抗测试不再有效，电长电缆宜采用屏蔽衰减来衡量其屏蔽效能。屏蔽衰减数值越大，则屏蔽性能越好。它定义为空间某点电场强度 E_0 或磁场强度 H_0 与该点经屏蔽后的电场强度 E_S 或磁场强度 H_S 之比后取模值的对数。单位为奈培或分贝（Np 或 dB）。屏蔽衰减越大，则意味着电缆的屏蔽性能越优异。

$$B_S = \ln\left|\frac{1}{S}\right| = \ln\left|\frac{E_0}{E_S}\right| = \ln\left|\frac{H_0}{H_S}\right| \quad (\text{Np})$$

$$B_S = 20\lg\left|\frac{E_0}{E_S}\right| = 20\lg\left|\frac{H_0}{H_S}\right| \quad (\text{dB})$$

(6-4)

屏蔽适用于电长度长电缆。通常在评估或描述屏蔽电缆在 30MHz 以上的屏蔽性能时多用屏蔽衰减。屏蔽衰减越大，则屏蔽性能越好。

4. 屏蔽过程与传输过程的异同

电磁能沿着屏蔽体的作用过程与沿线路传输的过程具有一定的相似性。屏蔽过程中的吸收衰减可类比于传输过程中的固有衰减，而屏蔽中的反射衰减则与传输过程中因波阻抗失配所导致的反射衰减相当。然而，两者之间存在显著差异：在电磁能沿线路传输时，能量的方向与导线传输方向一致；相反，在屏蔽体中，电磁能的传播方向垂直于导线传输方向，并通过介质-屏蔽体-介质的路径辐射出去。因此，电磁能在屏蔽体内不仅会产生衰减，而且在介质与屏蔽体之间的两个边界上还会出现显著的反射衰减。值得注意的是，在传输过程中，我们通常力求减少反射衰减以提高效率；然而，在屏蔽设计中，我们则期望有较大的反射，以此来实现更强的屏蔽效果。

6.3　同轴对的屏蔽

同轴回路的屏蔽作用完全决定于外导体的结构及其电特性。同轴对的外导体起着双重作用。它是回路两导体中的一根导线同时又具有屏蔽作用。

6.3.1　管状外导体的屏蔽特性

金属管状外导体因其卓越的屏蔽特性而被视为最理想的屏蔽结构。然而，它在力学性能方面存在不足，尤其是弯曲性和柔软性相对较差。为了克服这一缺陷，皱纹金属管屏蔽应运而生。这种屏蔽结构不仅保留了光管出色的屏蔽性能，而且在弯曲性能方面表现出色。尽管如此，与编织屏蔽相比，皱纹金属管在柔软性上仍稍显逊色。

薄壁管状导体的转移阻抗[1] 公式如下：

$$Z_T = \frac{\sqrt{j}K\rho}{2\pi\sqrt{bc}} \times \frac{1}{\text{sh}(\sqrt{j}Kt)}$$

(6-5)

式中　b、c——外导体管的内、外半径；

　　　t——代表壁厚，$t = c - b$；

　　　ρ——管子的电阻率；

　　　K——涡流系数。

式（6-5）也可化成下式[1] 进行计算：

$$|Z_T| = R_0 \times \frac{x}{\sqrt{\mathrm{ch}x - \cos x}} = \frac{R_0}{\sqrt{1 + \frac{2x^4}{6!} + \frac{2x^8}{10!} + \frac{2x^{12}}{14!} + \cdots}} \tag{6-6}$$

$$x = t\sqrt{\frac{4\pi\mu_0\mu_r f}{\rho}} \tag{6-7}$$

式中　R_0——管状导体的直流电阻（Ω/m）；

　　　t——外导体壁厚（m）；

　　　f——频率（Hz）；

　　　μ_0——自由空间导磁率，$\mu_0 = 4\pi \times 10^{-7}$（H/m）；

　　　μ_r——外导体材料的相对导磁率；

　　　ρ——外导体材料的电阻率（$\Omega \cdot \mathrm{m}$）。

在式（6-6）中，当频率较低时（如 $f \leqslant 1\mathrm{MHz}$），$x$ 很小可忽略，此时 $|Z_t| \approx R_0$。因此，对于低频电缆，可测试管状导体的直流电阻来近似评价屏蔽效能。

管状导体在高频下的屏蔽系数近似公式[1] 为

$$S = \frac{1}{1 + \frac{t}{D}} \times \frac{1}{\mathrm{ch}\sqrt{\mathrm{j}}Kt} \tag{6-8}$$

式中　D——屏蔽外导体的内径。

管状导体的屏蔽衰减 B_S（Np）计算公式为

$$B_S = \ln|\mathrm{ch}\sqrt{\mathrm{j}}Kt| \tag{6-9}$$

式中　K——涡流系数（1/mm）；

　　　t——屏蔽厚度（mm）。

从式（6-9）可以看出，屏蔽衰减随着频率及屏蔽厚度的增加而增加，强磁性金属的屏蔽效果比非磁性金属要弱，而非磁性金属中电导率高的屏蔽效果好。

6.3.2　双金属管外导体的屏蔽特性[1]

在低频条件下，由于趋肤深度相对较大，为实现良好的屏蔽效果，必须选用较厚的屏蔽管状外导体。为了进一步优化屏蔽特性，可采用双金属管状屏蔽结构，如内层为铜、外层为钢的设计，或者采用铜-钢-铜等多层屏蔽结构。这些双层或多层金属管屏蔽的优势在于，除了能利用金属内趋肤效应产生的吸收损耗外，还能通过引入不同金属之间的交界面，显著增强反射损耗，从而进一步增大屏蔽衰减。设内层金属厚度为 t_1，磁导率为 μ_1，电阻率为 ρ_2，内径为 D，外层金属的相应参数分别为 t_2、μ_2、ρ_2。则双金属外导体的屏蔽系数可用下式计算：

$$S = \frac{1}{1 + \frac{t_1 + t_2}{D}} \times \frac{1}{\mathrm{ch}\sqrt{\mathrm{j}}K_1 t_1 \times \mathrm{ch}\sqrt{\mathrm{j}}K_2 t_2 + \sqrt{\frac{\mu_2\rho_2}{\mu_1\rho_1}}\,\mathrm{sh}\sqrt{\mathrm{j}}K_1 t_1 \times \mathrm{sh}\sqrt{\mathrm{j}}K_2 t_2} \tag{6-10}$$

外导体转移阻抗为

$$Z_T = \frac{\sqrt{\mathrm{j}}K_2\rho_2}{\pi(D + t_1 + t_2)} \times \frac{1}{\mathrm{ch}\sqrt{\mathrm{j}}K_1 t_1 \times \mathrm{sh}\sqrt{\mathrm{j}}K_2 t_2 + \sqrt{\frac{\mu_2\rho_2}{\mu_1\rho_1}}\,\mathrm{sh}\sqrt{\mathrm{j}}K_1 t_1 \times \mathrm{ch}\sqrt{\mathrm{j}}K_2 t_2} \tag{6-11}$$

式中，涡流系数 $K_1 = \sqrt{\dfrac{\mu_1 \omega}{\rho_1}}$，$K_2 = \sqrt{\dfrac{\mu_2 \omega}{\rho_2}}$。

6.3.3 螺旋绕包屏蔽的特性

射频同轴电缆有时也采用一层或两层金属带以螺旋方式绕包成金属管，以此作为屏蔽层。相较于实心管形屏蔽，这种设计虽然在柔软性方面有所提升，但在屏蔽性能方面却有所降低。螺旋绕包的屏蔽特性与金属带宽度、绕包角度、绕包张力以及重叠率等多种因素的影响。其转移阻抗计算公式如下：

$$Z_T = Z'_T + \left(Z_b + \mathrm{j}\,\frac{\omega\mu_0}{4\pi} \right) \mathrm{ctan}^2\alpha \tag{6-12}$$

式中　Z_T——单层金属带螺旋绕屏蔽的转移阻抗；

$\quad\quad Z'_T$——同种金属、相同厚度的管形屏蔽的转移阻抗；

$\quad\quad Z_b$——同种金属、相同厚度的管形屏蔽体的阻抗；

$\quad\quad \alpha$——绕包方向与垂直于电缆轴线的方向之间的夹角；

$\quad\quad \mu$——$\mu_0 = 4\pi \times 10^{-7}$（H/m）。

低频下，当屏蔽带厚度远小于透入深度时，则有 $Z_b \approx Z_T$，因此

$$Z_T = \frac{R_0}{\sin^2\alpha} + \mathrm{j}\,\frac{\omega\mu_0}{4\pi}\mathrm{ctan}^2\alpha \tag{6-13}$$

单层金属带螺旋绕包屏蔽的转移阻抗特性呈现出一个独特的趋势：初始阶段，其转移阻抗遵循实心管形屏蔽的 Z_T 规律逐渐下降；然而，随着频率的升高，由于螺旋管轴向磁场的作用，转移阻抗会急剧上升。因此，在高频应用场景下，这种屏蔽结构的性能表现相对较差。为了解决这一问题，当采用此类外导体时，通常会在其外层增设附加的金属带屏蔽或编织屏蔽等措施，以提升屏蔽性能。

6.3.4 编织外导体的屏蔽性能

金属导线编织外导体作为射频电缆最常用的屏蔽形式，以其出色的柔软性而著称，这一特性使得电缆在移动或需反复弯曲的使用条件下仍能保持良好的性能。关于编织屏蔽的转移阻抗，学术界已进行了广泛且深入的研究。研究表明，编织屏蔽的转移阻抗随频率的升高而增大，这主要归因于以下 4 个因素：

1）编织导线自身的电感效应；

2）编织层孔隙导致的编织层内外之间的直接电磁耦合；

3）编织层中的最低电阻路径是沿着各根导线，它与内导体之间的距离是忽近忽远地交替变化的，这一作用使电流趋向于内导体的趋肤效应受到削弱；

4）编织导线螺旋路径所产生的相邻编织线之间的耦合作用。

编织外导体的转移阻抗可通过下式进行计算：

$$Z_T = \frac{2}{\pi^2 g F D}\left[\frac{K}{\mathrm{sh}(Kd_w)} + K\mathrm{cth}(Kd_w)\tan^2\beta \right] + \mathrm{j}\,\frac{\omega\pi\mu_0}{6n}\left[1 - 2F_{eq} + F_{eq}^2 \right]^{\frac{3}{2}}\theta_m \tag{6-14}$$

式中　D——$D = D_i + 2d_w$，D_i 为编织内径；

d_w——编织丝直径；

g——编织丝的电导率；

F——充满系数，$F = \dfrac{Nnd_w}{2\pi D\cos\beta}$，其中，$N$ 为每锭中的编织丝根数，n 为锭数，β 为编织角（编织线与电缆轴线之间的夹角，以弧度为单位代入）；

K——复数形式的涡流系数，$K = \sqrt{j\omega\mu g} = \dfrac{1+j}{\delta}$，$\delta$ 为趋肤深度（非复数）；

F——$F_{eq} = \xi F$，系数 ξ 为 $1.0 \sim 1.2$；

θ_m——$\theta_m = 0.66\beta^2 - 0.11\beta + 1$，其中编织角 β 以弧度为单位代入。

通常情况下，裸铜丝单层编织的屏蔽性能或许足以满足一般需求。然而，在面临更高屏蔽要求的场合，单层镀银铜线编织或双层乃至多层裸铜线及镀银铜线编织则成为更为合适的选择。多层编织屏蔽能够显著提升屏蔽效能，尤其是当各层编织相互绝缘时，其屏蔽性能还能得到进一步优化。值得注意的是，若在双层铜线编织之间加入一层钢丝编织，其 20MHz 以下的低频屏蔽性能将得到显著提升。不过，鉴于多层编织结构的制造成本相对较高，这一方案通常仅在屏蔽性能要求极为严苛的场合下才被考虑应用。

6.4　对称通信电缆的屏蔽

6.4.1　主串线对在中心的单层屏蔽体的屏蔽效果

对称线对位于圆柱屏蔽体中心、不考虑屏蔽体中纵向电流产生的反向磁场的影响及 $Kr_s > 5$ 时，单层圆柱屏蔽的屏蔽屏蔽系数为

$$S = S_m S_0 \tag{6-15}$$

式中　S_m——吸收屏蔽系数：

S_0——反射屏蔽系数：

$$S_m = \frac{1}{\mathrm{Ch}\sqrt{j}\,Kt} \tag{6-16}$$

$$S_0 = \frac{1}{1 + \dfrac{1}{2}\left(N + \dfrac{1}{N}\right)\mathrm{th}\sqrt{j}\,Kt} \tag{6-17}$$

式中　　K——屏蔽层金属的涡流系数（1/mm），$K = \sqrt{\omega\mu\sigma}$；

t——屏蔽层金属的厚度（mm）；

N——介质的特性阻抗与屏蔽金属特性阻抗之比，$N = \dfrac{Z_G}{Z_M}$。

Z_G——介质的特性阻抗，$Z_G = j\omega\mu_0 r_s$（Ω）；

$Z_M = \sqrt{\dfrac{j\omega\mu}{\sigma}}$——屏蔽金属的特性阻抗（$\Omega$）；

r_s——屏蔽层内半径（mm）。

当回路间距离小于回路至大地间距离，如用屏蔽衰减值来表示：

$$B_S = \ln\left|\frac{1}{S}\right| = \left|\frac{1}{S_m S_0}\right| = B_{Sm} + B_{S0} \tag{6-18}$$

式中，$B_{Sm} = \ln\left|\dfrac{1}{S_m}\right| = \ln\left|\operatorname{ch}\sqrt{j}\,Kt\right|$

$\qquad B_{S0} = \ln\left|\dfrac{1}{S_0}\right| = \ln\left|1 + \dfrac{1}{2}\left(N + \dfrac{1}{N}\right)\operatorname{th}\sqrt{j}\,Kt\right|$

因此：

$$B_S = \ln\left|\operatorname{ch}\sqrt{j}\,Kt\right| + \ln\left|1 + \frac{1}{2}\left(N + \frac{1}{N}\right)\operatorname{th}\sqrt{j}\,Kt\right| \tag{6-19}$$

从式（6-19）中可以看出，对称通信电缆的屏蔽衰减包含两项，其中第一项与同轴对的屏蔽衰减相同。而第二项则是对称通信电缆独有的，单层外导体同轴对上则不存在这一项。由对称回路产生的电磁场碰到屏蔽时将产生反射，而单层外导体同轴对的屏蔽是回路组成部分，因此不会产生反射屏蔽衰减。

值得注意的是，屏蔽体应用于不同的工作频带时，其屏蔽效果会有所差异。在低频范围或屏蔽体较薄的情况下，吸收衰减（$\operatorname{ch}\sqrt{j}\,Kt$）趋近于 1，此时吸收屏蔽的影响可忽略不计，主要取决于反射屏蔽衰减。因此，在此情境下，铜屏蔽的效果优于钢屏蔽。然而，在较高频率范围内，吸收衰耗成为主要因素，此时钢屏蔽体的效果更为显著。

此外，当干扰回路与被干扰回路之间的间距大于回路至大地的间距时，或者采用不对称系统（即利用大地作为返回导体）时，还需考虑屏蔽层中流过的纵向电流所产生的屏蔽作用。此时，屏蔽衰减值可依据相应的公式进行计算。

$$B_S = \ln\left|\operatorname{ch}\sqrt{j}\,Kt\right| + \ln\left|1 + \frac{1}{2}\left(N + \frac{1}{N}\right)\operatorname{th}\sqrt{j}\,Kt + j\frac{\omega L_H}{R}\right| \tag{6-20}$$

式中　L_H——屏蔽与大地间构成的回路外电感（H/km）；

$\qquad R$——屏蔽层电阻（Ω/km）。

6.4.2　低频时防护作用系数（或屏蔽系数）

当频率在 3kHz 以下时，金属护套对外界干扰的衰减为

$$B_S = \ln\left|\frac{R + j\omega L}{R}\right| = \ln\left|\frac{1}{S_f}\right| \tag{6-21}$$

式中　S_f——$S_f = \dfrac{R}{R + j\omega L}$；

$\qquad L$——金属护层内、外电感之和（H）；

$\qquad R$——屏蔽层接地时的交流有效电阻（Ω）。

6.4.3　主串线对偏心对屏蔽效果的影响

在生产和使用实践中，主串回路往往并不精确地位于屏蔽体的中心，而是与中心轴存在一定的偏移。当屏蔽体内的回路处于这种偏心位置时，其电磁屏蔽效果会相应减弱，同时，主串回路在屏蔽体中引发的涡流损耗也会有所增加。此时，屏蔽衰减值为

$$B_p = B_s + \ln\left|\frac{1}{S_p}\right| \tag{6-22}$$

式中　B_s——主串回路位于中心的屏蔽衰减值；

　　　S_p——偏心系数；

$$S_p = \frac{\sqrt{1 + 10\left(\dfrac{X_1}{X_2}\right)^2 + \left(\dfrac{X_1}{X_2}\right)^4}}{1 - \left(\dfrac{X_1}{X_2}\right)^2} \tag{6-23}$$

式中　X_1——主串回路的偏心度（屏蔽体中心与主串回路中心之距）；

　　　X_2——被串回路中心至屏蔽体中心之距。

由上式可以看出，当出现偏心时，S_p 总大于 1，$\ln\left|\dfrac{1}{S_p}\right|$ 为负数，屏蔽效果降低，主串回路对中心偏离越大，屏蔽衰减越低。

6.5　电缆金属套的屏蔽作用

通信电缆的金属套不仅具有一定的力学性能、密闭性能和防蚀性能，而且具有一定的防强电干扰的屏蔽性能。电缆金属套的屏蔽作用可用屏蔽系数表示。大体上讲，它是有金属套时电缆线芯上的感应电动势 E 与无金属套时同样电缆线芯上的感应电动势 E' 之比。

6.5.1　固有屏蔽系数

当通信电缆和不对称强电线路接近时，在通信电缆的线芯上和金属护套上都感应有相同的纵电动势。而金属护套两端是接地的，在理想情况下其接地电阻等于零，这样在金属扩套上就会产生电流 I，金属护套的屏蔽作用如图 6-5 所示。

显然

$$I = \frac{E}{Z_{22} + j\omega L_o} \tag{6-24}$$

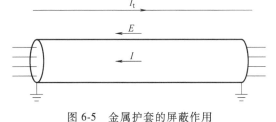

图 6-5　金属护套的屏蔽作用

$$L_o = \frac{\mu_0}{2\pi}\ln\frac{1.85}{\sqrt{j\omega\mu_0\sigma_e D_m h}} \tag{6-25}$$

式中　Z_{22}——金属护套的外阻抗（Ω/m）；

　　　D_m——金属护套外径（m）；

　　　σ_e——大地电导率（Ω/m）；

　　　h——电缆埋设深度（m）；

　　　L_o——金属护套以大地为回路的外电感（H/m）。

电流 I 在芯线上感应的电动势为 $-Ij\omega(M_内 + M_外)$，这个电动势与强电线路在通信线路中芯线上感应的电动势方向相反。这里，$M_外$ 是由金属护套外部磁通环连所产生的互感，由于芯线是在金属护套之中，因此金属护套的外部磁通全部环连芯线，即 $L_外 = M_外$。$M_内$ 是由金属护套内部的磁通环连产生的互感，即

$$Ij\omega M_内 = \mathrm{d}\Phi_内 / \mathrm{d}t \qquad (6\text{-}26)$$

一般的电缆金属护套是两层金属，由铝-钢或铅-钢组成。根据感应定律已知，这里的 E 是指包围 Φ 的周长上的电动势，如图 6-6 所示。

图中虚线是无限接近金属边沿的。虚线包含了金属护套的全部磁通，在此虚线上的电动势为

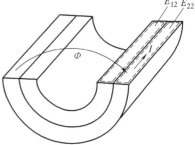

$$E = E_{22} - E_{12} = -\mathrm{d}\Phi_内 / \mathrm{d}t = \mathrm{j}\omega IM_内$$

即：

$$M_内\, \mathrm{j}\omega = \frac{E_{22}}{I} - \frac{E_{12}}{I} \qquad （6\text{-}27）$$

我们已经知道，外阻抗 $Z_{22} = \dfrac{E_{22}}{I}$，耦合阻抗 $Z_{12} = \dfrac{E_{12}}{I}$，所以：

图 6-6 双金属护套内磁通分布

$$M_内\, \mathrm{j}\omega = Z_{22} - Z_{12}$$

这样，芯线上的剩余电动势为

$$E' = E - \mathrm{j}\omega \left(M_\mathrm{i} + M_\mathrm{o} \right) I = E - \mathrm{j}\omega \left(M_\mathrm{i} + M_\mathrm{o} \right) \frac{E}{Z_{22} + \mathrm{j}\omega L_\mathrm{o}} \qquad (6\text{-}28)$$

$$= E \left(1 - \frac{Z_{22} - Z_{12} + \mathrm{j}\omega M_\mathrm{o}}{Z_{22} + \mathrm{j}\omega M_\mathrm{o}} \right) = E \frac{Z_{12}}{Z_{22} + \mathrm{j}\omega L_\mathrm{o}}$$

式中　M_i——$M_内$；

　　　M_o——$M_外$。

这里引入固有屏蔽系数的概念：无金属护套时，电缆芯线上感应的电动势与有金属护套屏蔽后电缆芯线上剩余电动势之比，称为电缆金属护套的固有屏蔽系数，即

$$S_0 = \frac{E'}{E} = \frac{Z_{12}}{Z_{22} + \mathrm{j}\omega L_\mathrm{o}} \qquad (6\text{-}29)$$

这是一个普遍的公式，它可以用来计算任意多层电缆在低频和高频时的固有屏蔽系数。

在低频时，两层金属护套的耦合阻抗：

$$Z_{12} = \frac{R_1 R_2}{R_1 + R_2} = R_\mathrm{m}$$

外阻抗：

$$Z_{22} = \frac{R_1 R_2}{R_1 + R_2} + \mathrm{j}\omega L_\mathrm{m} = R_\mathrm{m} + \mathrm{j}\omega L_\mathrm{m}$$

式中　L_m——电缆金属护套的内电感。

这样，就可以得到：

$$S_0 = \frac{R_\mathrm{m}}{R_\mathrm{m} + \mathrm{j}\omega \left(L_\mathrm{m} + L_\mathrm{o} \right)} \qquad (6\text{-}30)$$

对于钢带铠装电缆：

$$L_\mathrm{m} = \mu_\mathrm{r}\, \frac{abn}{\pi \left(a + \Delta \right) D} \times 10^{-4} \quad （\mathrm{H/m}）$$

式中　μ_r——钢带的相对磁导率；

　　　n——钢带层数；

　　　a——钢带宽度；

　　　Δ——电缆纵向钢带绕包间隙；

　　　b——钢带厚度；

　　　D——钢带铠装电缆的直径。

式（6-30）就是一般文献中所经常见到的计算电缆在工频和音频的固有屏蔽系数公式。所谓固有屏蔽系数，就是指金属护套两端的接地电阻为零时的屏蔽系数。

在高频时，两层金属护套的耦合阻抗和外阻抗为：

$$Z_{12}=\frac{Z_{M1}}{2\pi\sqrt{r_1 r_3}}\times\frac{1}{\mathrm{sh}\sqrt{\mathrm{j}}K_1 t_1\mathrm{ch}\sqrt{\mathrm{j}}K_2 t_2+\dfrac{Z_{M1}}{Z_{M2}}\mathrm{ch}\sqrt{\mathrm{j}}K_1 t_1\mathrm{sh}\sqrt{\mathrm{j}}K_2 t_2}$$

$$=\frac{Z_{M1}}{\pi\sqrt{r_1 r_3}}\times\frac{\mathrm{e}^{-\sqrt{\mathrm{j}}(K_1 t_1+K_2 t_2)}}{1+\dfrac{Z_{M1}}{Z_{M2}}}$$

$$Z_{22}=\frac{Z_{M2}}{2\pi r_3}\times\frac{1+\dfrac{Z_{M2}}{Z_{M1}}\mathrm{th}\sqrt{\mathrm{j}}K_1 t_1\mathrm{th}\sqrt{\mathrm{j}}K_2 t_2}{\dfrac{Z_{M2}}{Z_{M1}}\mathrm{th}\sqrt{\mathrm{j}}K_1 t_1\mathrm{th}\sqrt{\mathrm{j}}K_2 t_2}\approx\frac{Z_{M2}}{2\pi r_3}$$

式中　r_1、r_3——内层屏蔽的内半径、外层屏蔽的内半径；

　　　K_1、K_2——内层屏蔽的涡流系数；

　　　t_1、t_2——内层屏蔽套的厚度。

这样就可以得到两层金属护套在高频时的屏蔽系数为：

$$S_0=\frac{\dfrac{Z_{M1}}{\pi\sqrt{r_1 r_3}}\dfrac{2\mathrm{e}^{-(K_1 t_1+K_2 t_2)\sqrt{\mathrm{j}}}}{1+\dfrac{Z_{M1}}{Z_{M2}}}}{\dfrac{Z_{M2}}{2\pi r_3}+\mathrm{j}\omega L_o} \tag{6-31}$$

在实际情况中，电缆金属护套一般为铅管外绕包钢带，或铝管外绕包钢带。由于螺旋效应使耦合阻抗 Z_{12} 值变大，屏蔽效果也降低。此时的屏蔽系数为：

$$S_0=\frac{\dfrac{Z_{M1}}{\pi\sqrt{r_1 r_3}}\mathrm{e}^{-\sqrt{\mathrm{j}}K_1 t_1\cos^2\varphi}}{\dfrac{Z_{M2}}{2\pi r_3}\left(1+\dfrac{r_3}{r_2}\cos^2\varphi\right)+\mathrm{j}\omega L_o} \tag{6-32}$$

如果电缆仅仅是铝护套（或铅护套），则低频时的屏蔽系数为：

$$S_0=\frac{R_m}{R_m+\mathrm{j}\omega L_o} \tag{6-33}$$

高频时的屏蔽系数为

$$S_0 = \frac{\dfrac{Z_{M1}}{\pi r_2} e^{-\sqrt{j} K_1 t_1}}{\dfrac{Z_{M1}}{2\pi r_2} + j\omega L_o} \tag{6-34}$$

6.5.2　实际屏蔽系数

在实际使用过程中，电缆长度要大于接近长度，而且电缆敷设后可能均匀接地，也可能分布接地，接地电阻不会等于零，因此，就不能用固有屏蔽系数进行计算，而需计算实际运用时电缆金属护套的屏蔽系数。

$$S = S_0 + (1 - S_0) \frac{1 - e^{\gamma_p L}}{\gamma_p L} \tag{6-35}$$

式中　　　　L——钢接近段平均长度（km）；

γ_p——钢电缆护套的传播常数；$\gamma_p = \sqrt{(R_p + j\omega L_p)(G_p + j\omega C_p)}$。

R_p、L_p、G_p、C_p——电缆金属套的有效电阻、电感、绝缘电导及电容。

因：$G_p \geqslant \omega C_p$ 及 $G_p = \dfrac{1}{R_{dp}}$

故：

$$\gamma_p = \sqrt{\frac{R_p + j\omega L_p}{R_{dp}}} \tag{6-36}$$

式中　R_{dp}——电缆护套与大地间的接触电阻（$\Omega \cdot$ km）。

R_{dp} 与电缆的类型及接地状态有关。由式（6-35）及式（6-36）可以看出，R_{dp} 越小，则电缆的实际屏蔽系数越接近于固有屏蔽系数 S_0。

从屏蔽系数计算公式分析，可以得出以下几点结论：

1）对于同类护层结构的电缆，其屏蔽系数会随着电缆外护套尺寸的增大而逐渐减小。

2）电缆的屏蔽效果主要取决于金属套（如铅、铝、钢）的材料性质和结构尺寸。这一效果与电缆内部线芯的位置及排列方式基本无关。

3）不同护层的电缆之间，屏蔽系数可能存在显著差异。裸铅套电缆的屏蔽效果最差，在 50Hz 频率下，其屏蔽系数通常高于 0.8；而铝套电缆的屏蔽系数则在 0.3~0.5。若进一步采用钢带铠装，屏蔽系数可降至 0.1 以下。在 800Hz 频率下，屏蔽系数的变化规律与 50Hz 相似，但数值显著降低：裸铅套电缆的屏蔽系数在 0.1~0.3，铝套电缆在 0.02~0.05，而采用钢带铠装后，屏蔽系数可降至约 0.01。因此，为获得良好的屏蔽效果，电缆结构常选用铝套结合高导磁钢带铠装。

4）对于沿交流电气化铁路敷设的干线电缆或与其他强电线路接近的电缆，对电缆护套的屏蔽系数有特定要求。例如，在 50Hz 频率下，若电缆护套感应的纵电电势在 30~50V/km 范围内，则屏蔽系数应不大于 0.1；而当频率为 800Hz 时，屏蔽系数应不大于 0.01。

第7章　通信电缆的制造

通信电缆的性能涵盖电性能、力学性能及环境性能三大方面。电性能主要聚焦于高频传输特性、抗干扰能力和屏蔽效果，这些特性对通信质量至关重要。力学性能则强调电缆的抗拉强度、断裂伸长率、弯曲灵活性、柔软度、耐磨性和耐冲击性等，确保电缆在各种应用场景下的可靠性和耐用性。环境性能方面，重点关注电缆的耐高低温性能、阻燃性、抗老化能力、耐腐蚀性和抗紫外线能力，以适应复杂多变的外部环境。这三方面的性能均与电缆的结构设计和材料特性紧密相关。特别地，对于高频通信电缆而言，如前文所述，关键元件的结构尺寸和材料特性的微小变化，可能导致传输参数和抗干扰参数的显著波动，进而影响电缆的电性能。鉴于电性能是评估通信电缆性能的重要指标，因此，科学合理的结构设计、高精度的加工工艺以及材料特性的均匀性和稳定性，成为通信电缆制造过程中的核心要素。在此过程中，必须严格把控原材料的质量，精心选择生产设备与加工工艺，并加强监管，以确保最终产品的性能和质量。

7.1　通信电缆材料

材料作为通信电缆品质的核心基石与坚实支撑，其各项性能指标必须严格契合电缆结构设计的规范与标准。鉴于材料特性的任何波动都将直接反映于电缆性能的相应变化之中，因此，在通信电缆的制造流程中，需高度重视并切实执行以下几项关键任务，以确保产品质量的恒稳与可靠：

1. 强化电缆材料的进厂检验

对于导体材料，应着重检测其电阻率、结构尺寸、抗拉强度以及断裂伸长率等关键指标。对于带有镀层（例如，镀锡铜线、镀银铜线、镀镍铜线等）或包覆层（如铜包钢、铜包铝线等）的导体材料，还需严格检测镀层或包覆层的厚度、均匀性与连续性。特别是在高频应用场景下，镀层或包覆层的不均匀、不连续将严重制约电缆的高频传输性能。对于绞合导体应严格检测绞合导体外径及其波动，导体圆整性，外层绞合单丝直径的一致性，绞向、绞合节距的稳定性，导体直流电阻以及导体表面是否光洁无油污、无毛刺等。

针对绝缘材料，应重点监测其介电常数、介质损耗角正切值在不同温度和频率下的变化情况，这两个参数与通信电缆的工作电容和高频衰减紧密相关。在电缆制造过程中，需根据这两个参数的实测值对加工工艺进行精细调整。对于有不平衡衰减要求的对称缆来讲，严格控制回路两绝缘芯线的等效相对介电常数和介质损耗角正切值的平衡性至关重要。同时，还应关注绝缘材料的体积电阻率、击穿场强、老化前后的抗张强度、断裂伸长率及其变化率，以确保材料具备良好的电性能、力学性能与环境性能。对于特殊用途的绝缘料（如车载数据缆用绝缘料），还需检测材料的硬度、耐水解性能等指标。

对于护套材料，同样应重点监测其老化前后的抗张强度、断裂伸长率及其变化率，以及阻燃性、耐候性与耐腐蚀性（如有要求）等关键性能，以保障材料具备良好的力学性能与环境性能。对于特殊用途的材料（如车载数据缆用护套料），还需进一步检测材料的硬度、耐水解性能等系列指标。

此外，在通信电缆的制造过程中，金属塑料复合箔、聚酯带、填充纱、色母料、印字油墨等辅助材料也扮演着至关重要的角色。因此，这些材料的关键性能指标同样需要得到严格的监测。值得注意的是，辅材的性能波动不容忽视，它们同样可能对电缆的整体性能产生显著影响。以千兆车载以太网电缆为例，其 LCTL 指标就极易受到色母料性能的波动影响。

2. 加强电缆材料的储运管理

在电缆材料的储藏与运输过程中，应切实加强防护措施，防止材料受潮、受污染、变质或混入其他异物。在材料使用前，应严格确认其品质符合相关要求，并遵循先进先出的库管原则，以确保所用材料的品质稳定可靠。

近年来，随着环保意识的日益增强，对电缆材料的环保性能也提出了更为严格的要求。因此，在材料检验与储运过程中，应严格遵循相关法律、法规的规定，对禁用物质的含量进行严密监管与检测，以确保电缆材料符合环保标准，为通信电缆的可持续发展奠定坚实基础。

7.2　通信电缆生产设备

7.2.1　概述

通信电缆的传输性能和抗干扰性能不仅受到其结构尺寸和材料特性的深刻影响，还与其加工精度密切相关。具体而言，随着电缆通信频率的提升，加工过程中尺寸偏差和波动的负面影响越发显著。因此，为了确保通信电缆的高质量生产，必须依赖于那些具备高精度张力控制、卓越加工精度以及全面监测与控制系统的生产设备。尽管电缆工艺学已对电缆制造设备的工作原理和结构进行了详尽的论述，但本章节将重点聚焦于通信电缆制造中对设备的特殊需求及相应的注意事项。

1. 张力控制

在通信电缆的生产过程中，张力控制扮演着至关重要的角色，它确保线缆在生产过程中维持恒定且适宜的拉力，这对于保持线缆的几何形状、防止过度拉伸或松弛现象的发生具有决定性作用。张力控制需满足"快速响应、精确跟踪、平稳调整"的要求，即在张力波动时迅速做出反应，在反馈控制过程中准确跟踪被控张力值，并在张力调整过程中保持平稳，避免剧烈波动。然而，常规的电缆生产设备所采用的张力控制方法，如气缸阻尼法、弹簧调节法、横向储线调节法以及电位器测角控制法等，可能无法满足通信电缆，尤其是射频级通信电缆的高精度制造需求。因此，应选择控制精度更高的张力控制方案。表 7-1 提供了张力控制系统的参考方案，以供大家参考。

表 7-1　张力控制系统参考方案

收放线及牵引驱动系统	变频控制	变频+编码控制	伺服+卷积计算及 PID 控制
张力储线轮位置获取方式	光电角位移传感器	位移传感器	光栅尺检测位移
张力波动情况	波动较大，精度 0.5N 左右	波动较小，可达 0.2N 级	波动小，可达 0.05N 级

此外，在电缆制造过程中，必须防止线芯因张力过大或过度弯曲而在微观结构上遭受破坏。为确保线芯的完整性，以下几点至关重要：

1）采用双轮牵引系统时，宜选用叠片式分线轮，这种分线轮设计可通过轮片间的相对转动来均化各处线芯的受力。不推荐一体式分线轮。采用履带式牵引时，为避免电缆被过度挤压变形，宜优先选用软质且带有导线槽的履带。

2）所有过线轮和辊应尽可能采用轻量化设计，并配备优质轴承。与线芯接触的表面应进行抛光处理或喷涂陶瓷涂层，以显著降低线芯所受的摩擦力，减少因摩擦而产生的微观损伤。

3）在线芯行进过程中，应尽可能减少弯曲，特别是大角度的弯曲。理想的弯曲半径应至少为线芯直径的 30~50 倍，以确保线芯在弯曲过程中不会因应力集中而受损。

2. 加工精度

电缆的加工精度是指电缆的结构尺寸、形状和各元件的相对位置与电缆设计值的相符程度。一般情况下，电缆的加工精度主要与设备各关键部件的运动精度、结构尺寸（如挤出机的螺杆）及温控精度（如绝缘、护套的外径波动及质量与之有关）有关。要提高设备关键部件的运动精度，一方面要提高其加工精度和动平衡；另一方面，设备的运转部分通常由电动机驱动，为确保其运转精度，可参考表 7-2 所示的技术方案。温控系统采用 PID 控制算法进行控制。

表 7-2 电缆设备驱动控制方案

驱动速度控制方式	变频控制	变频+编码控制	伺服+卷积计算及 PID 控制
控制精度	低	较低	高

3. 完善的监测/控系统

在通信电缆制造领域，尤其是射频级电缆的加工过程中，为确保实时、准确地获取线缆加工的技术指标和工艺状态参数，设备通常会配备大量的监测装置，以便即时掌握生产状态。对于那些可实施反馈闭环控制的监测指标，系统应尽可能采用闭环控制策略，从而更有效地调控生产参数，确保线缆的加工质量始终稳定在预设标准之内。

此外，针对通信电缆生产的关键环节，系统应具备对特殊特性指标（如导体直径、绝缘外径及同轴电容等）进行统计分析的能力，并将这些数据绘制成统计过程控制（Statistical Process Control，SPC）图表，实时显示在屏幕上。这样，生产人员不仅能够直观地监测生产过程的稳定性，还能迅速识别出潜在的问题。一旦趋势显示异常，系统能立即发出预警，从而有效预防批次不良的产生，进一步减少资源浪费。为了更全面地评估生产过程的稳定性与一致性，确保产品性能符合预设标准，在关键制造设备上还可引入制程能力指数（Process Capability Index，Cpk）评估系统。该系统能够对上述特殊特性指标进行实时评估，为生产人员提供更为精准的生产状态信息。

7.2.2 常见设备

1. 导体绞制设备

为了提高导体的柔性和可靠性，部分同轴电缆的内导体和对称通信电缆的导体采用绞合导体结构。

　　管绞机和束线机是生产通信电缆绞合导体的常用设备。

　　管绞机虽是退扭绞合设备，但由于其退扭过度（除中心导体外的每根单丝在一个绞合节距内退扭角度 2π，而实际仅需退扭角度为 $2\pi\sin\gamma$，式中 γ 为单线螺旋升角，由于通信电缆用导体的绞合节径比较小，相应地螺旋升角也较小）导致绞线出现打扭问题，影响后序加工和使用。对于合金铜绞线、铜包钢等弹性模量较大的材料，生产绞合导体时打扭尤为明显。在实际生产中，常常采用去扭力装置来减小或消除扭力。然而，去扭力过程会破坏绞合导体的结构，影响导体的高频传输性能。另一方面，常规管绞机的放线张力多通过机械式阻力矩或磁滞阻力矩方式来控制放线张力，其张力会随着单丝的不断放出而变化。其次，不同单丝放出后所走的路径不同，所受摩擦力大小也不尽相同，导致同层内各单丝放线张力的均匀性和一致性较差。若采用伺服控制系统，则设备的复杂性、成本又上升较多。

　　束线机，常见的有悬臂式单绞机和弓式双节距束线机两大类。

　　对于悬臂式单绞机来讲，绞弓每旋转一周形成一个节距，故称之为单绞机。其节距在导体进入绞弓时形成。为了确保绞合节距和收线张力的稳定性，通常应配置旋转式牵引机、收线宜采用伺服电动机控制系统并启用力矩+恒张力控制模式。

　　对于双节距束线机来讲，绞弓每旋转一周形成两个节距。两个节距依次在导体进/出绞弓时形成。当第一个节距形成时，中心导体与外层单丝间的相对长度关系随之确定，在第二个节距形成过程中，随着外层绞入系数的增加，中心导体变得相对较长，最终呈螺旋线状曲伏于绞线中心，影响绞线结构的稳定性。绞合节距越小，材料的弹性模量越大则影响越严重。绞线结构的不稳定，不仅会影响通信电缆高频传输性能，而且当绞线被剪断时，易出现中心导体凸出而影响线束加工。在双节距束线机前端配置预扭装置可减小这种影响。

　　上述两种束线机，当采用非退扭放线时，导体在绞合过程中每个节距内单丝均会自转 $2\pi\sin\gamma$ 而产生扭转应力，由此带来比管绞机更严重的打扭问题。与管绞机一样，需使用去扭力装置来减小或消除扭力。

　　为了规避上述不良影响，在生产射频通信电缆导体时可采用退扭式悬臂式单绞机。需要提及的是，退扭式束线机其放线张力比管绞机更容易精确控制，生产速度也更高。

2. 绝缘生产线

　　绝缘芯线的质量是通信电缆传输性能的决定性因素，也是生产高品质通信电缆不可或缺的前提和基础。鉴于此，绝缘生产线必须具备较高的加工精度，并配备较完善的线径、同轴电容、绝缘凹凸在线检测系统等。具体如下：

　　1）生产实心导体通信电缆时，通常配置拉丝机，构成拉丝-挤塑串列生产线。其他情况下，通常配置张力控制精度高的主动放线架，以确保导体放出张力稳定。

　　2）预热装置：去除导体表面的潮气、改善绝缘层的附着力和绝缘层的结晶状态（对结晶材料而言），通常采用高频感应式预热。

　　3）挤出机：生产单一绝缘时只需一台挤出机。生产带色条或双层绝缘时，需双挤出机。生产泡沫绝缘时通常采用皮-泡-皮结构，需三台挤出机进行共挤。螺杆结构（直径、螺纹结构、长径比等）应与所用材料相适应。

　　4）注气系统（物理发泡绝缘生产线）：物理发泡注气系统有高压和低压两种，通常优选高压注气系统。注气机和注气针的精度对产品质量影响大，选择合适的元件至关重要。

　　5）冷却水槽：塑料挤到导体上经过空气冷却后，然后进入冷却水槽进行冷却。由于塑料挤出过程是一个高分子链打开熔融并重新排列结晶的过程。熔融过程中，分子链在温度及剪切力的作用下被打乱，冷却时分子链重新排列，分子链的排列需要时间和一定的温度条件。如果快速冷却，分子链的重排过程还没有完成就被冻结，这种具有重新排列倾向的作用力就会残留在绝缘材料中。为了避免结晶材料在快速冷却时因结晶产生内应力，导致绝缘回缩和后序加工、存放和使用过程中，残余应力释放造成绝缘开裂。结晶类材料绝缘生产线宜配双温冷却水槽：热水槽在前，冷水槽在后。此外，在生产化学发泡绝缘时，第一节热水槽可在绝缘同轴电容监测值的控制下来回移动，通过微调冷却速度来确保同轴电容的精度。

6）生产线控制模式：绝缘生产线控制模式有两种：

① 给定螺杆转速，牵引速度自动匹配。

② 给定牵引速度，螺杆转速自动匹配。

根据绝缘材料的加工特性和绝缘型式选择控制模式。进口绝缘生产线通常会同时提供两种控制模式，操作人员可在使用时灵活选择。通常情况下，生产物理发泡绝缘时，为了保持相对稳定的注气环境，有利于发泡的稳定性，宜优选控制模式①。当生产实心绝缘时，在线速度确定的情况下，为保持导体预热温度和收放线张力的稳定性，从而实现绝缘质量的稳定性，宜优选模式②。

7）在线检测设备：通信电缆绝缘生产线需要配置以下多种检测设备，其中绝缘外径、同轴电容、偏心检测仪与火花检测设备是必配的。

① 导体测径仪，用于对导体直径的在线监测。

② 绝缘热外径检测仪，用于绝缘热态下的外径监测；生产线控制系统根据冷热外径间的关系，快速地对外径进行调控，减少材料的浪费。

③ 绝缘热电容检测仪，用于绝缘热态下的同轴电容监测，生产线控制系统根据冷热电容间的关系，快速地对绝缘芯的电容进行调控（尤其是发泡绝缘时），减少材料的浪费。

④ 绝缘偏心检测仪，用于监测绝缘的偏心情况，便于操作人员方便快捷地调整偏心。为了方便偏心调整，可将绝缘偏心仪安置在第一节冷却水槽之前。

⑤ 凹凸仪，用于监测绝缘表面是否存在凸起、凹缩、斑点、破裂、叠接等缺陷。

⑥ 绝缘冷电容检测仪，用于绝缘在水槽内充分冷却后的同轴电容监测是否与设计目标一致。

⑦ 绝缘冷外径检测仪，用于绝缘在水槽内充分冷却后的外径监测是否与设计目标一致。

⑧ 高频火花机，用于检测电线产品是否有露铜、绝缘针孔、表皮杂质、绝缘耐压不足等缺陷。

3. 对绞机[30]

对绞机是制造对称通信电缆的关键设备之一，其主要的作用是将两根绝缘芯线绞合成线对。根据线对在绞合过程中绝缘单线是否退扭，可将对绞机分为不退扭对绞机和退扭对绞机两大类。

不退扭对绞机多用于低频对称通信电缆，常用的不退扭双节距对绞机工作原理如图7-1所示。

高频对绞电缆宜选择退扭对绞机。首先，不退扭对绞时存在因绝缘单线自转而扭曲变形和打扭，引起电磁场畸变，最终对信号传输带来不利

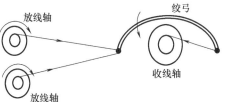

图 7-1　不退扭双节距对绞机工作原理图

影响。其次，当导体存在偏心或绝缘不圆时，不退扭对绞时绝缘芯线自转会引起导体中心距的周期性波动，这种波动会导致线对特性阻抗的波动，从而引起回波损耗指标的劣化。采用退扭对绞不仅可以减小绝缘芯线的扭伤，而且还可通过选择合适的退扭率，将导体绝缘偏心或不圆时引起的导体中心距波动周期控制在电缆最高传输频率对应波长的 1/8 以内，这样绝缘偏心或不圆对回波损耗的影响就不明显了。

常见的退扭对绞机有以下三种：

（1）预退扭双节距对绞机

预退扭双节距对绞机的工作原理如图 7-2 所示。在 Z 向退扭对绞过程中，退扭绞弓 1 和 2 带动绝缘单线形成 S 向扭转，以抵消绞弓 3 在线对绞合时产生的绝缘单线 Z 向扭转。相反，在 S 向退扭对绞时，这三个绞弓均沿相反方向旋转。通过调节退扭绞弓 1、2 与对绞弓 3 之间的转速比，可以实现不同的退扭率，从而满足特定的生产需求。

预退扭双节距对绞机分为立式和卧式两种类型。卧式对绞机在放线后，绝缘单线仅经过少量的导轮和转角便直接进入绞弓 3 进行绞合。相比之下，立式预退扭对绞机在放线后，绝缘单线需要经过多个导轮和三次直角转向，然后才进入绞弓 3。这种复杂的路径会延缓绝缘芯线扭转的及时抵消，从而可能导致绝缘累积损伤更为严重，因此，立式对绞机的绞制效果相较于卧式对绞机会稍逊一筹。

（2）三节距对绞机

三节距对绞机的工作原理如图 7-3 所示，该设备由一台弓式单绞机与一台弓式双节距对绞机串联组合而成。当绞弓 1 与绞弓 2 的转速保持一致时，绞弓旋转一周能够形成三个节距，这正是三节距对绞机名称的由来。通过调节两个绞弓的相对转速比可实现 0%~100% 的退扭功能。弓式单绞机的工作原理与管绞机相似，同样采用预退扭方式，但其正反扭动作在较小的空间内完成，因此对单线累积的扭伤较小。值得注意的是，在绞合头 A（与绞弓 1 同步旋转）处，绞弓内 B_2 放出的绝缘芯线应通过导轮偏离中心线，以形成绞弓效应。为了确保两根绝缘单线在绞合时保持对称性，绞合头 A 上应安装张力传感器，以加强张力的对称性控制。然而，目前市面上的多数三节距对绞机，由于其张力对称性控制不理想，往往难以生产出 1000MHz 以上的通信电缆。

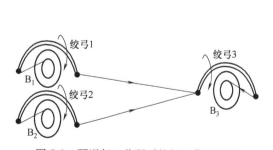

图 7-2　预退扭双节距对绞机工作原理图

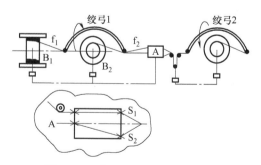

图 7-3　三节距对绞机工作原理图

（3）盘式退扭悬臂单节距对绞机

盘式退扭悬臂单节距对绞机的工作原理如图 7-4 所示。在进行 S 向对绞时，放线盘 1 和 2 会同时沿 R_1 和 R_2 两个方向旋转，分别实现放线和退扭功能。悬臂式单绞机的绞弓则沿 R_3 方向旋转，以实现线对的绞制，且每旋转一周即可形成一个节距。通过调节 R_3 与 R_2 的转速比，我们可以实现不同的退扭率。与此同时，收线盘以转速 R_5 与绞弓同向但不同速旋转，其转速差确保了收线过程的顺利进行。当进行 Z 向对绞时，R_2、R_3、R_5 的旋转方向会相反。为了确保对绞节距的精确性和收线张力的稳定性，通常需要配置旋转牵引装置。该装置不仅牵引轮与绞弓同步旋转，还沿 R_4 方向进行额外旋转。此外，在旋转牵引与悬臂单绞机之间，我们可以选择配置同心式绕包机。

盘式退扭悬臂单节距对绞机在绞制线对的过程中，对绝缘单线的损伤较小，因此生产出的产品质量较高。然而，其主要缺点是生产效率相对较低，目前市面上的盘式退扭悬臂单节距对绞机最高生产速度约为每分钟 1000 个节距。

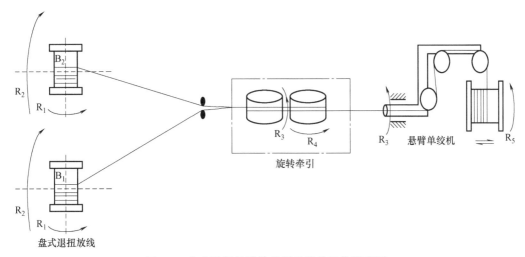

图 7-4 盘式退扭悬臂单节距对绞机工作原理图

4. 成缆机

成缆机是制造对称通信电缆的关键生产设备之一，尤其在张力控制精度和绞合节距的稳定性方面，相较于生产其他类型电缆的成缆机，有着更高的要求。为了最大限度地减少对线对结构可能产生的不利影响，在制造高频对称通信电缆（如数据网线、大对数程控交换机电缆等）时，笼绞式退扭成缆机、盘式退扭悬臂单绞成缆机以及预退扭成缆机成为优选。

这些成缆机之所以成为优选，是因为它们能够更好地满足高频对称通信电缆对张力控制和绞合节距稳定性的严苛要求。笼绞式退扭成缆机凭借其独特的笼绞机构，能够有效地实现退扭和绞合，确保电缆性能的稳定性，尤其适用于单位式缆芯或对稳定性要求较高的小对数层绞式缆芯的生产。盘式退扭悬臂单绞成缆机则以其对绝缘单线损伤小、绞合节距精度较高的特点而受到青睐，主要适用于小对数高级别数据缆的成缆。而预退扭成缆机则能够在绞合前对线缆进行预退扭处理，虽然其绞合质量略逊于盘式退扭悬臂单绞成缆机，但生产效率较高。

5. 绕包机

在通信电缆的制造过程中，线对或缆芯常需包覆非金属带材或金属塑料复合箔（例如，铝塑复合箔、铜塑复合箔等）。绕包节距与绕包张力的稳定性对带材包覆质量至关重要，而带材包覆质量又直接影响着电缆特性阻抗的稳定性，特别是在高频电缆中表现更为显著。

对于低频通信电缆的生产，传统上采用在对绞或成缆过程中拖包的方式包覆带材。然而，此方法存在包覆节距与绞合节距相同及张力控制精度不足的问题，从而影响包覆效果。

为优化包覆效果，推荐使用高精度同心式绕包机，如图 7-5 所示。该绕包机在绕包时，绕包框与带材盘在磁粉离合或伺服控制的引导下同向转动，但二者间存在微小转速差，此转速差是形成包带张力的关键。值得注意的是，磁粉离合通常不具备张力反馈功能，因此其张力控制精度相对较低；而带有张力反馈的伺服控制系统则能提供更高的张力控制精度。目前，国内优质绕包机在采用此控制系统后，最高转速可达 2500r/min，绕包带张力波动能控制在±0.02N 以内，这对于生产射频级通信电缆尤为关键。

图 7-5 同心式绕包机结构图

特别地，在绕包聚四氟乙烯类等较软带材时，为确保带材在绕包过程中不起皱、不断带，需使用结构更为复杂的主动送带式绕包机。此类绕包机能更精确地控制带材的送带速度和张力，以满足特殊带材的绕包需求，确保电缆的制造质量和性能。

此外，为进一步减少绕包过程中线对或缆芯结构可能受到的破坏，必要时可选用行走式主动收放线架。该收放线架的收放线盘会沿轴线往返移动，确保线对或缆芯在绕包过程中始终垂直于收放线盘的轴线。这种设计有助于保持线对或缆芯结构的稳定性和完整性，从而进一步提升通信电缆的质量和性能。

6. 护套生产线

在通信电缆领域，随着"光进铜退"趋势的不断深化，大对数对称电缆和大直径同轴电缆已逐渐淡出视野，当前通信电缆的应用重心日益聚焦于具有特殊性能要求、光纤替代条件尚不充分的通信设备及电气装备上专用的小尺寸通信电缆。鉴于此类电缆应用环境独特，在护套的耐温等级、附着力等方面提出了特殊要求，理所当然，对护套生产线也提出以下特殊需求：

（1）收放线装置

应配备主动式收放线装置，并优选伺服系统，以实现精准的张力控制。针对高频通信电缆，为最大限度地提高缆芯在放出过程中张力的稳定性和避免结构遭受破坏，必要时应采用行走式收放线装置。

（2）缆芯预热系统

缆芯预热系统用于去除缆芯表面的湿气，优化护套层的附着性能，改善结晶护套材料的结晶状态。实践中常采用热风预热器作为预热手段。

（3）挤出设备

在单一护套的生产过程中，仅需一台挤出机即可完成。然而，在少数需生产带色条或双层共挤护套的情况下，则需配置双挤出机。此外，螺杆的结构设计（包括直径、螺纹结构、长径比、压缩比等）需与所使用的护套材料相匹配，在生产特殊材料护套时尤为重要。

（4）真空装置

真空装置用于对机头模具处进行抽真空处理，以辅助调节护套的附着力和表面质量。

（5）冷却系统

塑料挤出后首先覆盖于缆芯之上，经过空气冷却后进入冷却水槽进行进一步冷却。塑料挤出过程涉及高分子链的熔融与重新排列结晶，若冷却速度过快，将导致分子链重排未完成即被冻结，进而在护套材料中残留重新排列的应力。为避免结晶类材料在快速冷却过程中因结晶产生内应力，导致护套回缩或在后续加工、存储使用过程中因残余应力释放而开裂，对于性能要求较高的结晶类材料护套，生产线应配置双温冷却水槽，即先后经过热水槽、冷水槽逐级冷却。此外，对于护套附着力范围要求较严的通信电缆（如车载以太网线，TPE-S 护套），还需配置冷水机，以提供低温冷却水（约 10℃），实现护套层的快速冷却，从而精确调控护套附着力。

（6）生产线控制模式

护套生产线的控制模式需依据护套挤包方式及材料加工特性来确定。采用挤管式生产时宜选择给定螺杆转速、牵引跟随的控制模式。采用挤压式生产，对护套外径或护套表面圆整性有较高要求时，则宜采用给定牵引、螺杆跟随的控制模式。鉴于上述原因，护套生产线最好同时配置两种控制模式，以便在生产电缆时可根据实际情况灵活选择。

（7）在线检测系统

通信电缆护套生产线需配备多种在线检测设备，其中护套外径与火花检测设备为必备项。

1）热外径检测仪：用于实时监测护套在热态下的外径，生产线系统根据冷热外径间的关系迅速调控外径尺寸，以减少材料浪费。

2）偏心检测仪：用于监测护套的偏心情况，便于操作人员及时、准确地调整偏心度。由于电气装备用通信电缆通常需要加工成组件后使用，而组件加工时需要护套具有较高的同心度，故生产此类电缆时宜配置偏心检测仪，并将其置于第一节冷却水槽之前，以方便偏心调整。

3）凹凸检测仪：用于检测护套表面是否存在凸起、凹缩、斑点、破裂、叠接等缺陷。

4）冷外径检测仪：用于检测护套在水槽内充分冷却后的外径尺寸，以确保其与设计目标一致。

5）高频火花检测仪：用于检测电线产品是否存在脱胶、针孔、表皮杂质、护套耐压不足等缺陷。

7.3 通信电缆制造工艺

7.3.1 概述

通信电缆的制造工艺原理与其他电缆大致相同，因此在此不再赘述。然而，作为专门用于传输高频电信号的通信电缆，其在导体表面质量、导体和绝缘材质的均匀性以及关键元件的加工精度等方面要求极为严格，并具有一些独特之处。

1. 关注导体表面质量

众所周知，电信号在通信电缆中传输时，随着信号频率的增加，趋肤效应越发显著，导致电流越发集中于导体表层。举例来讲，当信号频率分别达到 1MHz 与 5GHz 时，电磁波在铜导体内部的透入深度急剧减小，分别为 0.077mm 与 0.0009mm。若导体表层存在的缺陷（诸如划痕、局部氧化等现象）尺寸非远小于电磁波透入深度时，则此类缺陷将对电缆的传输性能产生极为显著的影响。

2. 关注材料和结构尺寸的均一性

电缆导体与绝缘材质的不均匀性以及结构尺寸的波动，均会导致特性阻抗的波动。当信号在传输过程中遇到特性阻抗波动时便会产生反射，反射波在某些特定的频率点上会相互叠加，一旦反射波的幅值达到极大值，电缆的传输性能将在这些频率点上显著恶化。理论与实践均证实，沿电缆长度方向，若这种不均匀性呈现周期性波动，那么在特定的频率点上会形成强烈的电磁反射。这种反射最终会导致电缆的回波损耗曲线上出现明显的反射尖峰，甚至在电缆的衰减曲线上也会呈现出"吸收峰"现象。典型的案例如图7-6和图7-7所示。此时，信号频率与波动周期之间的关系满足式（7-1）的条件（适用于常规电缆：其中材料的相对磁导率为1，且对于对称电缆，绞入率的影响可忽略不计）。

$$L = \frac{150}{\sqrt{\varepsilon_D}f} = \frac{150V_r}{f} \tag{7-1}$$

式中　L——沿电缆长度方向上，不均性的波动长度周期（m）；

　　　ε_D——绝缘等效相对介电常数；

　　　V_r——电磁波传播速度比（电磁波在电缆中的传播速度与其在真空中的传播速度之比）；

　　　f——信号的频率（MHz）。

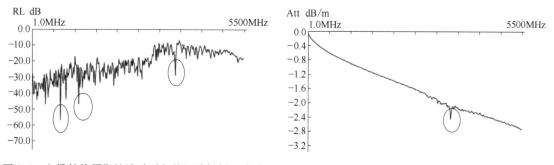

图7-6　电缆结构周期性波动引起的回波损耗"尖峰"　　图7-7　电缆结构周期性波动引起的衰减"吸收峰"

3. 注重关键要素的管控

假设某指标 $y = f(x_1, x_2, \cdots, x_n)$，其自变量 $x_1, x_2, \cdots x_n$。在电缆加工时，这些自变量总是围绕着中心值波动并引起指标值的波动［如式（7-2）所示］。由于各变量波动的影响程度和可控难度不尽相同，在工艺设计时应优先管控影响大且易控制的变量。

$$\Delta y = \frac{\partial y}{\partial x_1}\Delta x_1 + \frac{\partial y}{\partial x_2}\Delta x_2 + \cdots \frac{\partial y}{\partial x_n}\Delta x_n \tag{7-2}$$

现以同轴电缆阻抗波动问题为例来分析工艺管控重点。同轴电缆高频下的特性阻抗可表述为式（7-3）：

$$Z_\infty = \frac{60}{\sqrt{\varepsilon_D}}\ln\frac{D}{d} \tag{7-3}$$

从式（7-3）可知，特性阻抗取决于绝缘等效相对介电常数、内导体直径 d 和外导体内径 D。在制造过程中，当这三个参数出现微小波动（ΔD、Δd、$\Delta \varepsilon_D$）时，特性阻抗的波动可表述为式（7-4）：

$$\Delta Z = \frac{60}{\sqrt{\varepsilon_D}}\left(\frac{\Delta D}{D} - \frac{\Delta d}{d} - \frac{\Delta \varepsilon_D}{2\varepsilon_D}\ln\frac{D}{d}\right) \tag{7-4}$$

由于这些偏差是随机的，因此服从正态分布的规律。

$$\sigma_z = \sqrt{\left(\frac{\partial Z}{\partial \varepsilon_D}\right)\sigma_\varepsilon^2 + \left(\frac{\partial Z}{\partial d}\right)\sigma_d^2 + \left(\frac{\partial Z}{\partial D}\right)^2\sigma_D^2} \tag{7-5}$$

式中　σ_z——特性阻抗的方均根偏差值；

　　　σ_ε——等效介电常数的方均根偏差值；

　　　σ_d——内导体直径的方均根偏差值；

　　　σ_D——外导体内径的方均根偏差值。

而

$$\frac{\partial Z}{\partial \varepsilon_D} = -\frac{30}{\varepsilon_D\sqrt{\varepsilon_D}}\ln\frac{D}{d} \tag{7-6}$$

$$\frac{\partial Z}{\partial d} = -\frac{60}{\sqrt{\varepsilon_D}}\frac{1}{d} \tag{7-7}$$

$$\frac{\partial Z}{\partial D} = \frac{60}{\sqrt{\varepsilon_D}}\frac{1}{D} \tag{7-8}$$

从上述分析可以看出，特性阻抗的波动与三个参数的波动比例线性相关。进一步分析可知，内导体的偏差对特性阻抗的影响最大。故在同轴电缆制造过程中应将对内导体直径公差的管控放在首位。

7.3.2　各工序管控要领

1. 拉丝工序

正如前面所述，对于通信电缆来讲，导体的表面质量和尺寸精度至关重要。在拉丝工序中，应重点关注以下几方面：

（1）拉丝液

拉丝液多为水基性流体，大致分为乳化型、半合成型及全合成型三种。

乳化型拉丝液的稀释液，色泽宛如牛乳，呈现不透明的形态。主要以矿物油作为基质油，溶液浓度高，具备良好的润滑性能，能够承受较大的挤压力，故适宜于巨拉、大拉及中拉高速作业中的拉丝润滑需求。然而，其易于成为细菌滋生的温床，尤其在夏季高温条件下，可能导致油液腐败并散发异味，从而大幅缩减其使用寿命。

半合成型拉丝液的稀释液呈半透明状。主要成分包含可溶于水的化合物以及一定比例的矿物油，具有一定的抗菌防腐效能，稳定性较强，对水质条件的要求相对宽松，且冷却性能优异，因此，广泛应用于铜包钢线、镀锡铜线等材料的加工过程中。然而，随着使用时间的延长，其中的可溶性皂类成分易发生水解反应，生成碱式碳酸铜（俗称铜皂），导致润滑性能下降，并可能污染拉丝模具，引发模孔堵塞等问题。

全合成型拉丝液的稀释液几乎呈透明状。不含任何基础油，而是由多种水溶性化合润滑剂精心调配而成。具有泡沫生成量少、冷却与清洗性能俱佳的优点，尤其适用于微细线材的加工以及导体表面光洁度要求较高的场合。然而，其易吸收空气中的二氧化碳，生成碱式碳酸盐，从而在一定程度上影响其润滑性能的发挥。

在拉制通信电缆用导体时，需针对导体材料、拉制尺寸及使用需求等具体因素，精心选用适宜的拉丝液种类、浓度及使用温度，以确保拉丝不断线和良好的导体表面质量。例如，在拉制车载数据用铜包钢线、铜锡合金线时，应选用全合成型拉丝液，以期获得光亮、表面清洁的导体产品。

（2）防止导体表面氧化

在特定环境条件下，铜易与硫离子、氯离子发生反应，或在酸性有氧环境中形成黑色斑点及氧化铜层，这对铜材料的高频电气性能产生了显著的不利影响。因此，在制备铜导体拉丝液时，首要且关键的步骤是使用去离子水，以确保其化学纯净度，避免杂质引入。此外，为了有效减缓铜的氧化速度，拉丝液中还需合理添加抗氧化剂成分。然而，对于高频通信电缆（尤其是 GHz 频段及以上）的拉制过程而言，抗氧化剂的选择需尤为谨慎。应避免使用那些能在铜表面形成钝化膜的抗氧化剂。尽管这类钝化膜厚度较薄，但因趋肤效应，会影响高频电缆的传输性能。此外，在湿度较高的环境中（即大气相对湿度超过70%的地区），铜导体表面易于凝结水膜或水珠。这些水体成为大气中二氧化硫、氯化物等污染物的溶解介质，形成电解液，加速铜导体的氧化与变色过程。鉴于此，对于铜线的储存，必须采取除湿与恒温措施，以防止铜线氧化。

（3）严控尺寸公差

严格控制导体的不圆度和直径波动对于生产高质量通信电缆至关重要。在实际生产过程中，必须严格管理成品拉丝模孔的尺寸精度与圆度，以确保拉丝产品质量。特别是在生产高频对称电缆绞合导体时，为了确保单丝直径的一致性，进而降低导体有效电阻的波动，优先采用同一拉丝机、同一套模具连续生产的几段单丝进行绞合。这样的做法有助于提升绞合导体电气性能的一致性。

（4）关注导体表面质量

严控导体表面质量，不得有划痕、污物。生产过程中应经常检查拉丝塔轮、牵引轮等是否有不光滑之处，拉丝模是否有划痕等。

2. 导体绞制工序

1）通信电缆常用的绞合导体多由7根或19根单丝绞合而成。在绞制过程中，需特别注意以下几点：除中心导体之外，构成绞合导体的其余单丝，其外径及伸长率应保持一致，且表面光滑圆整，以确保绞线结构的均匀性。中心导体的单丝直径宜略大于外层单丝直径约1%，此有助于使绞线结构更为紧凑，防止中心导体凸出，提升绞线质量。

2）根据绞合导体的具体应用需求，合理地选择绞合节径比。通常，绞合节径比建议维持在10~30之间，以确保绞线结构的稳定性和生产效率的平衡。节径比过大，绞线结构稳定性差，易出现结构松散或变形；而节径比过小，则不仅会降低生产效率，对于高频对绞电缆来讲，还可能在对绞时因导体过度扭转引起绞线表层单丝轻微背股或跳位，进而降低电缆的高频性能。

3）确保绞合导体圆整性的关键在于选择合适尺寸的束线模、单丝张力以及束线模与分线板间的距离。束线模的孔径应略大于束线的理论轮廓直径（其差值通常不超过单丝半径）。单丝张力的设定应遵循以下原则：中心导体的张力最大，从内至外逐层递减，同层张力保持一致，且最大张力不超过单丝拉断力的 70%。张力过大可能导致导体拉细、表面损伤；张力过小则易使绞线松散。束线模与分线板之间的距离应适当，以确保该层单丝围成的锥角略大于束线模喇叭口的锥角。

4）分线板上的陶瓷环易对单丝表面造成刮伤，因此，应尽量采用微型轻质导轮替代陶瓷环，以减少对单丝表面的损伤。

5）采用非退扭方式绞制导体时，由于单丝扭转累积了一定的应力，绞合导体易出现打扭现象。特别是在绞制弹性模量较高的导体（如铜包钢、铜合金绞线）时，这一现象尤为突出。打扭现象会破坏绞合导体结构的稳定性，最终影响电缆的高频性能。常用的去扭力有以下三种方法：一是使用校直轮或类似的机械装置破坏绞合导体扭转应力的分布、改变其方向，从而达到去扭力的效果；二是在绞合导体进行绝缘之前，以氮气或氮氢混合气体等作为保护气体进行退火消除应力，以有效消除绞线中的扭力；三是采用退扭绞线设备生产绞合导体，从源头上消除扭转应力的产生。

3. 绝缘工序

绝缘单线的质量在通信电缆制造中占据着举足轻重的地位，它是确保通信电缆具备优良性能的前提和基础。为了生产出优质的绝缘芯线，不仅需要高精度的生产设备作为支撑，还必须对单线制造过程中的各项参数进行严格的管控。以下是具体的工艺要领：

1）严格控制绝缘外径的波动范围，确保绝缘外径的稳定是保障电缆性能一致性的关键。

2）物理发泡绝缘的泡孔通常比化学发泡的更均匀、致密，且高频下的介质损耗角正切值也小些，因此当绝缘为泡沫绝缘时，应优选物理发泡方式。

常用的物理发泡绝缘材料包括聚乙烯、聚丙烯、FEP 和 PFA 等。聚乙烯发泡绝缘的额定工作温度低（85℃左右），在生产高发泡度的聚乙烯绝缘时，通常采用高密度聚乙烯（HDPE）和低密度聚乙烯（LDPE）的混合料。HDPE 具有较低的介质损耗角正切值，但其线性结构导致熔体黏度大、熔体弹性及张力较低，不利于形成高发泡结构，因此不能单独用于生产高发泡度绝缘。相比之下，LDPE 的分子链呈长支链结构，其介质损耗角正切值虽稍高于 HDPE，但介电常数较低，熔体弹性和张力较高，有利于生产高发泡结构。另一方面，在高发泡度下，LDPE 的熔体强度和黏度降低，易产生大小不均的泡孔，导致制品强度下降。因此，采用 HDPE 和 LDPE 的混合料可以综合两者对发泡有利的特性。HDPE 和 LDPE 的混配比例主要由两方面因素决定：一是电缆的低损耗要求，这通常希望 HDPE 的配比高一些；二是熔体黏弹性，合适的混配比例能够保证熔体黏弹性，是生产优质泡沫层的关键因素。聚丙烯发泡材料的泡孔尺寸均匀性稍逊于聚乙烯，尤其是在高发泡度时。然而，聚丙烯发泡层的耐温等级较高，主要用于额定工作温度较高的场合（如 105℃级车载数据缆）。而 FEP、PFA 发泡绝缘材料成本较高，但由于其出色的耐高温性能，主要用于额定工作温度更高的场合（如 150℃或 200℃级高温数据缆）。

目前，物理发泡技术中常用的气体主要包括氮气（N_2）和二氧化碳（CO_2）。鉴于 CO_2 在熔融聚合物中的溶解度相较于 N_2 高出 10 倍，因此能够赋予材料更高的发泡度，这一特性使其在大规格、高发泡度同轴电缆的制造中占据主导地位。具体而言，当采用 CO_2 作为发泡气体，并结合高、低密度聚乙烯进行混合发泡时，发泡度可高达 81%。

从物理发泡绝缘的生产工艺来看，注气原理的关键在于确保注气压力（p_g）高于塑料熔体压力（p_c），以此实现气体向挤出机机筒的有效注入。随后，塑料在旋转螺杆的作用下，在机筒内经历压缩、剪切及搅拌过程。值得注意的是，机筒内的压力 p_c 随时间连续变化，其波动范围通常在 0.1~0.3MPa 之间。在气体流速较低的情况下，注入的气体流量与 p_c 的变化呈现指数关系。根据发泡机理，即使是微小的气体注入量变化，也可能导致挤出后塑料的发泡度发生显著波动，进而影响绝缘层综合相对介电常数沿长度的均匀性，最终影响电缆特性阻抗的一致性。

为解决上述问题，可以采取两种策略：一是采用复杂的注气系统，该系统能够动态调整 p_g 以响应 p_c 的变化，从而确保注气流量的恒定；二是采用超临界压力注气法，即氮气在 1.90p_c、二氧化碳在 2.05p_c 的超临界压力下注入，此时气体流量不再受 p_c 的影响，而仅取决于 p_g。在此条件下，气体通过注气针喷嘴的速度极高，以聚乙烯发泡为例，其速度可达 340m/s。喷嘴流孔截面积（S_g）与多个参数相关，可由式（7-9）计算得出：

$$S_g = \frac{kVS_pF_r}{p_g} \tag{7-9}$$

式中　S_g——注气针喷嘴的流孔截面积（mm^2）；

　　　k——与绝缘材料和气体种类相关的系数，对于聚乙烯、氮气发泡时约为 9.02×10^{-6}；

　　　V——绝缘生产速度（m/min）；

　　　S_p——绝缘发泡层截面积（mm^2）；

　　　F_r——绝缘发泡层的发泡度（%）；

　　　p_g——注气压力（MPa）。

目前，注气针流孔的形状主要包括圆形和圆环形两种。根据式（7-9），当生产产品及生产速度确定时，注气针流孔尺寸存在上限。采用超临界压力注气法时，若实际尺寸超过此上限，注气流量将随 p_c 的波动而波动，进而引发产品特性阻抗的波动。因此，在实际操作中，需根据生产需求选择合适的注气针尺寸，以避免此类问题的发生。

3）严格控制绝缘单线同轴电容的波动范围。

4）严格控制绝缘不圆度。影响绝缘不圆度的主要因素有：挤塑模套孔不圆、挤塑温度过高导致的塑料熔垂，以及绝缘芯线在过线轮上受压变形等。

5）严格控制绝缘同心度。通常情况下同心度应控制在 95% 以上。导致绝缘同心度不达标的主要因素有：挤塑模芯与模套间同轴度不够；挤塑温度过高，在冷却定型前塑料熔垂；模芯孔径过大，导致模芯与导体间的间隙太大，导体在模芯内晃动。

6）严格控制绝缘附着力：导体与绝缘层间的附着力对于电缆的后续加工和传输性能具有重要影响。附着力过小会导致导体与绝缘层在后工序加工时发生相对转动，进而影响特性阻抗及其波动。影响附着力的主要因素有：绝缘材料的极性与结晶性能；导体在挤塑前的预热温度和清洁程度、挤包塑料后的冷却速度；对于 FEP、PFA 绝缘而言，因采用挤管式模具，除了上述影响附着力的因素之外还与挤塑模具的平衡拉伸比、机头抽真空的情况有关。

7）为减少颜料对电缆高频传输性能的不良影响，绝缘芯线最好采用皮层着色且颜色尽可能浅。

8）选择合适的挤塑温度。温度是绝缘挤出工艺中最为关键的参数，直接决定了绝缘层的挤出质量。鉴于塑料种类的多样性，以及同种塑料间微观结构、相对分子量、分子量分布和配方等因素的差异，挤出温度的设定需因材料而异。因此，在设定温度时，应在绝缘材料厂家推荐的加工温度基础上，综合考虑挤出机特性、生产速度及电缆产品特性要求等因素后进行优化设置。

① 加料段机筒温度的设定：加料段的主要功能是将固相塑料向机头方向输送。温度升高，塑料变软，与机筒的摩擦力减小，导致输送能力下降且不稳定，同时可能因过早熔融而影响混合均匀性。此外，温度过高还可能导致塑料在加料口处"架桥"，完全丧失输送能力。因此，加料段机筒的设定温度应偏低，但过低的温度又会导致熔融段物料初温过低，延长熔融段长度，减少均化段长度，进而影响挤出机的塑化能力和挤出量。综合考虑，加料段初始温度应设定得较低，随后逐渐提高机筒加热温度，以确保足够的输送能力。

② 熔融段机筒温度的设定：熔融段的主要目的是使物料快速熔融，缩短熔融段长度，从而增加均化段长度，提升挤出机的均化能力和挤出量。因此，熔融段机筒的温度应设定远高于塑料的熔融（或黏流）温度，但亦需避免过高。过高的温度会减小剪切摩擦热，有时反而增加熔融段长度；同时，过高的机筒温度会损害物料性能，特别是热敏性物料。对于某些特殊物料，剪切摩擦热过大时，即使机筒不加热，物料温度也可能升高至损害性能的程度。此时，需利用机筒对物料进行冷却。因此，熔融段机筒的设定温度必须远低于损害物料性能的温度。若无法将物料温度降至合适范围，则需降低螺杆转速，牺牲挤出量，或改变螺杆结构，减少剪切摩擦热。

③ 均化段机筒温度的设定：塑料在熔融段已基本熔融，均化段需进一步熔融少量高聚物，提高熔融、均化效率，并降低熔体黏度和弹性行为。因此，均化段机筒需对熔体进行进一步加热。由于熔融段熔体温度通常低于机筒设定温度，均化段机筒温度应高于熔融段。通过均化段机筒的加热，使熔体充分熔融、均化，并满足挤出要求的黏度和弹性行为。然而，过高的熔体温度会损害材料性能，导致成型不稳定，增加后续冷却时间。因此，均化段机筒温度的设定需谨慎，避免过高。

④ 机头脖颈和机头温度的设定：熔体进入机头脖颈和机头后，通用挤出机此部分已不具备均化作用，因此外部加热主要起保温作用。若均化段熔体温度与机筒设定温度基本一致，则机头脖颈和机头的设定温度应与均化段末端机筒设定温度相同；若均化段熔体温度低于机筒设定温度较多，则此部分设定温度应略低于均化段末端机筒设定温度；若挤出层不光滑，即弹性行为较大时，可适当提高此部分设定温度（尤其是模套部分），以降低熔体与接触部分的黏度和摩擦力，减少弹性行为。

综上所述，不同塑料的挤出温度控制各不相同，但普遍遵循从加料段至模口温度由低至高再至低的变化规律。

在物理发泡绝缘的制备过程中，挤出温度的设置策略稍有差异，需根据各阶段需求进行精细调控。具体而言，温度通常从加料段至熔融段逐渐升高，在注气区达到峰值，随后逐渐降低，至机头处又略有上升。这一温度变化策略确保了工艺的高效性和产品的优质性。在注气前，较高的温度能够确保材料充分塑化，形成低黏度、低压力的熔体，从而有利于气体的顺利注入。同时，高温还能增加气体的溶解度，进而提升绝缘的发泡度。然而，若熔融段温度设置过高，会导致熔胶黏度下降、弹性增大，进而引发泡孔过度生长和合并现象，形成大气孔。相反，若温度设置过低，则会使气泡生长的临界压力值升高，不利于实现高发泡度。随后气、胶混合物在机筒进一步被螺杆搅拌均匀。此时，降低温度有利于提高熔体压力，防止熔体中过饱和溶解的气体在离开模口前发泡或贯通。同时，这一温度变化还能将过低的熔体黏度提升至合适水平，为离模后气泡的膨胀和绝缘成型创造有利条件。到达机头处时，适当升温是避免过低温度导致熔体黏度过大、形成通孔和绝缘表面粗糙等缺陷的关键。特别是在生产规格较小、速度较快、发泡度要求较低的情况下，机头温度的适当提高尤为重要。表 7-3 和表 7-4 为聚丙烯、FEP 物理发泡绝缘挤出温度实例。

表 7-3　聚丙烯物理发泡绝缘挤出温度实例

温区	BZ1	CZ1	CZ2	CZ3	CZ4	CZ5	CZ6	CZ7	FZ1	HZ1	HZ2	HZ3	HZ4
Φ60 挤塑机温度设置/℃	75	180	185	190	200	185	185	185	185	190	195	200	200

表 7-4　FEP 物理发泡绝缘挤出温度实例

温区	BZ1	CZ1	CZ2	CZ3	FZ1	HZ1	HZ2	HZ3
Φ20 挤塑机温度设置/℃	70	340	370	345	345	345	370	380

4. 线对和缆芯绞制工序

线对和缆芯绞制工序是对称通信电缆制造中的关键工序之一。对绞和成缆的收放线张力、绞制节距、退扭率大小等对通信回路的抗电磁干扰能力、回波损耗及不平衡衰减等指标具有显著影响。在线对和缆芯的绞制过程中，应注意以下事项：

1）严格控制对绞节距和成缆节距的波动范围。对绞节距的波动会引起线对结构的波动，这种波动会导致电缆的一次传输参数和干扰参数发生波动。这些参数的波动会直接影响回波损耗、线对间的串音衰减等指标。成缆节距的波动不仅会引起缆芯结构尺寸的波动，特别是当缆芯由多对线分层排列绞合时，成缆节距的波动可能导致不同层之间的线对产生不均匀的应力分布，影响缆芯整体稳定性，而且还会引起线对节距的波动［见式（5-40）］，最终影响电缆的传输性能。

2）对绞时尽可能选择导体直流电阻、绝缘外径、同轴电容相近的两根绝缘芯线进行配对绞合。这种操作方式有助于确保两根芯线在电气性能上的对称性，从而改善线对的不平衡衰减和线对间的串音衰减。

3）严格控制对绞时两根单线放线张力的大小、对称性和一致性。放线张力过小，导体中心距不稳定，主要影响回波损耗和不平衡衰减指标。放线张力过大，则易导致绝缘芯线易拉细。两根芯线张力对称性差时，易导致一根芯线轻微地缠绕在另一根芯线上而引起电阻和电容不平衡，最终对不平衡衰减造成不良影响。

4）在通信电缆的制造过程中，低频对称通信电缆普遍采用非退扭式对绞，而高频对称通信电缆则更倾向于使用退扭式对绞。目前，预退扭对绞机是应用最为广泛的退扭式对绞设备。在预退扭对绞过程中，绝缘单线会经历先反向再正向的扭转，这不可避免地对绝缘芯线造成一定程度的损伤，且退扭率越大，损伤程度越严重。因此，为确保实心导体电缆的性能，其退扭率通常控制在 40% 以内。对于绞合导体电缆，情况则显得较为复杂。一方面，绞合导体因其不易塑性变形的特性，对绞过程中，绝缘单线扭转所积累的应力会显著加剧线对的打扭趋势，进而威胁到线对结构的稳定性。另一方面，在预退扭对绞过程中，绞合导体绝缘芯线的导体结构会遭受周期性的破坏而引发如图 7-6 所示的回波损耗尖峰，这在吉赫兹（GHz）频段以上的高频对称通信电缆中尤为显著，同时还可能出现如图 7-7 所示的衰减

"吸收峰"。解决这一问题时，需要综合考虑电缆结构、导体材料及状态、传输性能指标要求等多个因素，以确定合适的对绞节距和退扭率。实践证明，不同的型号、不同生产条件下生产绞合导体对绞电缆时，其线对的最佳退扭率不相同，范围分布在 0% ~ 100% 之间。此外，对于高频对称电缆而言，为克服预退扭方式的不利影响，进一步改善电缆的高频性能，可选用盘式退扭悬臂单节距对绞机进行对绞或退扭式成缆机进行成缆。

5. 绕包工序

在通信电缆中，缆芯外部通常会螺旋地绕包非金属包带，以稳固缆芯结构。此外，有时也会在缆芯或对称电缆的线对外部绕包金属-塑料复合箔作为屏蔽层。对于高频对称通信电缆而言，带材绕包质量对电缆的回波损耗等指标具有显著影响。因此，在绕包高频对称通信电缆时，需特别注意以下事项：

1）绕包角（带材绕包方向与电缆径向所成的夹角）宜控制在 30° ~ 45° 之间，角度过小可能会影响生产效率；而角度过大会影响带材扎紧程度，甚至导致包覆不圆整。

2）带材宽度 W 按式（7-10）计算或参照表 7-5 取。

$$W = \frac{\pi (D+t) \sin\alpha}{1 \pm k} \tag{7-10}$$

式中　D——被绕线芯直径；

　　　t——带材厚度；

　　　α——绕包角；

　　　k——绕包重叠率或间隙率（带材重叠或间隙宽度与带材宽度的比值，重叠绕包取-号，间隙绕包取+号），对于重叠绕包，k 取值过大会影响包覆的圆整性，k 取值过小时，电缆弯曲后重叠处易裂开。k 通常取 0.2。

表 7-5　重叠绕包带材宽度

绕包直径/mm	带材宽度/mm	绕包直径/mm	带材宽度/mm
<2.0	2 ~ 5	8.3 ~ 10.0	18 ~ 30
2.1 ~ 3.4	4 ~ 10	10.1 ~ 11.5	20 ~ 34
3.5 ~ 4.4	7 ~ 13	11.6 ~ 12.5	24 ~ 37
4.5 ~ 5.4	9 ~ 17	12.6 ~ 20.0	27 ~ 50
5.5 ~ 7.0	11 ~ 21	20.1 ~ 30.0	41 ~ 75
7.1 ~ 8.2	16 ~ 25	>30.1	60 ~ 80

3）带材应尽可能包覆得光滑圆整，对于高频对称电缆来讲，屏蔽带绕包不圆整会影响回波损耗指标，甚至还会影响衰减。

4）绕包张力波动应尽可能小。为避免因绕包张力波动带来的回波损耗尖峰或衰减吸收峰，绕包节距宜小于式（7-12）所确定的 L_{max} 值。

$$L_{max} = \frac{150}{\sqrt{\varepsilon_D} f} = \frac{150 V_r}{f} \tag{7-11}$$

式中　L_{max}——绕包节距上限（m）；

　　　ε_D——绝缘等效相对介电常数；

　　　V_r——电磁波传播速度比（电磁波在电缆中的传播速度与其在真空中的传播速度之比）；

f——电缆最高工作频率（MHz）。

6. 编织工序

金属丝编织层作为一部分同轴电缆外导体或对称通信电缆的屏蔽层，编织工艺的优劣对电缆的整体质量具有不可忽视的影响。在编织过程中，以下几个方面的管控尤为关键：

1）编织角（即编织股线与电缆径向所夹的角度）通常选择30°～70°之间，从屏蔽效能讲，45°被视为最佳编织角。

2）编织并丝环节，严格把控单丝间张力的均衡性以及并丝排线的质量。一旦这些参数失控，易导致编织断线，进而对电缆的制造段长以及电气性能产生不利影响。

3）编织过程中编织线芯所经过的通道，其曲率半径宜为线芯直径的15倍以上，以避免缆芯过度弯曲带来的对高频性能的不利影响。

4）在编织过程中，应严格确保每锭编织丝的张力保持均衡。编织丝张力均衡性不佳时，不仅会导致编织外观的瑕疵，更会对高频通信电缆的回波损耗指标产生显著影响，特别是在金属箔与编织相结合的结构中表现尤为突出。具体而言，张力不均衡的编织丝会在金属箔上周期性轧出深浅不一的编织纹路，这些纹路会影响通信回路的一次参数，从而导致回波损耗指标的劣化。当纹路的周期恰好为信号半波长的整数倍时，还可能会引发回波损耗尖峰，甚至在衰减随频率变化的曲线上形成明显的"吸收峰"。

7. 护套工序

在高频通信电缆的护套过程中，精确控制护套挤包的松紧度与电缆的圆整度至关重要。一方面护套挤包过松，电缆在弯曲时各元件间的相对位置易发生变化，从而引发特性阻抗、回波损耗等性能指标的波动；反之，若挤包过紧，则可能导致护套内侧的电缆元件受挤压变形，从而劣化特性阻抗、回波损耗及衰减等性能。另一方面，对于需制成组件后使用的电缆（如局用通信电缆、车用数据缆等），其对护套的附着力有严格的要求。附着力过小，缆芯在组件制造过程中易在护套内滑动，影响使用；附着力过大，则护套剥离困难，影响后续加工。一般情况下，采用挤管式或半挤压式模具并配合机头抽真空可有效控制护套的附着力。一些特定类型的电缆（诸如车载以太网线，对绞线护套时易显线对绞合纹）既要护套附着力不能过大，又要求护套表面光滑圆整，此时可采用图7-8所展示的双锥度低压力挤压模具[34]，通过调整模具锥角、模套孔径、模芯与模套间的间距及挤包护套后的冷却速度来完成任务。必要时，还可配合其他辅助措施，诸如在缆芯表层施加脱模剂或包裹自黏型包带、使用低压力挤塑螺杆等措施来圆满解决。

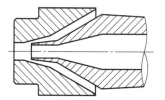

图7-8　双锥度低压力挤压式模具结构示意图

第8章　通信电缆电气性能测试

通信电缆各项电性能指标的检测，是确保电缆产品品质至关重要的一环。因此，电缆制造完成后，对其各项电性能进行全面而严格的测试，显得尤为重要。鉴于通信电缆种类繁多，各项性能指标要求各异，故测试项目亦呈现多样化特点。随着通信电缆应用频带的不断拓宽及使用场景的日益广泛，相应的测试方法亦随之日益丰富。

通信电缆关键的电性能测试项目涵盖：导体直流电阻、对称通信电缆的回路电阻不平衡度、绝缘电阻、介电强度（即耐电压能力）、工作电容、阻抗特性、串音衰减及其防卫度、对称通信电缆的不平衡衰减，以及高频通信电缆的回波损耗、信号传播速度、相位时延等。其中，导体直流电阻、对称通信电缆回路电阻不平衡度、绝缘电阻及耐电压测试的基本原理与测试方法，与其他电缆类型产品并无二致，故本章不再赘述，而专注于阐述通信电缆所独有的电性能测试项目。

8.1　工作电容测试

工作电容测试常用的方法有比较法和电桥法，测试的基本原理如下。

8.1.1　比较法测试工作电容

在长对称电缆工作电容的测量中，比较法是一种常用的方法，其测量电路如图 8-1 所示。

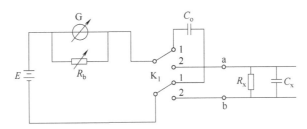

图 8-1　比较法测试工作电容电路图

G—冲击检流计　R_b—检流计分流电阻　C_o—标准电容　C_X—被测样品电容　R_X—被测样品

绝缘电阻　E—直流电源　a、b—分别为被测样品的线对　K_1—双刀单掷开关

在进行测量时，被测线对的另一端需保持开路状态，与此同时，除被测线对外，其余所有线芯均需通过铜线彼此连接，并与屏蔽层相接。

为了测定线对的工作电容，需实施两次测量操作。首次测量时，应将转换开关 K_1 置于位置 1，使得电容器 C_o 能够通过冲击检流计充电至某一电压值 U。若此时检流计的分流系数等于 n_1，则流经检流计的电荷量将等于：

$$Q_1 = K_b \alpha_1 n_1 = UC_o \tag{8-1}$$

式中 K_b——检流计的冲击常数；

α_1——检流计的偏转格数；

n_1——检流计的分流系数。

第二次测量时，将转换开关 K_1 置于位置 2，被测线芯便经过冲击检流计充电，达到与前次同样的电压 U，如果检流计的分流系数为 n_2，那么流经检流计的电量将等于：

$$Q_2 = K_b \alpha_2 n_2 = UC_X \tag{8-2}$$

式中 α_2——第二次测量时检流计的偏转格数；

n_2——第二次测量时检流计的分流系数。

由以上两式可得：

$$C_x = \frac{\alpha_2 n_2}{\alpha_1 n_1} C_o \tag{8-3}$$

必须注意，在某些仪器中，测量时通过检流计的不是充电电流，而是放电电流。

8.1.2 电桥法测试工作电容

如图 8-2 所示，为测量工作电容的电桥原理图。在该图中，被测电容连接至电桥臂 1 和臂 2。电桥臂 2 与臂 3 之间设有量程开关，通过调整可变电阻 R_2，可以获得所需的测量量程。电桥臂 3 与臂 4 则构成了电容值的计数臂，通过调节可变电阻 R_3，可以实现电桥的平衡状态。当被测电容器（即电缆线对）内部存在损耗时，电桥臂 4 与臂 1 之间的连接将用于补偿由此产生的相位差。

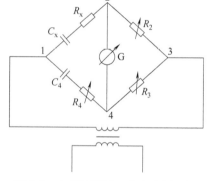

测量电容时的平衡条件为

$$C_x = C_4 \frac{R_3}{R_2} \tag{8-4}$$

$$\tan\delta = \omega C_4 R_4 \tag{8-5}$$

图 8-2 电桥法测试工作电容原理图

测量多线组对称通信电缆时，在测量端，除了被测量的线对外，其余的芯线导体以及存在的屏蔽层（若有）应当连接至电桥的屏蔽接线端。

8.2 传播速度与相时延

8.2.1 基本概念

1. 传播速度（相速度）

传播速度定义为正弦波信号在电缆中的传播速度。通常用角频率与相移常数之比来表示，见式（8-6）。

$$v_p = \frac{\omega}{\beta} = \frac{2\pi f}{\beta} \tag{8-6}$$

式中 v_p——传播速度（m/s）；

ω——角频率（rad/s）；

β——相移常数（rad/m）；

f——频率（Hz）。

传播速度也可用波速比 V_r 表示，波速比是正弦波信号在电缆中传播速度与在自由空间的传播速度之比。

$$V_r = \frac{v_p}{c} \tag{8-7}$$

式中　v_p——传播速度（m/s）；

c——波在自由空间中的传播速度，取 299792458m/s。

2. 相时延

相时延定义为电缆长度 l 除以相速度。相时延由下式确定：

$$T_d = \frac{l}{v_p} \tag{8-8}$$

式中　T_d——相时延（s）；

v_p——传播速度（m/s）；

l——电缆长度（m）。

8.2.2　试验原理图（传输法）

传播速度应在有关电缆详细规范指定的频率下测定。未指定频率时，应采用测量定特性阻抗所用的频率。对于对称通信电缆，测量应在平衡条件下用传输法（用平衡变量器把电缆连接到设备）进行，传播速度测量原理图如图 8-3 所示。

求出使输出信号的相位与输入信号相比旋转了 2π 弧度的频率间隔 Δf 值。传播速度则为

$$v_p = L \times \Delta f \tag{8-9}$$

式中　L——被测电缆长度（m）；

Δf——频率间隔（Hz）。

为了使算出的频率间隔 Δf 具有满意的精度，可以旋转 n（$n \leqslant 10$）个 2π 弧度的频率 ΔF，此时

$$\Delta f = \frac{\Delta F}{n}$$

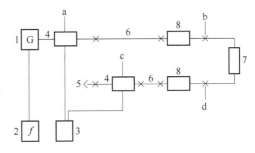

图 8-3　传播速度测量原理
1—信号发生器　2—频率计　3—相位计
4—插入单元　5—终端负载　6—连接电缆
7—试样　8—匹配变压器，试样的标称阻抗

8.3　特性阻抗

8.3.1　平均特性阻抗

对于通信电缆的平均特性阻抗，先按 8.1 节、8.2 节的方法分别测出电缆总的工作电容

和相时延，然后按式（8-10）计算。

$$Z_{\mathrm{m}} = T_{\mathrm{d}} / C_{\mathrm{x}} \qquad (8\text{-}10)$$

式中　Z_{m}——平均特性阻抗（Ω）；

$\quad\quad T_{\mathrm{d}}$——相延时（s）；

$\quad\quad C_{\mathrm{x}}$——被测电缆总的工作电容（F）。

8.3.2　输入阻抗

在图 8-4 所示的阻抗测试原理图中，被测电缆末端连接标称阻抗（S 参数单元校准时也用标称阻抗）Z_{R} 时，电缆入射电压与入射电流或反射电压与反射电流的商称为输入阻抗。它可由式（8-11）计算得出。

$$Z_{\mathrm{in}} = Z_{\mathrm{R}} \left| \frac{1+\varGamma_{11}}{1-\varGamma_{11}} \right| \qquad (8\text{-}11)$$

式中　Z_{in}——输入阻抗（Ω）；

$\quad\quad Z_{\mathrm{R}}$——校准时用的基准阻抗（电阻）（$\Omega$）；

$\quad\quad \varGamma_{11}$——测定反射系数。

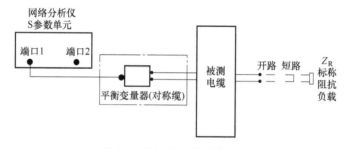

图 8-4　特性阻抗测试原理图

注：测试对称通信电缆时，应在被测电缆首端接入平衡变量器。

8.3.3　有效特性阻抗

在图 8-4 所示的阻抗测试原理图中，分别测出被测电缆末端在短路和开路条件下的输入阻抗，然后由式（8-12）计算出。

$$Z_{\mathrm{e}} = \sqrt{Z_0 Z_\infty} \qquad (8\text{-}12)$$

式中　Z_{e}——测出的包括结构效应的阻抗（有效特性阻抗）（Ω）；

$\quad\quad Z_0$——电缆末端短路时的输入阻抗（Ω）；

$\quad\quad Z_\infty$——电缆末端开路时的输入阻抗（Ω）。

8.3.4　时域法测试特性阻抗

在高频线路中，阻抗测量常采用时域反射法（TDR 法），其测量系统组成如图 8-5a 所示。时域反射计向待测传输环境发送一个具有陡峭上升沿的阶跃或脉冲信号。当传输环境的阻抗出现不连续时，会发生反射现象，包括正反射和负反射。这些反射信号随后被采样，并与标准阻抗产生的反射信号进行对比，依据式（8-13）计算出阻抗测量值，该值被称为时域特性阻抗。此外，通过测量反射信号到达时间与信号输出时间之间的差值，可以进一步确定传输路径中阻抗变化点的具体位置。图 8-5b 则展示了在阶跃信号下的一个典型阻抗测试案例。

$$Z_{\mathrm{T}} = Z_{\mathrm{R}} \frac{\dfrac{1+\varGamma}{1-\varGamma}}{1-\varGamma_0^2} = Z_{\mathrm{R}} \frac{1+\varGamma}{(1-\varGamma)(1-\varGamma_0^2)} \tag{8-13}$$

式中　Z_{T}——用时域反射法测得的试样特性阻抗；

　　　Z_{R}——标准线的特性阻抗；

　　　$\varGamma$——标准线末端与试样之间台阶的反射系数；

　　　$\varGamma_0$——试验系统与标准线特性阻抗的差异（如存在的话）产生的反射系数。对于阶跃函数，上升时间 t_{r} 定义为阶跃幅度的 10% ~ 90% 之间的时间差。

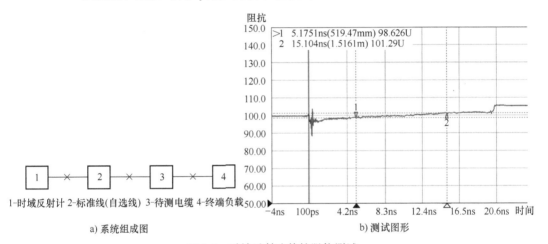

1-时域反射计 2-标准线(自选线) 3-待测电缆 4-终端负载

a) 系统组成图　　　　　　　　　　　　b) 测试图形

图 8-5　时域反射法特性阻抗测试

8.3.5　拟合特性阻抗（对称电缆）

按 8.3.3 节中的方法对对称通信电缆进行扫频测试其有效特性阻抗 Z_{e}，然后按式（2-45）进行拟合，求得系数 K_0，K_1，K_2，K_3 后即可获得电缆的拟合特性阻抗 Z_{f}。

8.4　回波损耗及结构回波损耗

8.4.1　回波损耗

回波损耗（RL）定义为电缆输入端反射功率与输入功率之比的对数值，单位为 dB。它包含了与标称阻抗的偏差及结构尺寸偏差（不均匀性）所引起的两种反射的影响。既反映电缆链路（含中间和终端连接器件）的不均匀性，也反映电缆本身的结构不均匀性，主要适用于对电缆链路不均匀性的评价。

测量原理与图 8-4 特性阻抗测量原理相同。测量出输入端的反射系数 $\varGamma$ 后按式（8-14）

计算即可。需要注意的是，测量对称通信电缆时，应在被测电缆首端接入平衡变量器。

$$RL = -20\lg\left|\frac{Z_e - Z_C}{Z_e + Z_C}\right| = -20\lg\left|\Gamma\right| \tag{8-14}$$

式中　Z_e——按 8.3.3 节中所测量的阻抗（Ω）；

　　　　Z_C——电缆标称阻抗（Ω）；

　　　　Γ——输入端的反射系数 Γ 测量值。

8.4.2　结构回波损耗（对称电缆）

结构回波损耗（SRL）定义见式（8-15）。由于有效特性阻抗 Z_e 包含了电缆特性阻抗的结构效应，故结构回波损耗主要用于电缆阻抗均匀性的评价。

$$SRL = -20\lg\left|\frac{Z_e - Z_f}{Z_e + Z_f}\right| \tag{8-15}$$

式中　SRL——结构回波损耗（dB）；

　　　　Z_e——按 8.3.3 节中所测量的阻抗（Ω）；

　　　　Z_f——按 8.3.5 节中得到的与 Z_{in} 同一频率点下的拟合阻抗（Ω）。

8.5　衰减常数（电平差法）

当电缆特性阻抗与试验设备阻抗匹配时，单位长度电缆的衰减常数按下式计算：

$$\alpha_0 = 10\lg\frac{P_0}{P_1} \tag{8-16}$$

$$\alpha = \alpha_0 \times \frac{l}{L} \tag{8-17}$$

式中　α_0——衰减测试值（dB）；

　　　　P_0——被测电缆上信号的输入功率（W）；

　　　　P_1——被测电缆上信号的输出功率（W）；

　　　　α——衰减常数（dB/l）；

　　　　l——电缆长度（常用 100m 或 km）；

　　　　L——被测电缆长度。

衰减常数换算到 20℃时，按下式计算：

$$\alpha_{20} = \alpha / \left[1 + \alpha_{CABLE}(T - 20)\right] \tag{8-18}$$

式中　α_{20}——换算到 20℃时衰减值（dB/km）；

　　α_{CABLE}——温度系数；

　　　　T——环境温度（℃）。

对称通信电缆、同轴电缆的衰减常数测试原理如图 8-6 所示。

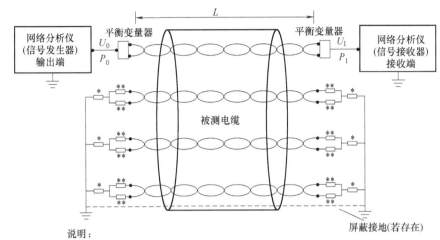

说明:

$*$ —— 共模端接电阻;

$**$ —— 差模端接电阻(线对匹配);

L —— 被测电缆长度,单位为m;

U_0 —— 网络分析仪或信号发生器的输出端电压(V);

U_1 —— 网络分析仪或信号接收器的接收端电压(V);

P_0 —— 网络分析仪或信号发生器的输出端功率(W);

P_1 —— 网络分析仪或信号接收器的接收端功率(W)。

a) 对称通信电缆

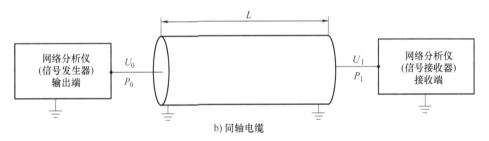

b) 同轴电缆

图 8-6　衰减常数测试原理图

8.6　串音衰减（电平差法）

8.6.1　基本定义

1. 近端串音衰减

在测试时,近端串音衰减 B_0 又可表示为 NEXT,其定义与第 5 章式（5-13）、式（5-14）一致,表示为

$$\text{NEXT} = B_0 = 10\lg\frac{P_{1n}}{P_{2n}} = 20\lg\left|\frac{U_{1n}}{U_{2n}}\right| + 10\lg\left|\frac{Z_1}{Z_2}\right| \quad (\text{dB}) \tag{8-19}$$

式中　NEXT——近端串音衰减（dB）;

P_{1n}——主串回路的发送功率（W）；

U_{1n}——主串回路的发送端电压（V）；

Z_1——主串回路的特性阻抗（Ω）；

P_{2n}——串至被串回路近端的串扰功率（W）；

U_{2n}——串至被串回路近端的串扰电压（V）；

Z_2——被串回路的特性阻抗（Ω）。

2. 远端串音衰减

在测试时，远端串音衰减 B_1 又可表示为 FEXT，其定义与第 5 章式（5-15）、式（5-16）一致，表示为

$$FEXT = B_1 = 10\lg \frac{P_{1n}}{P_{2f}} = 20\lg \left| \frac{U_{1n}}{U_{2f}} \right| + 10\lg \left| \frac{Z_1}{Z_2} \right| \qquad (8\text{-}20)$$

式中　FEXT——远端串音衰减（dB）；

P_{1n}——主串回路的发送功率（W）；

U_{1n}——主串回路发送端电压（V）；

Z_1——主串回路的特性阻抗（Ω）；

P_{2f}——串至被串回路远端的串扰功率（W）；

U_{2f}——串至被串回路远端的串扰电压（V）；

Z_2——被串回路的特性阻抗（Ω）。

8.6.2　测试原理图

串音衰减测试原理如图 8-7a~d 所示。

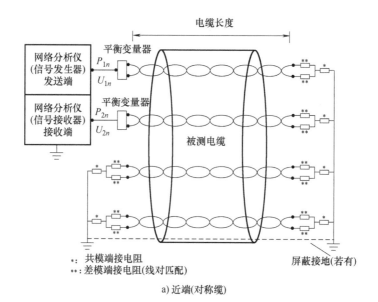

图 8-7　串音衰减测试原理

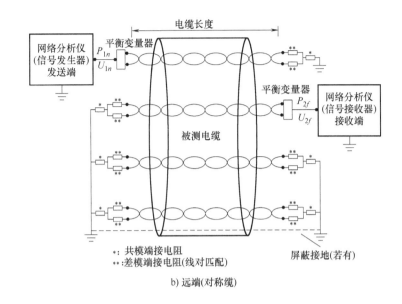

*：共模端接电阻
**：差模端接电阻(线对匹配)

b) 远端(对称缆)

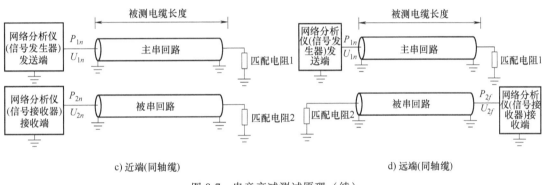

c) 近端(同轴缆)　　　　　　　　　　　　d) 远端(同轴缆)

图 8-7　串音衰减测试原理（续）

8.7　对称电缆不平衡衰减

不平衡衰减与频率及电缆长度有关。因此，进行测量时，应严格遵循产品技术规范中约定的电缆长度。在测量过程中，为确保信号的稳定传输和测量的准确性，需要构建一个明确的共模返回通路。通常通过以下两种方式实现：

1）将被测线对以外的其他线对和屏蔽（若有）两端接地来构成返回通路；

2）单对非屏蔽电缆（例如车载以太网电缆），则需采用特定的技术，即将电缆以相同的螺旋节距缠绕于一个外覆介质的金属圆筒上，并将该金属圆筒两端接地，以此构建返回通路。金属圆筒及其表面介质的相关要求应符合产品规范中的约定。

根据式（2-62）可知，TCL 和 TCTL 的定义分别见式（8-21）、式（8-22）。对于 100Ω 标称阻抗的电缆，小对数非屏蔽对绞电缆的 Z_{com} 值是 75Ω，对总屏蔽对绞电缆和大线对数非屏蔽电缆，Z_{com} 值是 50Ω，对单对屏蔽对绞电缆，Z_{com} 值是 25Ω。为准确起见，可将线对两导体两端短接，用网络分析仪或时域反射仪（TDR）测量这些导体和回归通道间的阻抗

Z_{com}。Z_{diff} 为差模回路的特性阻抗。

$$\mathrm{TCL} = 20\lg\left|\frac{\sqrt{P_{\mathrm{n,com}}}}{\sqrt{P_{\mathrm{diff}}}}\right| = 20\lg\left|\frac{U_{\mathrm{n,com}}}{U_{\mathrm{diff}}}\right| + 10\lg\left|\frac{Z_{\mathrm{diff}}}{Z_{\mathrm{com}}}\right| \tag{8-21}$$

$$\mathrm{TCTL} = 20\lg\left|\frac{\sqrt{P_{\mathrm{f,com}}}}{\sqrt{P_{\mathrm{diff}}}}\right| = 20\lg\left|\frac{U_{\mathrm{f,com}}}{U_{\mathrm{diff}}}\right| + 10\lg\left|\frac{Z_{\mathrm{diff}}}{Z_{\mathrm{com}}}\right| \tag{8-22}$$

TCL 和 TCTL 的测试原理图分别如图 8-8、图 8-9 所示。应选择符合规定频率和动态范围的网络分析仪或发生器/接收设备进行测试。所用的平衡变量器其特性应符合电缆测试规范的要求,具有位于平衡输出中点的共模端口。

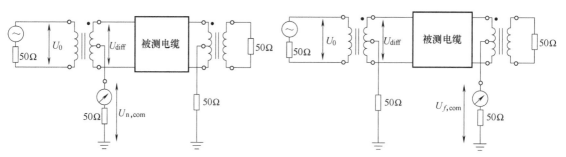

图 8-8　近端不平衡衰减（TCL）测试电路构成　　　图 8-9　远端不平衡衰减（TCTL）测试电路构成

在实际测量中,当采用 S 参数试验设备时,测量的是发生器的输出电平 U_0,取代了测量电缆的差模电压 U_{diff},在这种情况下,TCL 和 TCTL 测试的计算公式则调整为式（8-23）和式（8-24）。

$$\mathrm{TCL} = 20\lg\left|\frac{\sqrt{P_{\mathrm{n,com}}}}{\sqrt{P_{\mathrm{diff}}}}\right| = 10\lg\left|\frac{P_{\mathrm{n,com}}}{P_0}\right| - \alpha_{\mathrm{balun}} \tag{8-23}$$

$$= 20\lg\left|\frac{U_{\mathrm{n,com}}}{U_0}\right| + 10\lg\left|\frac{Z_0}{Z_{\mathrm{com}}}\right| - \alpha_{\mathrm{balun}}$$

$$\mathrm{TCTL} = 20\lg\left|\frac{\sqrt{P_{\mathrm{f,com}}}}{\sqrt{P_{\mathrm{diff}}}}\right| = 10\lg\left|\frac{P_{\mathrm{f,com}}}{P_0}\right| - \alpha_{\mathrm{balun}} \tag{8-24}$$

$$= 20\lg\left|\frac{U_{\mathrm{f,com}}}{U_0}\right| + 10\lg\left|\frac{Z_0}{Z_{\mathrm{com}}}\right| - \alpha_{\mathrm{balun}}$$

式中　Z_0——发生器的输出阻抗（Ω）;

　　　P_0——发生器的输出功率（W）;

　α_{balun}——平衡变量器的工作衰减（dB）。

平衡变量器的衰减 α_{balun} 可按下述步骤进行测量:

1）将连接网络分析仪用的专用同轴电缆连接在网络分析仪的输入/输出端,在整个频率范围内进行（0dB）基准线校准;

2）将相同的两个平衡变量器在对称侧背靠背连接,并在指定的频率范围内进行衰减测量,两个平衡变量器的连接线应具有小得可以忽略的损耗。分别按图 8-10 和式（8-25）、图 8-11 和式（8-26）测量出平衡变量器的差模衰减 α_{diff} 和共模衰减 α_{com}。这里假定两只平衡变量器的固有衰减、差模衰减和共模衰减无明显差异。

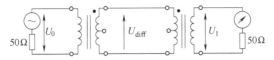

图 8-10　平衡变量器的差模衰减测试电路构成

$$\alpha_{\text{diff}} = \frac{1}{2}\left(20\lg\left|\frac{U_1}{U_0}\right|\right) \tag{8-25}$$

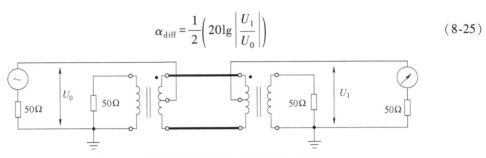

图 8-11　平衡变量器的共模衰减测试电路构成

$$\alpha_{\text{com}} = \frac{1}{2}\left(20\lg\left|\frac{U_1}{U_0}\right|\right) \tag{8-26}$$

3）平衡变量器的工作衰减为差模衰减与共模衰减之和。

$$\alpha_{\text{balun}} = \alpha_{\text{diff}} + \alpha_{\text{com}} \tag{8-27}$$

第9章　通信电缆仿真分析简介

随着计算机技术的飞速发展，尤其是计算能力的显著提升与算法的持续优化，计算机仿真技术在众多领域内已展现出其非凡的应用潜力。该技术能够精确模拟真实世界的物理过程、系统动态及操作流程，为工业界提供了前所未有的强大分析工具。面对工业生产中对产品性能、生产效率及成本控制日益严格的要求，传统的设计、试制及测试流程因高昂的成本、漫长的周期及难以控制的风险而显得捉襟见肘。相比之下，计算机仿真技术凭借其在虚拟环境中实现快速、低成本的模拟与测试的独特优势，有效地满足了工业生产的迫切需求。

在产品设计初期，企业能够借助仿真技术进行全面且深入的性能评估与测试，从而及时地发现并解决潜在的设计缺陷与问题，进而实施优化设计。这一举措不仅显著缩短了产品的研发周期，还极大地提升了产品的质量与可靠性，为企业赢得了市场竞争的先机。

在通信电缆设计与制造领域，由于一些计算公式尚属近似甚至缺失，导致设计过程中的计算结果往往仅具备有限的参考价值，需通过大量的试制与反复的调整验证。特别是在高频对称通信电缆绞合节距优化、宽频辐射型漏泄同轴电缆开孔设计等复杂场景中，传统方法已难以满足实际需求。因此，国内外众多研究机构与学者纷纷转向仿真技术，寻求有效的解决方案。经过二十余年的探索与实践，仿真技术在通信电缆结构设计与制造工艺的优化方面已取得了显著的成就。

9.1　仿真原理

通信电缆仿真的过程，实质上起始于对麦克斯韦方程组及其衍生偏微分方程的数值求解。这一求解过程基于特定的边界条件，即电缆模型空间的结构尺寸与组成材料。通过这一过程，我们能够获取电缆模型空间内的电磁场数值解。随后，利用电缆的一次参数或其他物理量与电磁场之间的关联，我们进行数值微分、积分等复杂运算，以精确提取电缆的一次参数或其他相关物理量。最终，经过数据处理，我们以数据、图表等形式清晰地展示研究者所关注的关键信息。

9.2　电磁场基本理论

9.2.1　麦克斯韦方程

19世纪中叶，麦克斯韦在综合前人研究成果的基础上，提出了适用于所有宏观电磁现象的数学模型——麦克斯韦方程组。该方程组不仅是电磁场理论的核心基石，还为工程电磁场的数值分析提供了出发点。

麦克斯韦方程组包含微分和积分两种形式。在大多数情况下，这两种形式是相互等价的。然而，微分形式涉及求导运算，因此在某些导数不存在的地方（例如，两种不同媒质的分界面上），微分形式方程将不再适用，而积分形式则依然有效。这一特性使得积分形式的麦克斯韦方程组在处理复杂电磁场问题时具有独特的优势。

微分形式麦克斯韦方程组：

$$
\begin{cases}
\nabla \times E = -\dfrac{\partial B}{\partial t} \\[2mm]
\nabla \times H = J + \dfrac{\partial D}{\partial t} \\[2mm]
\nabla \cdot D = \rho \\[2mm]
\nabla \cdot B = 0 \\[2mm]
\nabla \cdot J = -\dfrac{\partial \rho}{\partial t}
\end{cases}
\tag{9-1}
$$

积分形式麦克斯韦方程组：

$$
\begin{cases}
\oint_c H \cdot \mathrm{d}l = \iint_s \left(J + \dfrac{\partial D}{\partial t} \right) \mathrm{d}S \\[2mm]
\oint_c E \cdot \mathrm{d}l = - \iint_s \dfrac{\partial B}{\partial t} \mathrm{d}S \\[2mm]
\oiint_s D \cdot \mathrm{d}S = Q \\[2mm]
\oiint_s B \cdot \mathrm{d}S = 0 \\[2mm]
\oiint_s J \cdot \mathrm{d}S = - \dfrac{\partial Q}{\partial t}
\end{cases}
\tag{9-2}
$$

式中　E——电场强度（V/m）；

D——电通量密度（C/m）；

H——磁场强度（A/m）；

B——磁通量密度（T）；

J——电流密度（A/m^2）；

ρ——电荷密度（C/m^3）；

Q——电荷量（C）。

对于时谐场的情况，即电磁场随时间做正弦变化，可以用复数形式表示的方法来处理电磁场，此时的电场和磁场称为复矢量形式，它们与瞬时值之间的关系为

$$
E(r,t) = \mathrm{Re}\left[E(r)\mathrm{e}^{\mathrm{j}\omega t} \right]
$$
$$
H(r,t) = \mathrm{Re}\left[H(r)\mathrm{e}^{\mathrm{j}\omega t} \right]
\tag{9-3}
$$

采用复矢量形式后麦克斯韦方程组可以写成

$$
\begin{cases}
\nabla \times H = J + \mathrm{j}\omega D \\
\nabla \times E = -\mathrm{j}\omega B \\
\nabla \cdot B = 0 \\
\nabla \cdot D = \rho \\
\nabla \cdot J = -\mathrm{j}\omega\rho
\end{cases}
\tag{9-4}
$$

采用复数形式后，方程组中的时间变量被去掉了，在很大程度上简化了求解过程。对于

非正弦变化的电磁场，可以应用傅里叶变换将它们化成正弦变化的频率分量的叠加，这些频率分量可以用复数形式的麦克斯韦方程组来求解。

9.2.2 本构关系

场量 E、D、B、H 之间的关系，由媒质特性决定。对于线性介质，本构关系为

$$D = \varepsilon E$$
$$B = \mu H$$
$$J = \sigma E \tag{9-5}$$

式中　ε——介质的介电常数（F/m）；

　　　μ——介质的磁导率（H/m）；

　　　σ——介质的电导率（S/m）。

对于各向同性介质，ε、μ、σ 是标量；对于各向异性介质，它们是张量。

如果希望得到电磁场问题的唯一解，除了上述方程外，还需要配备定解条件：对于瞬态变场，需要配备边界条件和初始条件；对于静态场、稳态场、时谐场，只需配备边界条件。

9.2.3 边界条件

在两个不同的媒质 1、2 的分界面上，电磁场满足如下边界条件：

$$n \times (E_1 - E_2) = 0$$
$$n \times (D_1 - D_2) = \rho_s$$
$$n \times (H_1 - H_2) = J_s$$
$$n \times (B_1 - B_2) = 0 \tag{9-6}$$

在许多实际的电磁场问题中，会遇到导体的边界问题，理想导体边界条件如下：

$$n \times E = 0$$
$$n \cdot D = \rho_s$$
$$n \times H = J_s$$
$$n \cdot B = 0 \tag{9-7}$$

式中　n——分界面上从区域 2 到区域 1 的法向单位矢量。

9.2.4 能量与功率

电磁场中能量关系如下式所示：

$$\nabla \cdot (E \times H) = -E \cdot \frac{\partial D}{\partial t} - H \cdot \frac{\partial B}{\partial t} - J \cdot E \tag{9-8}$$

对于线性各向同性媒质，ε 和 μ 都是常数，则上式可简化为

$$\nabla \cdot (E \times H) = -\frac{\partial}{\partial t} \left(\frac{1}{2} D \cdot E + \frac{1}{2} H \cdot B \right) - J \cdot E \tag{9-9}$$

它们实际上是电磁场中的能量守恒定律。将其两端在体积 τ 内积分，利用高斯定理，可得到积分形式：

$$\oiint_s (E \times H) \cdot dS = -\frac{\partial}{\partial t} \int_\tau \left(\frac{1}{2} D \cdot E + \frac{1}{2} H \cdot B \right) d\tau - \int_\tau (J \cdot E) d\tau \tag{9-10}$$

由于电场的能量密度和磁场的能量密度分别为

$$w_e = \frac{1}{2}D \cdot E$$

$$w_m = \frac{1}{2}B \cdot H \qquad (9\text{-}11)$$

$$W = \int_r \left(\frac{1}{2}D \cdot E + \frac{1}{2}B \cdot H \right) \mathrm{d}\tau$$

$\oiint_s (E \times H) \cdot \mathrm{d}S$ 表示电磁场能量穿过表面 S 流到体积 τ 之外的速率，$E \times H$ 表示垂直通过单位面积流出体积 τ 的电磁功率，即功率流密度矢量，称为坡印亭矢量，以 S 表示，即

$$S = E \times H$$

对于时谐的情况，体积 τ 内的电场和磁场的平均能量（一个周期内）分别为

$$w_e = \frac{1}{4}\mathrm{Re}\left[\int_r D \cdot E^* \mathrm{d}\tau \right]$$

$$w_m = \frac{1}{4}\mathrm{Re}\left[\int_r B \cdot H^* \mathrm{d}\tau \right] \qquad (9\text{-}12)$$

采用同样的方法处理复数形式麦克斯韦方程组，可得

$$\frac{1}{2}\oiint_s (E \times H^*) \cdot \mathrm{d}S = \frac{1}{2}\int_r \left[\mathrm{j}\omega(B \cdot H^* - D \cdot E^*) + \sigma E \cdot E^* \right]\mathrm{d}\tau \qquad (9\text{-}13)$$

$$= 2\mathrm{j}\omega(W_m - W_e) + P_L$$

定义复数形式的坡印亭矢量：

$$S = \frac{1}{2}E \times H^* \qquad (9\text{-}14)$$

它表示平均功率流密度。

9.2.5　二阶电磁场微分方程

在计算电磁场的过程中，我们通常采用的方法并非直接针对麦克斯韦方程组的一阶方程式进行求解。相反，我们更倾向于先将这些一阶方程转化为二阶方程形式，随后再对这些二阶方程进行数值求解。为了简化求解过程，我们根据电磁场的特性引入了诸如标量电势 ϕ 和矢量磁位 A 等辅助计算量，这些量的引入极大地便利了数值计算的过程。

二维、三维静电场求解时所满足的泊松方程：

$$\nabla \cdot (\varepsilon \nabla \phi) = -\rho \qquad (9\text{-}15)$$

二维稳恒电场求解时所满足的拉普拉斯方程：

$$\nabla \cdot (\sigma \nabla \phi) = 0 \qquad (9\text{-}16)$$

二维交变电场求解时所满足的复数拉普拉斯方程：

$$\nabla \cdot [(\sigma + \mathrm{j}\omega\varepsilon)\nabla \phi] = 0 \qquad (9\text{-}17)$$

二维静磁场求解时所满足的非齐次标量波动方程：

$$\nabla \times \frac{1}{\mu} \nabla \times A_L = J_L \qquad (9\text{-}18)$$

二维涡流场求解时所满足的波动方程组：

$$\begin{cases} \nabla\times\dfrac{1}{\mu}(\ \nabla\times A)=(-\ \nabla\phi-\mathrm{j}\omega A)(\sigma+\mathrm{j}\omega\varepsilon) \\ I_{\mathrm{T}}=\displaystyle\int_{\Omega}J^{*}\,\mathrm{d}\Omega=\int_{\omega}(-\ \nabla\phi-\mathrm{j}\omega A)(\sigma+\mathrm{j}\omega\varepsilon)\,\mathrm{d}\omega \end{cases} \tag{9-19}$$

二维轴向电磁场涡流求解时所满足的齐次波动方程：

$$\nabla\times\left(\frac{1}{\sigma+\mathrm{j}\omega\varepsilon}\ \nabla\times H\right)+\mathrm{j}\omega\mu H=0 \tag{9-20}$$

三维静磁场和涡流求解时所满足的齐次波动方程组：

$$\begin{cases} \nabla\times\left(\dfrac{1}{\sigma+\mathrm{j}\omega\varepsilon}\ \nabla\times H\right)+\mathrm{j}\omega\mu H=0 \\ \nabla\cdot(\mu\ \nabla\phi)=0 \end{cases} \tag{9-21}$$

9.2.6 电磁场有限元法简介

在电磁场的计算中，常用的方法包括数值积分法、有限差分法、模拟电荷法、矩量法、有限元法（Finite Element Method，FEM）和边界元法。其中，有限元法凭借其高度的适应性和灵活性、高精度的计算能力、广泛的推广和应用潜力、与其他方法的良好融合性，以及丰富的软件支持，已成为现代工业与工程技术领域中不可或缺的数值计算方法之一。

有限元法基于变分原理（传统）或加权余量法导出的伽辽金法，首先将所要求解的微分方程型数学模型——边值问题，转化为相应的变分问题，即泛函的极值问题。随后，通过剖分插值，将这一变分问题离散化为普通多元函数的极值问题，最终归结为一组多元的代数方程组，通过求解该方程组即可获得待求边值问题的数值解。

有限元法的核心在于剖分插值，即将所研究的连续场分割为有限个单元，并使用相对简单的插值函数来表示每个单元的解。该方法不要求每个单元的试探解都满足边界条件，而是在所有单元总体合成后再引入边界条件。这一特性使得内部和边界上的单元可以采用相同的插值函数，从而极大地简化了方法的构造。此外，由于应用了变分原理，第二、三类及不同媒质分界面上的边界条件作为自然边界条件，在总体合成时会隐含地得到满足，也就是说，自然边界条件将被包含在泛函达到极值的要求之中，无需单独列出。因此，在有限元法中，仅需考虑强制边界条件（第一类边界条件）的处理，这进一步简化了方法的构造。

1. 泛函、变分问题简介

有限元法作为一种数值计算方法，其根基深植于变分原理。因此，在深入探讨有限元法之前，我们有必要先对泛函及变分问题的概念进行了解。回溯至微积分学形成的初期，人们已基于数字物理问题，提出了与多元函数极值问题相对应的泛函极值问题，这些问题在几何学和力学领域中尤为显著。以最速降线问题（见图 9-1）为例，该问题旨在探讨质点从定点 A 自由下滑至定点 B 时，沿何种形状的光滑轨道 $y=y(x)$ 下滑能使滑行时间最短。为便于分析，我们通常设定点 A 为坐标原点，并将 y 轴设定为竖直向下方向。

沿曲线 $y=y(x)$ 滑行弧段 $\mathrm{d}s$ 所需要时间为

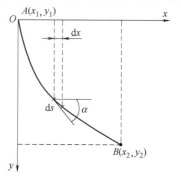

图 9-1　最速降线问题

$$dt = \frac{ds}{v} = \frac{\sec\alpha dx}{\sqrt{2gy}} = \frac{\sqrt{1+y'^2}\,dx}{\sqrt{2gy}} \tag{9-22}$$

则总的滑行时间为

$$J[y(x)] = T[y(x)] = \int_0^T dt = \int_{x_1}^{x_2} \frac{\sqrt{1+y'^2}}{\sqrt{2gy}}dx \tag{9-23}$$

由上式可明确观察到，定积分值 $J = J[y(x)]$ 不仅受制于两端点 x_1 和 x_2，还深深依赖于函数 $y = y(x)$ 的特定选取。依据函数的本质定义，变量 J 的值完全由函数关系 $y(x)$ 所确定，这进一步揭示了 J 本质上是一个更高层次的函数，即我们所说的泛函，其数学表示形式为 $J[y(x)]$。因此，我们所探讨的最速降线问题，在数学领域内，实质上可以归结为求解这样一个泛函的极值问题，即

$$\begin{cases} J[y(x)] = \int_{x_1}^{x_2} \frac{\sqrt{1+y'^2}}{\sqrt{2gy}}dx = \min \\ y(x_1) = 0, y(x_2) = y_2 \end{cases} \tag{9-24}$$

泛函的极值（极大值或极小值）问题就称为变分问题。

2. 有限元法的应用步骤

1）给出与待求边值问题相应的泛函及其等价变分问题。

2）应用有限元法对场域进行剖分，并选取相应的插值函数。

屏蔽线对 2D 模型图如图 9-2 所示在二维场中，将场域剖分为有限个互不重叠的三角形有限单元（简称三角元），如图 9-3a、b 所示。剖分时要求任一三角元的顶点必须同时也是其相邻三角元的顶点，避免成为相邻三角元边上的内点。当遇到不同媒质的分界线时，不允许三角元跨越该分界线。剖分一直延伸至边界，若边界为曲线，则以相应的边界三角元中的一条边进行逼近。三角元的大小可灵活调整，考虑到计算精度，应避免出现过于尖锐或过于钝化的三角元。在三角元 e 内，分别给定 x、y 呈线性变化的插值函数

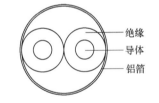

图 9-2　屏蔽线对 2D 模型图

$\varphi^e(x, y) = a_1 + a_2 x + a_3 y$，以近似代替三角元内待求变分问题的解 $\varphi(x, y)$。其中，系数 a_1、a_2、a_3 可由三角元 e 的节点上的函数值与节点坐标确定。

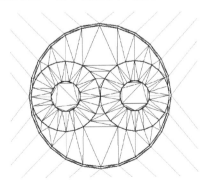

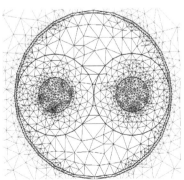

a) 初次剖分(局部)　　　　　　　b) 多次剖分(局部)

图 9-3　场域剖分图

在三维场中，常用的场域剖分方法包括四面体、六面体、改进六面体、棱柱单元、三棱柱单元等 8 种，其中四面体应用较为广泛。类似地，在四面体元 e 内，也分别给定 x、y、z 呈线性变化的插值函数 $\varphi^e(x, y, z) = a_1 + a_2 x + a_3 y + a_4 z$，以近似代替四面体内待求变分问题的解 $\varphi(x, y, z)$。

3）在单元剖分和线性插值的基础上将变分问题离散化为一个多元函数的极值问题，进而导出一组联立的代数方程，即有限元方程。

4）求解有限元方程，得到待求边值问题的近似解（数值解）。

在求解有限元方程时，需要选择合适的算法。由于有限元方程矩阵通常为大型的稀疏矩阵，为了提高计算速度和减少计算机内存的耗用量，优选 SOR 迭代法。需要注意的是，对于条件变分问题，由于强制边界条件意味着边界上的各节点电位值已被给定，因此它们无需通过有限元方程求解。相反地，却是在给定边界节点电位值的基础上去推求其余各节点的电位值。因此，在解有限元方程前，必须进行强制边界条件的处理。

当计算出的基本场数值精度不足时，可以通过增加剖分单元数量并重新计算，直到精度达到预期为止。

9.3　通信电缆仿真步骤

通信电缆仿真是一个既复杂又系统的过程，它涵盖了确定仿真目的与方案、模型创建、模型求解以及仿真后期数据处理这 4 个关键步骤。这些步骤共同确保了仿真结果的准确性和可靠性。

9.3.1　确定仿真目的与方案

在进行通信电缆仿真之前，首先需要明确仿真的具体目标，例如，分析电缆的特性阻抗、评估屏蔽效能、预测线对间的串音衰减以及漏泄同轴电缆的耦合衰减等。紧接着，基于这些清晰界定的目标，精心构建仿真模型，并选择恰当的仿真方法。同时，为确保仿真过程的科学性和结果的准确性，必须严格设定仿真边界条件以及必要的约束条件。

9.3.2　模型创建

在进行通信电缆仿真时，鉴于二维模型与三维模型在构建与求解过程中对时间和计算资源的需求截然不同，需要根据仿真项目的具体特点来决定采用哪种模型。对于不涉及电缆轴向变化的仿真任务，例如，电缆的一、二次传输参数分析以及电缆截面元件尺寸分析，二维模型因其简洁性和较低的计算需求而成为首选。这些任务主要关注横截面或平面内的特性，二维模型能够准确捕获所需信息，同时保持较低的计算复杂度。然而，对于需要考虑电缆轴向变化的项目，如线对间串音分析和漏泄同轴电缆耦合衰减预测，三维模型则显得至关重要。三维模型能够全面模拟与轴向上位置相关的物理特性及其相互作用，为复杂问题的分析提供更为精确和全面的解决方案。

在构建模型时，可以选择性地忽略或简化对仿真目标影响较小的电缆元件或细节，以降低计算复杂度，节省计算资源和时间，从而避免不必要的成本。对于三维模型，确定模型长度是一个需要仔细权衡的关键步骤。一方面，需要考虑模型长度对计算量的影响，力求在保证精度的同时减少计算量；另一方面，也应警惕模型长度过短可能导致的端头效应，这种效应可能增大计算误差，影响结果的准确性。因此，合理选择模型长度对于确保三维仿真分析结果的可靠性至关重要。

此外，在建模过程中，单位换算也是一个必须重视的细节。为了确保仿真分析的准确性和有效性，必须确保所有输入数据的单位保持一致。这要求在数据输入前进行严格的单位检查和换算，以避免因单位不一致而导致的计算错误或结果偏差。

9.3.3　模型求解

模型求解的过程涉及针对特定的求解问题，在电缆模型的特定导体上选择施加适当的激励源，这些激励源包括静电荷、直流电压源/电流源或正弦电压源/电流源等。随后，需输入模型各元件的尺寸、边界条件以及材料的相关特性参数，例如，电阻率、磁导率、介电常数和损耗角正切值等。在此基础上，利用电磁场的数值计算方法，特别是常用的有限元法，可以计算出模型空间内各点的基本场量，包括磁场强度 B、电场强度 E、磁感应强度 H 和电流密度 J。

9.3.4　仿真后期数据处理

在成功计算出电缆模型的电磁场分布数据之后，利用一次参数或其他待求物理量与基本场量之间的内在关系，通过一系列数值积分、微分等系列数值计算，最终生成一次参数或其他物理量的详细报告。在多数商业化的有限元计算软件中，用户还可通过输入计算指令、指定计算场域范围，利用其内置的场计算器进行数据的后期处理。此外，大部分软件还具备卓越的可视化展示功能，能够直观地将场量或待求物理量以 2D 或 3D 图形、视频的形式清晰地呈现出来。

9.4　仿真误差

一般情况下，仿真结果与物理量的真实值之间会存在一定的差异，这种差异被称为仿真误差。仿真误差的产生主要源于以下几个方面：

模型误差：为了降低计算复杂度和缩短电缆建模时间，在创建电缆模型时，通常会对电缆长度进行限制，并忽略一些次要因素（例如，在绞合两绝缘芯线时，常常忽略芯线受压变形的影响）。因此，所建立的电缆模型仅是对实际问题的一种近似描述。这种模型与实际问题之间的差异，即为模型误差。

观测误差：在仿真过程中，往往需要录入一些物理量的观测值，如绝缘材料的相对介电常数、介质损耗角正切值等。这些观测值在测量时难免会产生误差，这种由观测引起的误差被称为观测误差。

方法误差：仿真过程中涉及大量的数值计算，而数值计算方法本身也会带来误差，这种误差被称为方法误差。在数值计算过程中，常常需要用有限的过程来近似代替无限的过程（例如，无穷级数的求和只能取有限项的和来近似）。这种有限过程代替无限过程所产生的误差，通常被称为截断误差。在大多数情况下，截断误差可以等同于方法误差。

舍入误差：在计算过程中，遇到的数据可能位数很多，也可能是无穷小数。然而，计算机在计算时只能处理有限位数的数据，因此通常采用四舍五入或截尾的方法来处理这些数据。这种由于数据位数限制而产生的误差，被称为舍入误差。

目前，随着计算机技术的飞速发展，特别是计算能力的显著提升和算法的不断优化，方法误差和舍入误差的影响已经变得很小。因此，在当前的通信电缆仿真中，误差主要集中在模型误差和观测误差上。

9.5 通信电缆仿真分析实例

9.5.1 电缆一、二次传输参数计算[29]

通常情况下，由于数据电缆的长度远大于其横截面尺寸，因此可以采用二维（2D）电磁分析方法来计算电磁场强度。随后，通过相应的积分运算，计算出电缆的一次传输参数。在此基础上，进一步推导出电缆的二次传输参数。

1. R、L 的计算

设导体的复电导率为 $\gamma_\varepsilon^* = \gamma_c + j\omega\varepsilon$，则复电流密度 J^* 为

$$J^* = \gamma_c^* E = (-\nabla\phi - j\omega A)(\gamma_c + j\omega\varepsilon)$$
$$B = \nabla\times A \tag{9-25}$$

导体截面积 S 流过的电流 I 为

$$I = \int_s J^* \, dS = \int_s (-\nabla\phi - j\omega A)(\gamma_c + j\omega\varepsilon) \, dS \tag{9-26}$$

根据电流回路中的欧姆（或电阻）损耗 P 为

$$P = \frac{1}{2\gamma_c}\int_w J \cdot J^* \, dV = \frac{1}{2}I_m^2 R \tag{9-27}$$

式中　I_m——电流的幅值。

于是有：
$$R = \frac{2P}{I_m^2}$$

电流环的平均能量 W_{el} 为

$$W_{el} = \frac{1}{4}\int_V B \cdot H^* \, dV = \frac{1}{2}LI_{RMS}^2 = \frac{1}{4}LI_m^2 \tag{9-28}$$

式中　H^*——复磁场强度；
　　　I_{RMS}——电流的有效值。

于是有：
$$L = \frac{4W_{el}}{I_m^2}$$

2. G、C 的计算

带电系统中的静电储能 W_{ec} 为

$$W_{ec} = \int_V E \cdot D \, dV = \frac{1}{2}CU^2 \tag{9-29}$$

式中　U——介质两端的电压。

于是有：

$$C = \frac{2W_{ec}}{U^2} \tag{9-30}$$

$$G = \frac{1}{R_{绝}} + \omega C \tan\delta$$

式中　$R_{绝}$——绝缘电阻；

　　　$\tan\delta$——绝缘介质的等效损耗角正切。

通常情况下，电缆的绝缘电阻比较大，因此

$$G \approx \omega C \tan\delta \tag{9-31}$$

3. 二次传输参数计算

电缆的二次传输参数，即特性阻抗 Z、传播常数 γ、传输速度 V 可分别由以下各式计算：

$$Z = \sqrt{\frac{R + j\omega L}{G + j\omega C}}$$

$$\gamma = \sqrt{(R + j\omega L)(G + j\omega C)} = \alpha + j\beta \tag{9-32}$$

$$V = \frac{\omega}{\beta}$$

式中　α, β——单位长度的电缆衰减和相移常数。

4. 计算实例

以下以非屏蔽 4 对五类数据电缆为例，详细阐述其传输参数的计算过程。本次计算中，铜导体直径为 0.511mm，高密度聚乙烯（HDPE）绝缘外径为 0.921mm，线对平均节距为 12.5mm（绞入系数约为 1.03）。加入色母料后的 HDPE，其相对介电常数取为 2.37，在 1~100MHz 的频率范围内，损耗角正切值为 3.0×10^{-4} ~ 3.5×10^{-3}。

为了简化计算过程，首先将线对视为平行线进行处理，并计算出其有效电阻（R）、电感（L）、绝缘电导（G）、电容（C）等一次参数。随后，将这些计算结果分别乘以绞入系数，以更准确地反映实际线对的电气特性。

然而，需要注意的是，在线缆绞制过程中，线对会相互部分地嵌入其他线对外轮廓所构成的"圆"内。为了更准确地模拟现实情况，我们引入了线对等效直径系数（1.65~1.70 之间，泡沫绝缘时取 1.65，实心 HDPE 绝缘时取 1.70）。在计算过程中，将四线对按照图 9-4 所示的结构进行排列，四线对的外切圆直径等于电缆缆芯的外径。由于线对的一次参数与其周围线对的分布密切相关，分别计算了同一线对在线对间相对位置不同的 4 个位置（如图 9-5 所示，作图时保持图 9-4 中的缆芯直径不变，通过分别转动线对来调整其位置，使之趋于合理化）的 R、L、G、C 值，并求取平均值。实践表明，不同位置的计算结果会存在细微的差异。

当然，如果采用 3D 模型进行计算，可以更精确地设定每对线的节距，并直接求解各线对的一次和二次传输参数。

由于线对间的相互影响，导体的有效电阻除包含回路的直流电阻、趋肤效应及邻近效应引起的附加电阻外，还包括所分析线对在其他线对上产生涡流损耗引起的附加电阻。一次传输参数计算结果见表 9-1。特性阻抗、衰减和传播速度见表 9-2。

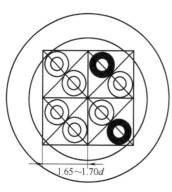

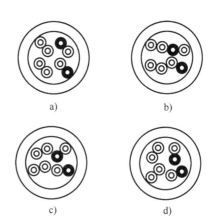

图 9-4　电缆截面结构图

图 9-5　线对间相对位置图

表 9-1　一次传输参数计算结果

频率/MHz	$R/(\Omega/m)$	$L/(H/m)$	$G/(S/m)$	$C/(F/m)$
1	0.4379	5.4830×10^{-7}	5.78×10^{-8}	
4	0.8384	5.1674×10^{-7}	8.58×10^{-7}	
10	1.3066	5.0549×10^{-7}	3.18×10^{-6}	
20	1.8315	4.9970×10^{-7}	7.92×10^{-6}	4.6×10^{-11}
31.25	2.2828	4.9686×10^{-7}	1.40×10^{-5}	
62.5	3.2118	4.9349×10^{-7}	3.28×10^{-5}	
100	4.0576	4.9181×10^{-7}	5.78×10^{-5}	

注：1. 表中的单位长度电容值的计算未考虑介电常数 ε 随频率不同而变化；建模时也未考虑对绞时绝缘受压变形的影响。

2. 在 1kHz 时，实测值 $C=4.6\times10^{-11}\sim5.2\times10^{-11}F/m$。

表 9-2　特性阻抗、衰减和传播速度

频率/MHz	特性阻抗/Ω		衰减/(dB/m)		传播速度/(m/s)
	计算值	实测值	计算值	实测值	
1	109.70	108	0.0175	0.019	0.662c
4	105.97	105	0.0348	0.039	0.682c
10	104.94	103	0.0555	0.063	0.691c
20	104.26	102	0.0799	0.090	0.695c
31.25	103.97	102	0.1020	0.113	0.697c
62.5	103.54	102	0.1495	0.162	0.699c
100	103.41	102	0.1964	0.208	0.700c

注：表中 c 表示光速。

9.5.2　线对屏蔽计算[32]

现假定线对导体为直径 0.58mm 实心圆铜线、绝缘为泡沫聚乙烯绝缘（发泡度 58% 左右，发泡前绝缘料介质损耗角正切值取 2.5×10^{-4}，发泡后的绝缘层的等效相对介电常数和损耗角正切值分别为 1.5 和 1.36×10^{-4}，绝缘直径 1.35mm）、对绞节距 12mm（相应地绞入系数为 1.06）、线对屏蔽为理想的圆柱形金属筒（除非明确说明，下文中屏蔽内径均为线对轮廓直径），线组结构如图 9-6 所示。A、B 为需考察的两个点，其分别在两导体中心连接的延长线和中垂线上，距离线对中心均为 2mm。

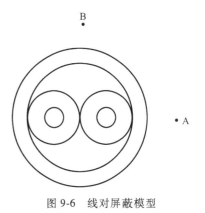

图 9-6　线对屏蔽模型

1. 线对屏蔽衰减

现以铝箔作为屏蔽层，线对作为主串回路，首先，利用有限元法分别计算有屏蔽和无屏蔽状态下 A、B 两点的磁场强度和电场强度，然后根据屏蔽衰减定义计算 A、B 两点的屏蔽衰减。

$$B_s = 20\lg\left|\frac{H_0}{H_s}\right| \text{ 或 } B_s = 20\lg\left|\frac{E_0}{E_s}\right|$$

式中　H_0、E_0——不存在屏蔽时空间防护区的磁场强度和电场强度；

　　　　H_s、E_s——存在屏蔽时空间防护区的磁场强度和电场强度。

A、B 两点的屏蔽衰减计算结果见表 9-3。

表 9-3　不同频率和铝基厚度下 A、B 两点屏蔽衰减

频率/MHz	铝基厚 0.038mm 时屏蔽衰减/dB		铝基厚 0.012mm 时屏蔽衰减/dB	
	A 点	B 点	A 点	B 点
1	31.8	50.3	12.7	19.2
10	39.8	43.8	61.4	53.6
30	49.5	54.3	48.6	52.2
100	75.7	78.6	49.1	53.7

注：表中数据是以磁分量计算出的屏蔽衰减。

从计算结果可看出，A、B 两点处的屏蔽衰减值不相同，但随着频率的升高其差异变小。这是因为屏蔽不仅会使考察点处的场强减弱，而且在不同程度上会使空间防护区中的有源场畸变（频率越低，屏蔽外电磁场畸变程度越严重），导致屏蔽衰减与考察点的坐标有关，有碍对屏蔽效能的评价。

2. 线对屏蔽厚度对屏蔽衰减的影响

在 1MHz 下使用不同厚度铜箔时，A 点的屏蔽衰减见表 9-4、图 9-7。

表 9-4　1MHz 下 A 点屏蔽衰减与铜箔厚度的关系

铜箔厚度/mm	屏蔽衰减/dB	铜箔厚度/mm	屏蔽衰减/dB	铜箔厚度/mm	屏蔽衰减/dB
0.003	4.2	0.057	40.2	0.111	31.8
0.009	14.2	0.063	37.5	0.117	31.8
0.015	20.8	0.069	35.8	0.123	31.9
0.021	26.2	0.075	34.6	0.129	32.1

（续）

铜箔厚度/mm	屏蔽衰减/dB	铜箔厚度/mm	屏蔽衰减/dB	铜箔厚度/mm	屏蔽衰减/dB
0.027	31.1	0.081	33.7	0.15	33.6
0.033	36.5	0.087	33.0	0.16	34.5
0.039	44.5	0.093	32.5	0.20	40.8
0.045	64.3	0.099	32.2	0.30	58.4
0.051	44.9	0.105	31.9	0.40	67.2

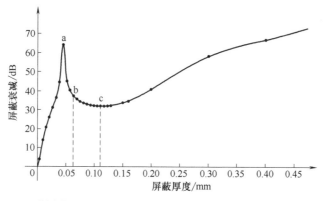

图 9-7　1MHz 卜 A 点屏蔽衰减与屏蔽厚度的关系

从图 9-7 可以看出，屏蔽衰减并不是厚度的单调递增函数。这也是表 9-3 中，10MHz 时，铝基厚度为 0.012mm 的屏蔽衰减比铝基厚度 0.038mm 更大的原因。图 9-7 中，b 点对应的铜箔厚度为 0.066（即 1MHz 时铜箔的趋肤深度），最低点 c 对应的厚度约为 0.12mm。

3. 线对屏蔽衰减与频率的关系

表 9-5 为屏蔽层铝基厚度 0.038mm 时，A 点的屏蔽衰减与频率间的关系，对应的关系如图 9-8 所示。

表 9-5　屏蔽衰减随频率变化关系

f/MHz	屏蔽衰减/dB	f/MHz	屏蔽衰减/dB	f/MHz	屏蔽衰减/dB
1.5	44.4	8.0	38.9	64.0	80.7
2.0	55.4	10.0	39.0	128.0	79.7
2.5	44.6	14.0	40.8	256	98.5
3.0	41.8	16.0	41.7	512	115.3
4.0	39.7	32.0	50.5	600	122.7

4. 屏蔽衰减与屏蔽材料的关系

表 9-6 为屏蔽层金属厚 0.038mm 时，不同材质下 A 点的屏蔽衰减计算结果。

对于银、铜、铝金属而言，其相对磁导率均为 1，但银的电导率最大，铜次之，铝最小，电导率大的屏蔽衰减大。对于强磁性的钢管而言，由于其吸收衰减较大，高频下钢管屏蔽衰减优于银、铜、铝屏蔽衰减。

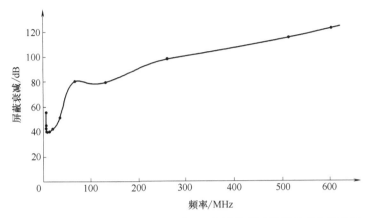

图 9-8　屏蔽层铝基为 0.038mm 时，A 点屏蔽衰减随频率变化关系图

表 9-6　屏蔽衰减与屏蔽材料之间的关系

f/MHz	银箔	铜箔	铝箔	钢管[①]
0.1	7	6	4	11
0.5	27	26	19	23
1	48	45	31	26
10	42	41	39	44

① 假定钢的相对磁导率为 $\mu_r = 150$ ，电阻率 $0.139\Omega \cdot mm^2/m$ ，不考虑磁饱和情况。

当线对施加屏蔽后，线对工作电容计算值为 40.5pF/m，总的绝缘等效介质损耗角正切值为 8.1×10^{-5} 。

表 9-7、表 9-8 分别为不同厚度的铝箔、铜箔屏蔽下，特性阻抗和固有衰减随频率变化的计算结果。

表 9-7　不同厚度的铝箔屏蔽下，线对特性阻抗、衰减随着频率变化的计算结果

f/MHz	有效电阻 R/(Ω/m)		电感 L/(μH/m)		特性阻抗 Z/Ω		衰减 a/(dB/100m)		
	数值 1	数值 2	数值 1	数值 2	数值 1	数值 2	数值 1	数值 2	标准
1	0.53	0.90	0.49	0.54	108	114	2.1*	3.4*	≤2.0
4	0.85	1.43	0.46	0.47	105	106	3.5	5.9*	≤3.7
10	1.26	1.82	0.45	0.45	104	104	5.3	7.6*	≤5.9
20	1.79	2.23	0.45	0.45	104	103	7.5	9.4*	≤8.3
31.25	2.25	2.58	0.45	0.44	103	103	9.5	10.9*	≤10.4
62.5	3.18	3.33	0.44	0.44	103	103	13.4	14.1	≤14.9
100	4.01	4.03	0.44	0.44	103	103	17.0	17.1	≤19.0
125	4.48	4.48	0.44	0.44	103	103	19.0	19.0	≤21.4
200	5.66	5.66	0.44	0.44	102	102	24.1	24.1	≤27.5
250	6.33	6.33	0.44	0.44	102	102	26.9	26.9	≤31.0
300	6.93	6.93	0.44	0.44	102	102	29.5	29.5	≤34.2
600	9.82	9.82	0.44	0.44	102	102	41.9	41.9	≤50.1

注：1. 铝基厚度为 0.038mm 时的 R、L、Z、a 的结果为数值 1；铝基厚度为 0.009mm 时的 R、L、Z、a 的结果为数值 2。

　　2. 表中带 * 号的数值已超出产品标准的要求。

表 9-8　不同厚度的铜箔屏蔽下，线对特性阻抗、衰减随着频率变化的计算结果

f/MHz	有效电阻 R/(Ω/m)		电感 L/(μH/m)		特性阻抗 Z/Ω		衰减 a/(dB/100m)		
	数值 1	数值 2	数值 1	数值 2	数值 1	数值 2	数值 1	数值 2	标准
1	0.47	0.78	0.49	0.51	108	111	1.9	3.1*	≤2.0
4	0.79	1.17	0.46	0.46	105	105	3.3	4.8*	≤3.7
10	1.22	1.54	0.45	0.45	104	104	5.1	6.4*	≤5.9
20	1.73	1.95	0.45	0.45	103	103	7.3	8.2	≤8.3
31.25	2.16	2.31	0.45	0.44	103	103	9.1	9.7	≤10.4
62.5	3.04	3.07	0.44	0.44	103	103	12.9	13.0	≤14.9
100	3.84	3.80	0.44	0.44	103	103	16.3	16.1	≤19.0
125	4.29	4.23	0.44	0.44	103	103	18.2	17.9	≤21.4
200	5.43	5.36	0.44	0.44	102	102	23.1	22.8	≤27.5
250	6.07	6.02	0.44	0.44	102	102	25.8	25.6	≤31.0
300	6.64	6.62	0.44	0.44	102	102	28.3	28.2	≤34.2
600	9.41	9.40	0.44	0.44	102	102	40.2	40.1	≤50.1

注：1. 铜基厚度为 0.038mm 时的 R、L、Z、a 的结果为数值 1；铜基厚度为 0.009mm 时的 R、L、Z、a 的结果为数值 2。

　　2. 表中带 * 号的数值已超出产品标准的要求。

　　从表 9-7 和表 9-8 的数据中可以清晰地观察到，在低频情况下，当屏蔽层相对较薄时，线对的特性阻抗和衰减会呈现出较大的数值。然而，随着频率的逐渐升高，不同屏蔽厚度的线对在特性阻抗和衰减指标上逐渐趋于一致。在保持其他条件不变的情况下，由于铜的电导率比铝小，故铜箔屏蔽对特性阻抗和固有衰减的不利影响要小一些。

参 考 文 献

[1] 汪祥兴. 射频电缆设计手册 [M]. 上海：中国电子科技集团公司第二十三研究所，1996.

[2] 王春江. 电线电缆手册 [M]. 2版. 北京：机械工业出版社，2008.

[3] 倪光正，杨仕友，钱秀英，等. 工程电磁场数值计算 [M]. 北京：机械工业出版社，2004.

[4] 中国通信标准化协会. 铜芯聚烯烃绝缘铝塑综合护套市内通信电缆：YD/T 322—2013 [S]. 北京：中华人民共和国工业和信息化部，2013.

[5] 中国通信标准化协会. 数字通信用对绞/星绞对称电缆 第一部分：总则：YD/T 838.1—2003 [S]. 北京：中华人民共和国信息产业部，2003.

[6] 中国通信标准化协会. 数字通信用聚烯烃绝缘水平对绞电缆：YD/T 1019—2023 [S]. 北京：中华人民共和国工业和信息化部，2023.

[7] 中国通信标准化协会. 通信电缆—无线通信用 50Ω 泡沫聚烯烃绝缘皱纹铜管外导体射频同轴电缆：YD/T 1092—2013 [S]. 北京：中华人民共和国工业和信息化部，2013.

[8] 中国通信标准化协会. 通信电缆—物理发泡聚烯烃绝缘皱纹铜管外导体耦合型漏泄同轴电缆：YD/T 1120—2013 [S]. 北京：中华人民共和国工业和信息化部，2013.

[9] 中国通信标准化协会. 通信电缆—局用同轴电缆：YD/T 1174—2008 [S]. 北京：中华人民共和国工业和信息化部，2008.

[10] 中国通信标准化协会. 通信电缆—局用对称电缆：YD/T 1820—2008 [S]. 北京：中华人民共和国工业和信息化部，2008.

[11] 中国通信标准化协会. 通信电缆—无线通信用 50Ω 泡沫聚乙烯绝缘铜、包铝管内导体、皱纹铝管外导体射频同轴电缆：YD/T 2161—2010 [S]. 北京：中华人民共和国工业和信息化部，2010.

[12] 中国通信标准化协会. 通信电缆—物理发泡聚乙烯绝缘纵包铜带外导体辐射型漏泄同轴电缆：YD/T 2491—2013 [S]. 北京：中华人民共和国工业和信息化部，2013.

[13] International Electrotechnical Commission. Multicore and symmetrical pair/quad cables for digital communications—Part 1：Generic specification：IEC 61156-1-2002 [S]. Switzerland：International Electrotechnical Commission，2002.

[14] OPEN Alliance TC9. Channel and Component Requirements for Fully Shielded 1000BASE-T1 and 2.5G/5G/10GBASE-T1 Link Segments [S]. OPEN Alliance TC9，2024.

[15] OPEN Alliance TC9. Channel and Component Requirements for 1000 BASE-T1 Link Segment Type A (STP) [S]. OPEN Alliance TC9，2020.

[16] OPEN Alliance TC9. Channel and Component Requirements for 1000 BASE-T1 Link Segment Type A (UTP) [S]. OPEN Alliance TC9，2021.

[17] USB Promoter Group. Universal Serial Bus Specification，Revision 2.0 [S]. USB Promoter Group，2000.

[18] USB Promoter Group. Universal Serial Bus 3.0 Specification，Revision 1.0 [S]. USB Promoter Group，2008.

[19] USB Promoter Group. Universal Serial Bus 3.1 Specification，Revision 1.0 [S]. USB Promoter Group，2013.

[20] USB Promoter Group. Universal Serial Bus Power Delivery Specification，Revision 2.0，V1.0.11 [S]. USB Promoter Group，2014.

[21] USB Promoter Group. Universal Serial Bus Type-C Cable and Connector Specification，Release 2.3 [S].

USB Promoter Group, 2023.

[22] USB Promoter Group. Universal Serial Bus 4（USB4™）Specification ［S］. USB Promoter Group, 2023.

[23] 中国通信标准化协会. 绝缘外径在 1mm 以下的极细同轴电缆及组件：GB/T 28509—2012 ［S］. 北京：中国国家标准化管理委员会，2012.

[24] 西安全路通号器材研究所有限公司. 铁路数字信号电缆 第 1 部分 一般规定：TB/T 3100.1—2017 ［S］. 北京. 国家铁路局，2017.

[25] 王达明. C-F 型物理发泡聚乙烯绝缘同轴电缆的衰减设计计算 ［J］. 光纤与电缆及其应用技术，1996（3）：27-59.

[26] 李学俊. 浅谈如何正确使用铜拉丝润滑剂 ［J］. 电线电缆，2001（4）：38-39.

[27] 肖飚. 高频对称电缆设计与制造之一——设计 ［J］. 电线电缆，2006（1）：12-16.

[28] 肖飚. 高频对称电缆设计与制造之二——制造 ［J］. 电线电缆，2006（2）：17-20.

[29] 肖飚. 有限元法在通信对绞电缆计算中的应用 ［J］. 电线电缆，2007（5）：10-15.

[30] 肖飚. 浅谈对称电缆退扭绞对与加扭绞对 ［J］. 电线电缆，2009（3）：9-13.

[31] 张磊，靳志杰，高欢. 低损耗稳相电缆的温度稳相及机械稳相研究 ［J］. 电气技术，2010（6）：91-94.

[32] 肖飚. 线对屏蔽对传输性能的影响 ［J］. 电线电缆，2016（6）：4-10.

[33] 肖飚. 4 对非屏蔽数据电缆近端串音统计分析 ［C］. 中国通信学会 2017 年通信线路学术年会论文集，2017：271-281.

[34] 肖飚. 车载以太网线的设计与制造 ［J］. 电线电缆，2022（5）：1-6.